Physik für Chemiker II

Olaf Fritsche

Physik für Chemiker II

Elektrizität, Magnetismus, Optik, Quanten- und Atomphysik

 Springer Spektrum

Olaf Fritsche
Mühlhausen, Baden-Württemberg, Deutschland

ISBN 978-3-662-60351-2   ISBN 978-3-662-60352-9   (eBook)
https://doi.org/10.1007/978-3-662-60352-9

Die Deutsche Nationalbibliothek verzeichnet diese Publikation in der Deutschen Nationalbibliografie; detaillierte bibliogra-
fische Daten sind im Internet über ► http://dnb.d-nb.de abrufbar.

© Springer-Verlag GmbH Deutschland, ein Teil von Springer Nature 2020
Das Werk einschließlich aller seiner Teile ist urheberrechtlich geschützt. Jede Verwertung, die nicht ausdrücklich
vom Urheberrechtsgesetz zugelassen ist, bedarf der vorherigen Zustimmung des Verlags. Das gilt insbesondere für
Vervielfältigungen, Bearbeitungen, Übersetzungen, Mikroverfilmungen und die Einspeicherung und Verarbeitung in
elektronischen Systemen.
Die Wiedergabe von allgemein beschreibenden Bezeichnungen, Marken, Unternehmensnamen etc. in diesem Werk bedeutet
nicht, dass diese frei durch jedermann benutzt werden dürfen. Die Berechtigung zur Benutzung unterliegt, auch ohne
gesonderten Hinweis hierzu, den Regeln des Markenrechts. Die Rechte des jeweiligen Zeicheninhabers sind zu beachten.
Der Verlag, die Autoren und die Herausgeber gehen davon aus, dass die Angaben und Informationen in diesem Werk zum
Zeitpunkt der Veröffentlichung vollständig und korrekt sind. Weder der Verlag, noch die Autoren oder die Herausgeber
übernehmen, ausdrücklich oder implizit, Gewähr für den Inhalt des Werkes, etwaige Fehler oder Äußerungen. Der Verlag bleibt
im Hinblick auf geografische Zuordnungen und Gebietsbezeichnungen in veröffentlichten Karten und Institutionsadressen
neutral.

Impressum Planung/Lektorat: Rainer Münz
Springer Spektrum ist ein Imprint der eingetragenen Gesellschaft Springer-Verlag GmbH, DE und ist ein Teil von Springer
Nature.
Die Anschrift der Gesellschaft ist: Heidelberger Platz 3, 14197 Berlin, Germany

Vorwort

Wie schon der erste Band hat auch dieser zweite Band von *Physik für Chemiker* das Ziel, angehenden Chemiker/innen den Zugang zum Nebenfach Physik zu erleichtern. Mit gut verständlichen Erklärungen und Beispielen aus der Chemie soll er einen Zugang schaffen, der den Bezug zum eigentlichen Hauptfach verdeutlicht. Die *Physik für Chemiker* stützt sich dabei auf das bewährte Lehrbuch *Physik für Studierende der Naturwissenschaften und Technik* von Tipler und Mosca aus dem Springer-Verlag, auf dessen Abbildungen und Herleitungen von Formeln *Physik für Chemiker* verweist.

Dass die verschiedenen Teilgebiete der Physik in getrennten Bänden behandelt werden, erweckt den Eindruck, es würde sich um separate Disziplinen handeln und beispielsweise die Mechanik hätte mit der Optik oder der Thermodynamik nichts gemeinsam. Tatsächlich ist die Teilung nur der Versuch, ein wenig Ordnung in die ansonsten kaum zu überschauende Vielfalt der physikalischen Phänomene zu bringen. In Wirklichkeit wirken bei fast jedem Prozess Mechanismen aus mehreren Bereichen zusammen. Selbst bei anscheinend simplen Vorgängen wie dem Werfen eines Balls sind auf den ersten Blick völlig unbeteiligte physikalische Gesetze aktiv. So sind die Regeln der Quantenphysik und der Elektrostatik dafür verantwortlich, dass der Ball die Luft, durch die er fliegt, verdrängt, weil die Atome einander nicht einfach durchdringen können. Die Verdrängung sorgt für Reibungswärme und damit für eine Energieform, die in der Thermodynamik eine besondere Rolle spielt. Schließlich sehen Sie den fliegenden Ball überhaupt nur dank der Eigenschaften elektromagnetischer Wellen, die in der Optik behandelt werden. Und das war lediglich ein simples Beispiel aus der Mechanik. Während Sie also die Bände durcharbeiten, sollte Ihnen bewusst sein, dass in der Physik in Wahrheit kein Entweder-Oder der Teilgebiete herrscht, sondern ein ständiges Alles-ein-bisschen-mit-Schwerpunkt-auf-Diesem-oder-Jenem.

Die Themen des zweiten Bandes

Dieser zweite Band von *Physik für Chemiker* beginnt mit der Elektrizität, also jenen Effekten, die von großen Anzahlen von Ladungsträgern wie Elektronen oder Ionen hervorgerufen werden. Die Elektrizität ist eng mit dem Magnetismus verbunden, der als nächstes Thema folgt. Beide Phänomene nutzen Chemiker/innen nicht nur im Labor, beispielsweise in Magnetspektrometern, sondern sie bilden auch die Grundlagen elektromagnetischer Wellen wie Licht, das im nachfolgenden Teil zur Optik behandelt wird. Dies alles basiert auf dem Bau und den Eigenschaften der Atome, die im abschließenden Abschnitt zur Atom- und Quantenphysik Thema sind.

Zu jedem Teilgebiet gibt es wieder Verständnisaufgaben und eine Rechenaufgabe, deren Lösungen Sie gesammelt am Ende des Buches im Serviceteil finden. Dort sind auch ein Literaturverzeichnis mit spezielleren Lehrbüchern sowie ein Glossar mit wichtigen physikalischen Fachbegriffen zu den Themen aus diesem Band zu finden.

Olaf Fritsche

Inhaltsverzeichnis

Teil I Elektrizität

1	**Das elektrische Feld**	3
1.1	Elektrische Ladung tritt in elementaren Paketen auf	4
1.2	In Leitern können Ladungen wandern	5
1.3	Ladungen ziehen an und stoßen ab	6
1.4	Elektrische Felder entspringen elektrischen Ladungen	7
1.5	Feldlinien zeigen den Verlauf und die Stärke eines Feldes an	9
1.6	Elektrische Felder bewegen oder drehen Ladungsträger	9
1.7	Viele Ladungen auf großen Körpern ergeben eine Ladungsdichte	11
1.8	Jedes Ladungselement trägt zum elektrischen Feld bei	12
1.9	Feldlinien durch Flächen als Maßstab für Ladungen und Felder	13
1.10	Hohle Leiter schirmen elektrische Felder ab	15
2	**Das elektrische Potenzial**	17
2.1	Potenzial und Ladung bestimmen die Energie in einem elektrischen Feld	18
2.2	Elektrische Potenziale berechnen	21
2.3	Ein Feld aus dem Potenzial berechnen	22
2.4	Starke Felder kommen auch durch Isolierungen	23
3	**Die Kapazität**	25
3.1	Kondensatoren speichern elektrische Ladungen	26
3.2	Im Feld des Kondensators schlummert die gespeicherte Energie	27
3.3	Kondensatorschaltungen für mehr und weniger Kapazität	28
3.4	Abschirmende Isolatoren erhöhen die Kapazität	30
4	**Elektrischer Strom – Gleichstromkreise**	33
4.1	Elektrischer Strom sind fließende Ladungsträger	34
4.2	Medien leisten Widerstand gegen den Stromfluss	35
4.3	Elektrische Energie wird zu Wärme	37
4.4	Reihenschaltungen erhöhen den Widerstand, Parallelschaltungen senken ihn	39
4.5	Regeln für kompliziertere Schaltungen	40
4.6	Kondensatoren entladen und beladen	42
	Zusammenfassung	44

Teil II Magnetismus

5	**Das Magnetfeld**	49
5.1	Magnetfelder lenken Ladungen senkrecht zur Bewegungsrichtung ab	50
5.2	Magneten und Leiterschleifen werden im Magnetfeld gedreht	54
5.3	Das Magnetfeld etabliert in stromdurchflossenen Leitern eine Querspannung	55
6	**Quellen des Magnetfelds**	57
6.1	Bewegte elektrische Ladungen sind die Quelle von Magnetfeldern	58
6.2	Stromdurchflossene Leiter umgeben sich mit Magnetfeldern	58
6.3	Es gibt keine magnetischen Monopole	61
6.4	Für hochsymmetrische Geometrien gibt es einen zweiten Rechenweg	61
6.5	Der Magnetismus steckt in den Atomen	62
7	**Die magnetische Induktion**	67
7.1	Je mehr Feldlinien, desto größer der magnetische Fluss	68
7.2	Ändert sich der Fluss, entsteht eine Spannung	68

7.3   Die Induktionsspannung bremst ihre eigene Ursache 69
7.4   Bewegte Leiter im Magnetfeld generieren Spannung 71
7.5   Wirbelströme heizen dicke Leiter auf 72
7.6   Spulen speichern magnetische Energie 72

8   **Wechselstromkreise**.. 75
8.1   Bei Wechselspannung schwanken Spannung, Strom und Leistung gemeinsam 76
8.2   Spulen und Kondensatoren wirken als Widerstände.................................... 77
8.3   Wechselstrom lässt sich leichter als Gleichstrom umwandeln......................... 79

9   **Die Maxwell'schen Gleichungen – Elektromagnetische Wellen** 81
9.1   Auch verschobene elektrische Felder gelten als Strom 82
9.2   Alles in vier Gleichungen 82
9.3   Elektrische und magnetische Felder bewegen sich als kombinierte Wellen durch den Raum........ 83
9.4   Eigenschaften elektromagnetischer Wellen 84
        Zusammenfassung.. 87

Teil III   Optik

10   **Eigenschaften des Lichts**.. 93
10.1   Licht ist immer gleich schnell 94
10.2   Ungestörtes Licht breitet sich geradlinig aus....................................... 94
10.3   Materie hält Licht auf... 95
10.4   Licht wird an Grenzflächen reflektiert.. 96
10.5   Licht wird beim Übergang in ein neues Medium gebrochen 98
10.6   Licht kann polarisiert werden... 99
10.7   Das Miteinander vieler Atome verwischt ihre scharfen Spektrallinien................ 102

11   **Geometrische Optik**... 105
11.1   Ebene Spiegel lenken Licht nur um 106
11.2   Konkave Spiegel fokussieren und können vergrößern.................................. 107
11.3   Konvexe Spiegel verkleinern 110
11.4   Auch Lichtbrechung erzeugt Bilder 111
11.5   Die Krümmung macht die Linse 112
11.6   Die Bildgebung mit Linsen 113
11.7   Grenzen der Perfektion.. 115
11.8   Sehen mit dem Auge und Hilfsmitteln 116

12   **Interferenz und Beugung**.. 121
12.1   Reflexion kann Wellen aus dem Gleichschritt bringen 122
12.2   Geteiltes Licht erzeugt bei Überlagerung ein Helldunkel-Muster 123
12.3   Doppelspalte rufen Interferenzstreifen hervor 124
12.4   Gitter zerlegen Licht in seine Spektralfarben....................................... 125
12.5   Durch Beugung gelangt Licht auch in verbotene Schattenzonen 127
12.6   Beugung lässt getrennte Punkte optisch verschmelzen 128

Teil IV   Quanten- und Atomphysik

13   **Einführung in die Quantenphysik**.. 133
13.1   Licht hat manchmal auch Teilchencharakter 134
13.2   Materie kann wie eine Welle sein 136
13.3   Weder ganz Teilchen noch ganz Welle 138
13.4   Die Schrödinger-Gleichung beschreibt wellige Materie 139

13.5   Teilchen haben keinen festen Ort.. 140
13.6   Simple Modelle für Elektronen und Atome.. 141
13.7   Teilchen können durch Wände tunneln 143

14   **Atome** 145
14.1   Atome funktionieren nicht nach klassischen Regeln.................................... 146
14.2   Bohr schafft Postulate ohne Begründung 147
14.3   Die Schrödinger-Gleichung liefert Räume mit drei Quantenzahlen 149
14.4   Die Hauptquantenzahl bestimmt die Energieniveaus des Wasserstoffs 150
14.5   Orbitale schaffen Aufenthaltsräume für Elektronen 152
14.6   Elektronen haben einen Spin.. 153
14.7   Näherungen für Atome mit mehr als zwei Elektronen 155
14.8   Atome absorbieren und emittieren Photonen.. 156
14.9   Bei optischen Spektren kommt es auf die Elektronenspins an 157
14.10   Röntgenspektren haben charakteristische Spitzen....................................... 159
14.11   In Lasern synchronisiert Licht die Quantensprünge 159

15   **Moleküle** 161
15.1   In Molekülen werfen Atome ihre Orbitale zusammen 162
15.2   Rotationen und Schwingungen verändern Spektren 166

16   **Kernphysik und Radioaktivität**.. 169
16.1   Auch Atomkerne haben Energieniveaus 170
16.2   Radioaktiver Zerfall ist eine Suche nach Stabilität....................................... 171
16.3   Radioaktivität messen.. 175
        Zusammenfassung.. 177

        Serviceteil
        Glossar... 182
        Antworten 192
        Literatur.. 197
        Stichwortverzeichnis.. 199

Elektrizität

Inhaltsverzeichnis

Kapitel 1   Das elektrische Feld – 3

Kapitel 2   Das elektrische Potenzial – 17

Kapitel 3   Die Kapazität – 25

Kapitel 4   Elektrischer Strom – Gleichstromkreise – 33

■ **Voraussetzungen**

Die beiden Bände von *Physik für Chemiker* sind so konzipiert, dass sie aufeinander aufbauen. Sie können die Reihenfolge, in der Sie die einzelnen Teile durcharbeiten, an die Vorlesung Ihres eigenen Instituts anpassen, doch an vielen Stellen setzt dieser zweite Band einen Teil des Wissens aus dem ersten Band voraus.

Unbedingt sollten Sie die mathematischen Werkzeuge wie Vektorrechnung und Differentialrechnung beherrschen.

■ **Lernziele**

Dieser Teil vermittelt das physikalische Grundwissen zur Elektrizität, das Sie in der Elektrochemie, der analytischen Chemie, der physikalischen Chemie und der technischen Chemie benötigen.

Der Stoff soll Ihnen die wesentlichen Eigenschaften von elektrischen Ladungen, Feldern und Potenzialen vorstellen und erklären, wie diese Größen zur elektrischen Energie beitragen.

Den Aufbau einfacher Schaltungselemente und ihrer Funktion in grundlegenden Schaltungen sollten Sie verstanden haben.

Das elektrische Feld

1.1   Elektrische Ladung tritt in elementaren Paketen auf – 4

1.2   In Leitern können Ladungen wandern – 5

1.3   Ladungen ziehen an und stoßen ab – 6

1.4   Elektrische Felder entspringen elektrischen Ladungen – 7

1.5   Feldlinien zeigen den Verlauf und die Stärke
eines Feldes an – 9

1.6   Elektrische Felder bewegen oder drehen Ladungsträger – 9

1.7   Viele Ladungen auf großen Körpern ergeben eine
Ladungsdichte – 11

1.8   Jedes Ladungselement trägt zum elektrischen Feld bei – 12

1.9   Feldlinien durch Flächen als Maßstab für Ladungen und
Felder – 13

1.10   Hohle Leiter schirmen elektrische Felder ab – 15

© Springer-Verlag GmbH Deutschland, ein Teil von Springer Nature 2020
O. Fritsche, *Physik für Chemiker II*, https://doi.org/10.1007/978-3-662-60352-9_1

1

Das Wechselspiel zwischen elektrischen Ladungen, elektrischen Feldern und elektrischer Energie ist die Seele der Chemie. Die Anziehungskräfte zwischen entgegengesetzten Ladungen zwingen Elektronen in die Nähe von Atomkernen, halten kovalente Bindungen zusammen und veranlassen Moleküle, miteinander zu reagieren. Dafür brauchen die Teilchen sich nicht einmal zu berühren. Sie „spüren" einander durch das elektrische Feld, das ihre Ladungen aufbauen. Es entfaltet sich frei im leeren Raum und interagiert mit Feldern von anderen Ladungen.

In diesem Kapitel machen wir uns mit dem Konzept des elektrischen Felds vertraut, lernen seine Eigenschaften kennen und erfahren, wie es auf elektrische Ladungen wirkt.

1.1 Elektrische Ladung tritt in elementaren Paketen auf

Tipler
Abschn. 18.1 *Die elektrische Ladung* und
Beispiel 18.1

Wenn es um die elektrische Ladung geht, hat ein Körper nur drei Möglichkeiten:
- Er kann negativ geladen sein. Dies trifft auf das Elektron zu sowie auf Teilchen, die über mehr Elektronen als Protonen verfügen, wie beispielsweise Anionen.
- Er kann positiv geladen sein. Das ist der Fall beim Proton sowie Teilchen mit mehr Protonen als Elektronen, etwa Kationen. Etwas exotischer ist das Positron als Antiteilchen zum Elektron, das bei chemischen Prozessen aber keine Rolle spielt.
- Er kann elektrisch neutral sein. So ist es beim sowie Teilchen mit der gleichen Anzahl von Elektronen und Protonen. Dazu gehören neutrale Atome.

An dieser kleinen Übersicht sehen wir, dass es in der Chemie zwei verschiedene relevante Ladungsträger gibt, auf die alle anderen Ladungen zurückzuführen sind: Elektronen und Protonen. Obwohl die beiden sich in der Masse um den Faktor 2000 unterscheiden, sind ihre Ladungen betragsmäßig exakt gleich groß. Beide tragen genau eine **Elementarladung** e. Unterschiedlich sind nur die Vorzeichen: Das Elektron trägt eine negative Ladung $-e$, das Proton eine positive Ladung $+e$. In beiden Fällen ist die Ladung eine innere Eigenschaft des Teilchens, sie kann also nicht erklärt werden, sondern „ist eben einfach da", ganz ähnlich wie die Masse eines Teilchens.

Die Größe der Elementarladung ist eine Naturkonstante. Sie ist gequantelt, kommt also in kleinen „Paketen" vor, die nicht weiter geteilt werden können. Da sich die Wirkungen von Ladungen leichter messen lassen als die Ladungen selbst, ist der Wert der Elementarladung über den Stromfluss durch einen Leiter definiert und wird in der Einheit **Coulomb** für die Elektrizitätsmenge angegeben:

$$e = 1{,}602\,177 \cdot 10^{-19}\,\text{C} \tag{1.1}$$

Wegen der Quantelung kann ein Objekt immer nur eine ganzzahlige Ladung q tragen und damit ein ganzzahliges Vielfaches der Elementarladung.

$$q = \pm n\,e \quad (\text{mit } n = 0,\ 1,\ 2,\ 3,\ ...) \tag{1.2}$$

Bei den meisten Vorgängen ändert sich die Anzahl der Ladungen nicht. Kationen und Anionen entstehen, wenn Elektronen von einem Atom auf ein anderes überspringen und dabei die gleiche Anzahl überschüssiger Protonen zurücklassen. Es gibt jedoch einige physikalische Phänomene, bei denen tatsächlich Ladungen aus dem Nichts auftauchen oder ins Nichts verschwinden:
- Beim radioaktiven β-Zerfall wandelt sich ein Neutron in ein Proton und ein Elektron, das aus dem Kern geschleudert wird.
- Beim Paarbildungsprozess geht Energie in Materie in Form eines Elektrons und eines Positrons über. Beim meist gleich anschließenden umgekehrten Prozess der Annihilation zerstrahlen die beiden Teilchen wieder zu Energie.

In allen Beispielen sind zwar Ladungen entstanden oder vergangen, aber stets paar-weise mit einer positiven und einer negativen Ladung. Deshalb widersprechen sie nicht dem **Gesetz der Ladungserhaltung:** Bei allen Prozessen bleibt die Nettola-dung eines Systems gleich. Die elektrische Ladung des Universums ist konstant.

1.2 In Leitern können Ladungen wandern

Elektrische Ladungen können wandern, wenn sich ihre Ladungsträger bewegen. In der Chemie unterscheiden wir zwei Varianten solcher **elektrischer Leiter:**

- In **Leitern erster Klasse** fließen Elektronen, während die Atomrümpfe mit den Kernen an ihren Orten bleiben. Zu diesem Leitertyp gehören vor allem die Metalle, deren äußere Elektronen eine Art *freies Elektronengas* um die Atom-rümpfe herum bilden. Diese *Leitungselektronen* oder delokalisierten Elektronen können sich ohne großen Energieaufwand durch das Metall bewegen und da-mit elektrischen Strom leiten. Leiter erster Klasse verändern sich nicht stofflich durch den Stromfluss.

- In **Leitern zweiter Klasse** wandern Ionen, also ganze Atome, die eine elektrische Überschussladung tragen. Die Ionen können in Schmelzen oder in Lösungen entstehen. Fließt ein Strom durch einen Leiter zweiter Klasse, laufen an den Elektroden chemische Reaktionen ab. Beispielsweise können sich Kupferionen als metallisches Kupfer abscheiden, aus verdünnter Salzsäure tritt Chlorgas aus, oder Wasser wird in Wasserstoff und Sauerstoff gespalten. Leiter zweiter Klasse werden also durch den Stromfluss stofflich verändert.

Tipler
Abschn. 18.2 *Leiter und Nichtleiter*

Stoffe, in denen alle Ladungsträger gebunden sind, bezeichnen wir als **Nichtleiter** oder **Isolator.**

Leiter können Ladungen nicht nur leiten – sie können sie auch voneinander trennen. Bei der **Influenz** oder **elektrostatischen Induktion,** wie sie in Abb. 18.3 im Tipler schematisch dargestellt wird, nutzen wir aus, dass sich gleichartige Ladungen abstoßen und entgegengesetzte Ladungen einander anziehen. Die Überschussla-dung eines positiv geladenen Stabs verschiebt berührungslos durch ihre Fernwir-kung die beweglichen Elektronen in zwei Kugeln, die miteinander Kontakt haben. In der Nähe des Stabs sammeln sich auf der Kugel so viele wie möglich Elektronen an, bis deren gegenseitige Abstoßung die Anziehung durch die Ladung des Stabs aufhebt. Auf der abgewandten Kugel bleiben dadurch positive Überschussladun-gen zurück. Die Kugeln sind **polarisiert.** Entfernen wir den Stab einfach wieder, verteilen sich die Elektronen erneut gleichmäßig, und die Polarisierung ist aufge-hoben. Trennen wir die Kugeln jedoch, bevor wir den Stab entfernen, nimmt die linke eine Überschussladung Elektronen mit und ist negativ geladen, während die rechte aufgrund des Elektronenmangels positiv geladen ist.

Den Ladungsüberschuss auf den Kugeln können wir ausgleichen, indem wir die Kugeln wieder zusammenführen. Eine andere Möglichkeit, einen geladenen Körper zu neutralisieren, ist die **Erdung.** Dafür verbinden wir ihn mit einem an-deren, sehr großen Körper (wie der Erde), der die wenigen Überschussladun-gen anderer Objekte ausgleichen kann, ohne sich selbst nennenswert aufzula-den, weil er die Ladungen über ein gewaltiges Volumen verteilen kann. Abb. 18.4 im Tipler zeigt, dass wir mit Hilfe einer Erdung Objekte nicht nur entladen, sondern auch elektrisch aufladen können, wenn wir sie vorher durch Influenz polarisieren.

1

> **Beispiel**
> Auch Moleküle können durch Ladungsverschiebungen polarisiert sein. Beim Wassermolekül zieht der elektronegativere Sauerstoff die Elektronen der Elektronenpaarbindungen zu den beiden Wasserstoffatomen im Mittel ein Stückchen dichter heran. Er ist daher leicht negativ geladen. Da es sich um keine volle Elementarladung handelt, sagen wir, der Sauerstoff sei partiell negativ geladen. Die Wasserstoffatome sind dementsprechend partiell positiv geladen, und sowohl die beiden Bindungen als auch das Molekül als Ganzes sind polarisiert.   ◄

1.3 Ladungen ziehen an und stoßen ab

Tipler
Abschn. 18.3 *Das Coulomb'sche Gesetz* und Beispiele 18.2 und 18.3

Die Kraft, mit der sich Ladungen anziehen oder abstoßen, können wir mit dem **Coulomb'schen Gesetz** berechnen. In seiner vektoriellen Form lautet es:

$$\boldsymbol{F} = \frac{1}{4\,\pi\,\varepsilon_0}\,\frac{q_1\,q_2}{r^2}\,\widehat{\boldsymbol{r}} \tag{1.3}$$

Einfacher wird es, wenn wir die Richtung aus den Vorzeichen der Ladung folgern und die Ausrichtung der Achsen so wählen, dass wir die Kraft entlang der Verbindungslinie zwischen den Ladungen suchen. Dann reicht es uns, den Betrag der Kraft zu bestimmen:

$$|\boldsymbol{F}| = \frac{1}{4\,\pi\,\varepsilon_0}\,\frac{|q_1\,q_2|}{r^2} \tag{1.4}$$

In diesen Gleichungen sind q_1 und q_2 die Ladungen in der Einheit Coulomb (C), wie wir sie nach Gl. 1.2 berechnen können. r ist der Abstand zwischen den Ladungen in Metern. Die **elektrische Feldkonstante** ε_0 ist eine Proportionalitätskonstante, deren Wert experimentell bestimmt wurde.

$$\varepsilon_0 = 8{,}85416 \cdot 10^{-12}\,\frac{C^2}{N\,m^2} \tag{1.5}$$

Die elektrische Feldkonstante ist ein Maß für die Stärke der elektrischen Wechselwirkung. Im Vakuum stellt sich keinerlei störende Materie zwischen die beiden Ladungen und schirmt deren elektrische Felder ab. Damit ist die Wechselwirkung hier maximal.

Befindet sich ein Medium zwischen den Ladungen, können sich die Ladungsträger in dessen Feld durch Influenz verschieben, und das Medium wird polarisiert. Es baut dann selbst ein elektrisches Feld auf, das dem Feld der Ladungen entgegen gerichtet ist und es daher abschwächt. Die **Coulomb-Kraft in einem Medium** ist deshalb geringer als im Vakuum:

$$|\boldsymbol{F}| = \frac{1}{4\,\pi\,\varepsilon}\,\frac{|q_1\,q_2|}{r^2} \tag{1.6}$$

An die Stelle der elektrischen Feldkonstante ε_0 ist hier die Konstante des jeweiligen Mediums getreten. Wir können sie experimentell bestimmen oder aus der elektrischen Feldkonstanten berechnen, wenn wir die **relative Permittivität, dielektrische Leitfähigkeit** oder **relative Dielektrizitätskonstante** ε_r des Materials kennen. Sie ist materialabhängig und gibt das Verhältnis der Kraftwirkung im Beisein des Stoffes im Vergleich zur Wirkung im Vakuum an:

$$\varepsilon_r = \frac{\varepsilon}{\varepsilon_0} \tag{1.7}$$

Für das Vakuum ist die relative Permittivität einfach $\varepsilon_r = 1$. Ein Wert von $\varepsilon_r = 2$ bedeutet, dass die Substanz ein elektrisches Feld auf die Hälfte herab dämpft. Wasser kann sich mit seinen polarisierten Bindungen in dem äußeren Feld der Ladungen gut ausrichten und erreicht damit eine hohe Abschirmwirkung von $\varepsilon_r \approx 80$. Luft ist dagegen mit einem Wert von $\varepsilon_r = 1{,}00059$ für elektrische Felder fast so durchlässig wie ein Vakuum. Wir dürfen deshalb für Experimente an der Luft auch mit der elektrischen Feldkonstante rechnen, ohne einen großen Fehler zu machen.

> **Beispiel**
> Die relative Permittivität ist keine Konstante, sondern von vielen Faktoren abhängig, beispielsweise von der Temperatur. Beim Wasser variiert ihr Wert beispielsweise von $\varepsilon_r = 1{,}026$ in Dampfform über $\varepsilon_r = 73$ bei 40 °C, $\varepsilon_r = 81$ bei 20 °C und $\varepsilon_r = 88$ bei 0 °C bis $\varepsilon_r = 16$ im gefrorenen Zustand. ◄

1.4 Elektrische Felder entspringen elektrischen Ladungen

Wir haben bereits mehrmals von elektrischen Feldern gesprochen. In den folgenden Abschnitten wollen wir dieses Konzept genauer behandeln.

Der Ursprung eines **elektrischen Feldes** ist eine Ladung. Sie erzeugt gewissermaßen einen „Dunstkreis" um sich herum, der sich auch im Vakuum ausbreitet und sich beliebig weit erstreckt, allerdings mit zunehmender Entfernung immer schwächer wird. Diesen Bereich bezeichnen wir als das elektrische Feld. Wir können es weder sehen noch direkt messen, sondern nur seine Wirkung wahrnehmen, wenn es mit der Coulomb-Kraft der Ladung eine andere Ladung bewegt. Weil jede Ladung von einem eigenen elektrischen Feld umgeben ist, stoßen wir hierbei aber auf das Problem, dass unsere Messsonde mit ihrem Feld das zu untersuchende Feld stört. Wir denken uns deshalb eine fiktive **Probeladung,** die so klein ist, dass sie das eigentliche Feld nicht verändert, sondern nur von ihm beeinflusst wird. Die **elektrische Feldstärke** E hat dann an jedem Punkt im Raum eine Größe, die von der Kraft F abhängt, die auf die Probeladung q_0 wirkt:

$$E = \frac{F}{q_0} \tag{1.8}$$

Da die Kraft eine Vektorgröße ist, handelt es sich beim elektrischen Feld um ein Vektorfeld. An jeder Stelle im Raum zieht also eine Kraft mit einer bestimmten Stärke in eine bestimmte Richtung an der Ladung. Die Einheit der elektrischen Feldstärke ist Newton pro Coulomb (N/C), aber auch Volt pro Meter (V/m) ist gebräuchlich, wobei $1\,\text{V} = 1\,(\text{N}\,\text{m})/\text{C}$ ist.

Setzen wir für die Kraft für die Coulomb-Kraft aus Gl. 1.3 ein, können wir das Feld, das von einer Ladung q_i erzeugt wird, für jeden Punkt i im Abstand r_i berechnen:

$$E_i = \frac{1}{4\,\pi\,\varepsilon_0}\frac{q_i}{r_i^2}\,\widehat{r}_i \tag{1.9}$$

Wir nehmen dabei an, dass die Ladung keine räumliche Ausdehnung hat, es sich also um eine Punktladung handelt. Sie ist dann der **Quellpunkt,** von dem das Feld ausgeht. Die einzelnen Punkte innerhalb des Felds sind die **Feldpunkte** oder **Aufpunkte.**

Überlagern sich mehrere elektrische Felder von verschiedenen Ladungen, müssen wir sie aufaddieren:

Tipler
Abschn. 18.4 *Das elektrische Feld* und Beispiel 18.5

$$E = \sum_i E_i = \sum_i \frac{1}{4\,\pi\,\varepsilon_0} \frac{q_i}{r_i^2}\,\widehat{r}_i \tag{1.10}$$

Felder von gleichen Ladungen haben das gleiche Vorzeichen und verstärken sich durch die Superposition. Ungleichnamige Ladungen haben verschiedene Vorzeichen und schwächen einander ab. Aus diesem Grund sind beispielsweise Atome trotz ihrer geladenen Bausteine nach außen neutral: Die Felder der Elektronen und Protonen heben sich aus der Entfernung betrachtet gegenseitig auf.

> **Beispiel**
> Im realen Forschungsleben berechnen wir natürlich keine vollständigen elektrischen Felder mit der Hand oder dem Taschenrechner. Stattdessen lassen wir die Arbeit von Computern erledigen, wenn wir die Kräfte bestimmen wollen, die bei einer simulierten Reaktion auf die Moleküle und Atome wirken. In solchen Fällen überlagern sich die Felder aller Ladungen in der Simulation und bestimmen gemeinsam, in welche Richtung sich ein Teilchen bewegt.   ◄

Bei vielen Molekülen stoßen wir auf einen Spezialfall des überlagerten elektrischen Felds. In **Dipolen** sind zwei entgegengesetzte Ladungen durch einen Abstand l voneinander getrennt, wie wir es in polarisierten Bindungen vorfinden. So bilden Wasser, Salzsäure und Fluorwasserstoff wegen der unterschiedlichen partiellen Ladungen ihrer Atome Dipole aus. Die positive Teilladung liegt bei den Wasserstoffatomen, die negative Teilladung beim jeweils anderen Bindungspartner. Wie stark diese Trennung ist, verrät uns das **elektrische Dipolmoment $\mathfrak{p}$**:

$$\mathfrak{p} = q\,l \tag{1.11}$$

Das Dipolmoment ist ein Vektor, der von der negativen zur positiven Ladung weist. Seine SI-Einheit ist Coulomb mal Meter (C m), doch im molekularen Bereich mit seinen niedrigen Zahlwerten ist auch die Einheit **Debye** gebräuchlich:

$$1\,\text{Debye} = 3{,}33564 \cdot 10^{-30}\,\text{C m} \tag{1.12}$$

Das Dipolmoment von Molekülen bewegt sich im Bereich von 0 bis 12 Debye (0 bis $40 \cdot 10^{-30}$ C m). Für Wasser beträgt es beispielsweise 1,84 Debye, bei Salzsäure sind es 1,11 Debye.

Durch die Überlappung der Einzelfelder erstreckt sich das resultierende Gesamtfeld senkrecht zur Bindung nicht weit in den Raum. Ein Ion, das seitlich auf eine polare Bindung stößt, erfährt deshalb keine allzu große Kraft. Anders ist es, wenn wir uns das Feld in der Verlängerung der Bindung und damit des Dipolmoments anschauen. Hier spüren Probeladungen im Abstand $|x|$ ein Feld mit dem Betrag:

$$|E| = \frac{1}{4\,\pi\,\varepsilon_0} \frac{2\,|\mathfrak{p}|}{|x|^3} \tag{1.13}$$

Das elektrische Feld ist an den Enden des Dipols recht ausgeprägt, fällt aber mit zunehmender Entfernung schnell ab, da der Abstand in der dritten Potenz eingeht. Eine Verdopplung der Distanz bewirkt eine Reduzierung der Feldstärke auf ein Achtel. Das Feld eines Dipols reicht damit nicht so weit wie das einer Punktladung.

1.5 Feldlinien zeigen den Verlauf und die Stärke eines Feldes an

Mit feinen leitenden Fasern oder Spänen können wir sichtbar machen, in welche Richtung die Kraft des Feldes wirkt. Abb. 18.21 im Tipler demonstriert dies
in einem Foto. Markieren wir den Verlauf der Kraftwirkung zeichnerisch durch
Striche, erhalten wir die **elektrischen Feldlinien**, die radial aus den Ladungen her-
vorgehen bzw. in sie eintreten. In den Abb. 18.21 bis 18.26 im Tipler sind einige
Beispiele für die Darstellung elektrischer Felder mit Feldlinien zu sehen.

Trotz ihrer Einfachheit verraten uns Feldlinien alle wesentlichen Eigenschaften
eines elektrischen Felds:

- Sie zeigen die Richtung der Kraftwirkung an, die parallel zu den Linien verläuft.
- Wir erkennen an der Ausrichtung kleiner Pfeilspitzen auf den Linien, wo sich
  eine positive Ladung befindet (die Pfeile weisen von ihr weg) und wo eine
  negative Ladung zu suchen ist (die Pfeile zeigen in ihre Richtung).
- Wir gewinnen einen groben Eindruck von der Stärke des Felds: Je dichter die
  Feldlinien beieinander liegen, desto größer ist die Feldstärke an der betreffenden Stelle.

Befinden wir uns nahe an den Ladungen, bekommen wir so ein detailliertes Bild
vom Verlauf des elektrischen Felds. Aus größerer Entfernung ist es hingegen nur
noch grob aufgelöst. Kleine Ansammlungen von Ladungen sind dann von den
gleichen Feldlinienmustern umgeben wie Punktladungen, die die Nettoladung der
Gruppe tragen. Abb. 18.25 im Tipler zeigt den Unterschied für ein doppelte positive
und eine einfache negative Ladung, die eng beieinander liegen und aus der Distanz
wie eine einfache positive Ladung wirken. Die Feinheiten der Ladungsverteilung
gehen daher im Experiment oft verloren, es zählt nur die Überschussladung eines
Teilchens.

Tipler

Abschn. 18.5 *Elektrische Feldlinien* und
Beispiel 18.7

1.6 Elektrische Felder bewegen oder drehen Ladungsträger

Nachdem wir die elektrischen Felder kennengelernt haben, wollen wir nun
besprechen, wie sie auf geladene Teilchen wirken, die in ein äußeres elektrisches
Feld geraten. Wir beginnen mit **Punktladungen in elektrischen Feldern.**

Aus der Definition der elektrischen Feldstärke in Gl. 1.8 geht hervor, dass auf
ein Teilchen in einem Feld E eine Kraft F wirkt, da es je nach seiner Ladung q von
der einen Seite angezogen und der anderen Seite abgestoßen wird. Wie wir im Teil
zur Mechanik gelernt haben, beschleunigt die Kraft das Teilchen in die bevorzugte

Tipler

Abschn. 18.6 *Wirkung von elektrischen
Feldern auf Ladungen* und Beispiele 18.8
bis 18.10

1

Richtung. Hat es die Masse m, dann beträgt die Beschleunigung a:

$$a = \frac{F}{m} = \frac{q}{m} E \tag{1.14}$$

Im Labor nutzen wir den Effekt, um Elektronen zu beschleunigen und als Strahl auf einen Leuchtschirm oder einen anderen Detektor zu schießen. In alten Oszilloskopen entsteht auf diese Weise ein Leuchtpunkt, der über einen fluoreszierenden Bildschirm wandert. In Elektronenmikroskopen fällt der Elektronenstrahl auf oder durch eine Probe, die Teile von ihm ablenkt und ihn so mit der Information für ein Bild der Probe versieht, das wiederum auf einem Leuchtschirm sichtbar oder über einen elektronischen Detektor auf einen Computer übertragen wird.

> **Beispiel**
>
> In Massenspektrometern werden die Proben zunächst ionisiert und dann in einem elektrischen Feld beschleunigt. Anschließend werden sie nach ihrem Verhältnis von Masse zu Ladung getrennt und die Teilstrahlen in Detektoren vermessen. Auf diese Weise werden beispielsweise Substanzgemische in ihre Bestandteile zerlegt und qualitativ wie quantitativ analysiert.   ◄

Bei einem **elektrischen Dipol in einem homogenen elektrischen Feld,** in dem die Dichte der Feldlinien an allen Stellen gleich ist, werden beide Enden wie Punktladungen beschleunigt, allerdings in entgegengesetzte Richtungen. Der Dipol bewegt sich deshalb nicht vom Fleck, aber durch die Kräfte an seinen Enden wird er gedreht, sodass sein Dipolmoment schließlich parallel zu den Feldlinien des äußeren Felds ausgerichtet ist. In Abb. 18.31 im Tipler sehen wir schematisch, wie die Drehung entsteht.

Das Drehmoment M des Dipols erhalten wir rechnerisch aus dem Kreuzprodukt des Dipolmoments $\mathfrak{p}$ und des elektrischen Feldvektors E an der jeweiligen Stelle:

$$M = \mathfrak{p} \times E \tag{1.15}$$

Seinen Betrag können wir aber auch ohne Vektorrechnung bestimmen:

$$|M| = |\mathfrak{p}|\,|E|\,\sin\theta \tag{1.16}$$

Hierin ist θ der Winkel zwischen dem Dipolmoment und den elektrischen Feldlinien.

Da es Energie kostet, einen Dipol in einem äußeren elektrischen Feld aus der parallelen Ruhelage zu zwingen, steckt in jedem verdrehten Dipol eine potenzielle Energie E_{pot}:

$$E_{\text{pot}} = -|\mathfrak{p}|\,|E|\,\cos\theta = -\mathfrak{p} \cdot E \tag{1.17}$$

Die Energie, die bei der Rückdrehung in die Parallellage frei wird, geht in Wärme über. Bringen wir einen Dipol in ein elektrisches Feld, das so schnell seine Polung ändert, dass der Dipol die Oszillation mitmachen kann, erhitzt sich das Medium mit dem Dipol allmählich. Nach diesem Prinzip arbeiten Mikrowellenherde. Als elektromagnetische Wellen haben die Mikrowellen ein elektrisches Feld mit ständigem Richtungswechsel, das Wassermoleküle mit ihrem Dipolmoment zum Rotieren bringt. Die Energie der Welle gelangt dadurch als Wärmeenergie in das wässrige Medium.

Befindet sich ein **Dipol in einem inhomogenen elektrischen Feld,** bei dem sich die Dichte der Feldlinien und damit die Feldstärke, bei dem sich die Dichte der Feldlinien und damit die Feldstärke ändert, richtet sich der Dipol nicht nur aus, sondern fängt auch an zu wandern. So etwas geschieht beispielsweise in der Nähe von Punktladungen (wie in Abb. 18.33 im Tipler gezeigt) oder von Elektroden, an denen die Feldlinien enger beieinander liegen als in größerer Entfernung. Dadurch ist die Feldstärke am zugewandte Ende des Dipols größer und mit ihr die Kraft, die den Dipol auf die Ladung zu zieht. Die Werte am abgewandten Ende sind dagegen niedriger und können die Beschleunigung in Richtung Ladung nicht kompensieren.

Außer permanenten Dipolen wie Wasser, die ständig polarisiert sind, können auch eigentlich nichtpolare Moleküle in einem äußeren elektrischen Feld ein Dipolmoment ausbilden. Es entsteht, wenn die Ladungsträger – in der Regel die Elektronen – innerhalb des Moleküls dem Feld folgen und sich durch Influenz intern verschieben, sodass es an einem Ende einen Elektronenüberschuss gibt und am anderen Ende einen Elektronenmangel. Weil der Effekt von außen ausgelöst wird, sprechen wir von einem **induzierten Dipolmoment,** das verschwindet, sobald das Molekül das Feld wieder verlässt.

Beispiel

Die Van-der-Waals-Anziehungskräfte zwischen unpolaren Molekülen gehen auf induzierte Dipole zurück. Durch zufällige Schwankungen in der Elektronendichte entwickelt jedes der Teilchen für kurze Zeit spontane transiente Dipolmomente. Dadurch regen sie die Influenz in benachbarten Molekülen an und erzeugen in ihnen induzierte Dipolmomente, die wiederum auf ihre Umgebung ausstrahlen. Es kommt zu einer Synchronisation der Elektronenverschiebungen und Dipolausrichtungen in den Molekülen, die einander deshalb ständig elektrisch anziehen.   ◄

1.7 Viele Ladungen auf großen Körpern ergeben eine Ladungsdichte

Bislang haben wir mikroskopische Systeme betrachtet, in denen wir einzelne Ladungen identifizieren konnten. Nun nehmen wir etwas Abstand und beschäftigen uns mit makroskopischen Systemen, die groß sind und so viele Ladungen tragen, dass wir sie nicht mehr isoliert behandeln können, sondern von einer kontinuierlichen Ladungsverteilung ausgehen.

Bei makroskopischen Objekten können wir nicht mehr sagen, dass sie beispielsweise drei Elementarladungen tragen. Stattdessen gehen wir ähnlich wie in der Mechanik von Massen vor, wo wir für größere Körper die Massendichte als Masse pro Volumen eingeführt haben. Analog dazu definieren wir für die Ladungsverteilung die **Ladungsdichte,** von der es drei verschiedene Varianten gibt:

- In drei Dimensionen können sich die Ladungen gleichmäßig im Raum anordnen. Wir finden dann in jedem beliebig kleinen Teilvolumen dV die gleiche Ladung dq. Das Verhältnis der beiden ist die **Raumladungsdichte** ρ:

$$\rho = \frac{dq}{dV} \tag{1.18}$$

Tipler

Abschn. 19.1 *Das Konzept der Ladungsdichte*

1

- Häufig sammeln sich die Ladungen selbst bei massiven Körpern wie Vollkugeln auf der Oberfläche an. Wir erhalten für solche zweidimensionalen Verteilungen eine **Oberflächenladungsdichte** σ, die uns angibt, wie viel Ladung dq auf ein Oberflächenareal dA kommt:

$$\sigma = \frac{dq}{dA} \tag{1.19}$$

- Bei nahezu eindimensionalen Objekten wie sehr dünnen Drähten verstreuen sich die Ladungen über die Länge, sodass auf jedem kurzem Abschnitt dl ein winziges Ladungspaket von dq sitzt. Die **Linienladungsdichte** λ beträgt dann:

$$\lambda = \frac{dq}{dl} \tag{1.20}$$

Sind die Ladungen gleichmäßig verteilt, sodass die jeweilige Dichte im gesamten Körper gleich ist, handelt es sich um eine **homogene Ladungsverteilung**. Bei einer **inhomogenen Ladungsverteilung** gibt es dagegen „Klümpchen" mit hoher und niedriger Ladungsdichte.

1.8 Jedes Ladungselement trägt zum elektrischen Feld bei

Tipler

Abschn. 19.2 *Berechnung von E mit dem Coulomb'schen Gesetz*

Wollen wir für Körper oder Felder aus der Ladungsdichte auf die Gesamtladung schließen, müssen wir alle infinitesimal kleinen Elemente aufaddieren, also eine Integration durchführen. Bei ganz einfachen Objekten lässt sich das analytisch durchführen, doch häufig lässt sich nur numerisch eine Lösung finden. In der Praxis zerlegt ein Computer den Körper dafür in kleine Teilvolumen, berechnet deren Ladung und bildet die Summe.

Diese Aufgabe erwartet uns beispielsweise, wenn wir wissen möchten, welche Kraft auf ein Ion wirkt, das sich an einem Punkt P in der Nähe eines geladenen Körpers befindet. Wird es von ihm angezogen oder abgestoßen? Wie stark? Wie schnell wird es beschleunigt?

Zur Beantwortung müssen wir die Feldstärke E an diesem Feldpunkt kennen. Deren Wert und Richtung ergibt sich nach Gl. 1.10 aus der Überlagerung der elektrischen Felder, die jedes einzelne Ladungselement dq des Körpers erzeugt. Wir behandeln diese Ladungselemente dabei so, als wären sie Punktladungen. Ihre Größe erhalten wir aus der Ladungsdichte und, je nach Dimensionalität, der Strecke ($dq = \lambda\, dl$), der Fläche ($dq = \sigma\, dA$) oder dem Volumen ($dq = \rho\, dV$). Das **elektrische Gesamtfeld** im Punkt P ist dann beispielsweise für drei Dimensionen im Vakuum:

$$\boldsymbol{E} = \int d\boldsymbol{E} = \int_V \frac{1}{4\,\pi\,\varepsilon_0} \frac{dq}{r^2}\, \widehat{\boldsymbol{r}} \tag{1.21}$$

Für Berechnungen in einem Medium müssten wir die elektrische Feldkonstante ε_0 wieder um die relative Permittivität ε_r ergänzen, um die Durchlässigkeit des Mediums für elektrische Felder zu berücksichtigen.

Die Beispiele 19.1 bis 19.8 im Tipler führen an einigen Beispielen die Berechnung der Feldstärken durch. Sie sind für chemische Fragestellungen allerdings zu idealisiert. Daher brauchen wir sie nicht selbst zu lösen, aber es ist sinnvoll, sie nachzuvollziehen und sich die Aussagen zu merken.

Beispiel

In der Biochemie finden sich große Proteine wie Enzyme (Biokatalysatoren) oder Ionenkanäle und ihr Substrat sehr häufig über die Anziehungskräfte ihrer Ladungen. Proteine tragen jedoch viele unterschiedliche Ladungen und sind meist von anderen, ebenfalls geladenen Molekülen umgeben. Um das Zusammenspiel zwischen Protein und Substrat zu simulieren, errechnen Computer die Stärke des elektrischen Felds für viele Punkte im Bereich des Proteins.   ◄

1.9 Feldlinien durch Flächen als Maßstab für Ladungen und Felder

Statt über das Coulomb'sche Gesetz können wir elektrische Felder auch über ihre Feldlinien untersuchen. Dazu müssen wir uns nur festlegen, wie viele Linien wir von jeder (Elementar-)Ladung ausgehen lassen wollen. In Abb. 19.14 im Tipler sind es beispielsweise zwölf Feldlinien, die an der positiven Ladung starten, und zwölf Linien, die an der negativen Ladung enden. Einige der Feldlinien verlaufen direkt oder im Bogen von Plus nach Minus, andere verschwinden irgendwo jenseits des Blattes. Verpacken wir beide Ladungen in einer geschlossenen Hülle, treten immer gleich viele Feldlinien durch die Oberfläche ein wie aus – egal, wie die Oberfläche geformt ist. Führen wir die gleiche Prozedur mit einer ungleichen Zahl von positiven und negativen Ladungen durch, wie in Abb. 19.15 im Tipler (hier sind es nur acht Feldlinien pro Ladung), bleiben dagegen Feldlinien übrig. Bei einem positiven Ladungsüberschuss innerhalb der Hülle durchstoßen mehr Linien die Oberfläche auf dem Weg nach außen als nach innen. Die Differenz entspricht genau der Anzahl von Feldlinien, die der Überschussladung entspricht. In der Abbildung sind es acht Linien, die zusätzlich die Hülle verlassen, weil es in ihr eine positive Ladung mehr gibt.

Dieser Zusammenhang ist die Aussage des **Gauß'schen Gesetzes**, das in der Formulierung des Tiplers lautet:

» Die Differenz aus der Anzahl der eine Oberfläche verlassenden und der in die Oberfläche eintretenden Feldlinien ist proportional zu der von der Oberfläche eingeschlossenen Gesamtladung.

Für quantitative Rechnungen brauchen wir eine Größe, die angibt, wie viele Feldlinien durch eine Fläche treten. Der **elektrische Fluss** Φ_{el} ist die Zahl der Feldlinien – in Gestalt der Feldstärke E –, die eine Fläche A durchstoßen. Steht die Fläche senkrecht zu den Feldlinien, errechnet er sich nach:

$$\Phi_{el} = E\,A \tag{1.22}$$

Die Einheit des elektrischen Flusses ist $(N \cdot m^2)/C$.

Für symmetrisch geformte Hüllen wie Kugelschalen können wir die Fläche berechnen und damit den Fluss. Bei unregelmäßigen Oberflächen müssen wir diese in kleine Abschnitte dA zerlegen und alle Teile summieren. Für infinitesimal winzige Flächenstücke läuft dies auf die Bildung eines Integrals über die Gesamtfläche hinaus:

$$\Phi_{el} = \int_A \boldsymbol{E} \cdot d\boldsymbol{A} \tag{1.23}$$

Speziell für Integrale über geschlossene Flächen gibt es das Symbol $\oint$, und wir sprechen von einem Ringintegral. Die Gleichung für den elektrischen Fluss wird damit zu:

Tipler

Abschn. 19.3 *Das Gauß'sche Gesetz* und 19.4 *Berechnungen von E mit dem Gauß'schen Gesetz*

1

$$\Phi_{el} = \oint_A \boldsymbol{E} \cdot d\boldsymbol{A} \tag{1.24}$$

Damit können wir das **Gauß'sche Gesetz** nun auch mathematisch formulieren:

$$\Phi_{el} = \int_A \boldsymbol{E} \cdot d\boldsymbol{A} = \frac{q_{innen}}{\varepsilon_0} \tag{1.25}$$

» Der Gesamtfluss durch eine beliebige geschlossene Fläche nach außen ist gleich dem Produkt von $1/\varepsilon_0$ und der durch die Fläche eingeschlossenen Gesamtladung.

Bei statischen Feldern (Felder, deren Feldstärke sich in der Zeit nicht ändert) erhalten wir mit dem Gauß'schen Gesetz die gleichen Ergebnisse wie mit dem Coulomb'schen Gesetz. Abschn. 19.4 *Berechnungen von E mit dem Gauß'schen Gesetz* im Tipler führt dies vor und berechnet an einigen Beispielen die Felder um Ladungen. Wir brauchen diese Rechnungen nicht selbst durchzuführen, es reicht, sie in etwa nachzuvollziehen.

Ein Vorteil der Gauß'schen Methode ist, dass sie auch auf dynamische Felder anwendbar ist, wie sie beispielsweise bei elektromagnetischer Strahlung auftreten. Tatsächlich ist das Gauß-Gesetz die dritte Maxwell'sche Gleichung – eine von vier Regeln, mit denen sich alle Phänomene des Elektromagnetismus erklären lassen. Wir werden die Gleichungen in einem späteren Kapitel kennenlernen.

Der Nachteil des Gauß'schen Verfahrens ist, dass wir es nur dann analytisch anwenden können, wenn die Ladung sehr symmetrisch verteilt ist. Dafür gibt es drei geeignete Varianten:

- Bei der **Zylindersymmetrie** oder **Achsensymmetrie** hängt die Ladungsdichte nur von der Entfernung zu einer Geraden ab. Dies trifft für Felder um lange Drähte zu.
- **Ebenensymmetrie** liegt vor, wenn die Entfernung zu einer ebenen Fläche die Ladungsdichte bestimmt. Damit lässt sich das Feld über oder unter einer riesigen Platte bestimmen.
- Die **sphärische, Kugel** oder **Punktsymmetrie** ist für Fälle, in denen die Ladungsdichte alleine von der Entfernung zu einem Punkt abhängt. Felder um Kugeln fallen in diese Kategorie. Diese Symmetrie ist die einzige, bei der die Ladungsträger nicht unendlich lang oder groß sein müssen.

Von den vielen Beispielfällen wollen wir uns das Ergebnis für die Kugeln ansehen:
- Eine geladene Hohlkugel oder eine Kugelschale hat im Inneren überhaupt kein elektrisches Feld ($E = 0$). Beim Kugelradius r_K macht das Feld einen Sprung auf sein Maximum und nimmt dann mit zunehmendem Abstand r ab nach:

$$E = \frac{1}{4\pi\varepsilon_0} \frac{q}{r^2} \tag{1.26}$$

Abb. 19.25 im Tipler zeigt den Verlauf grafisch, in Beispiel 19.11 ist die Rechnung ausgeführt.
- Eine geladene Vollkugel zeigt außerhalb den gleichen Feldverlauf wie die Hohlkugel. Innerhalb wächst das Feld aber vom Zentrum, wo es gleich null ist, zur Oberfläche, wo es maximal ist, linear an nach:

$$E = \frac{1}{4\pi\varepsilon_0} \frac{q}{r_K^3} r \quad \text{für } r \leq r_K \tag{1.27}$$

Die Herleitung ist in Beispiel 19.13 im Tipler aufgeführt, eine Skizze ist in Abb. 19.28 zu sehen.

1.10 Hohle Leiter schirmen elektrische Felder ab

Wir sehen uns die Beispiele einer Hohlkugel und einer Vollkugel noch einmal genauer an. Wir haben gesehen, dass das elektrische Feld innerhalb einer geladenen Hohlkugel gleich null ist. Das gilt auch, wenn die Kugel nicht von sich aus geladen ist, sondern in ein äußeres elektrisches Feld bewegt wird. In diesem Fall bewegen sich durch die Influenz sofort Ladungsträger innerhalb der Kugelschale, und es etabliert sich ein induziertes Feld der Kugelschale, das dem äußeren Feld entgegen gerichtet ist und es exakt aufhebt, sodass nichts in das Innere der Kugel gelangt. Die Kugel bildet einen **Faraday'schen Käfig,** der im Inneren stets feldfrei bleibt. Sogar, wenn er Löcher hat oder lediglich aus einem Drahtgeflecht besteht, schützt solch ein Käfig vor externen elektrischen Feldern. Deshalb ist man in einem Auto einigermaßen sicher vor Blitzeinschlägen. Allerdings darf man dabei nicht die metallene Außenhaut des Wagens berühren oder zu nahe an die Fenster kommen, denn durch die Lücken kann ein Teil des Felds „durchgreifen".

Tipler

Abschn. 19.6 *Ladung und Feld auf Leiteroberflächen* und Beispiel 19.15

> **Beispiel**
>
> Im Labor müssen empfindliche elektrische Messgeräte durch einen Faraday'schen Käfig vor äußeren elektrischen Feldern geschützt werden. Dies kann schon bei der Konstruktion durch eine Metallverkleidung geschehen oder indem man sie in Gestellen aus Drahtgitter unterbringt. ◀

Das Prinzip des Gegenfelds gilt auch, wenn das Feld nicht von außen kommt oder die Ladung auf der Schale sitzt, sondern wenn eine Ladung von einer leitenden Hohlkugel (oder einer anderen Hohlform) umgeben ist. Auch dann baut sich durch Influenz in der Schale ein Gegenfeld auf, das dem Ursprungsfeld entgegen gerichtet ist und es aufhebt. Nach außen wirkt dann das induzierte Feld. Die Abb. 19.33 und 19.34 geben das schematisch wieder für Ladungen, die sich im Zentrum der Hohlkugel oder dezentral befinden.

> **Beispiel**
>
> Weil der Schutz eines Faraday'schen Käfigs in beide Richtungen wirkt, kann man ein elektrisches Gerät, das Störfelder ausstrahlt, „entschärfen", indem man es in einen Metallkäfig stellt. Aus diesem Grund sind die meisten Computer und Netzteile von leitenden Hüllen umgeben. ◀

Für die geladene Vollkugel hatten wir im vorigen Abschnitt einen linearen Verlauf des elektrischen Felds im Inneren ermittelt. Dieses Ergebnis stimmt jedoch nur für eine Kugel mit fixierten Ladungen. Sind die Ladungen beweglich wie die Elektronen in einem Leiter, werden sie durch die Kraft des Felds in Bewegung versetzt und wandern nach außen. Erst wenn das Innenvolumen frei von Ladungen und damit ohne elektrisches Feld ist, befindet sich das System im **elektrostatischen Gleichgewicht,** in dem keine Kräfte auf die Ladungen wirken. Bei metallischen Leitern ist dieser Zustand in wenigen Sekundenbruchteilen erreicht. Die Normalkomponente E_n des elektrischen Felds (der Anteil, der senkrecht zur Oberfläche verläuft) beträgt dann:

$$E_n = \frac{\sigma}{\varepsilon_0}$$

(1.28)

σ ist die Oberflächenladungsdichte.

1

Beispiel

Auch wenn Strom durch einen Leiter fließt, wandern die Elektronen nur an der Oberfläche entlang. Deshalb kann ein Kabel, das aus mehreren dünnen Drähten zusammengesetzt ist, den Strom besser leiten als ein Kabel mit dem gleichen Durchmesser, das aber nur aus einem Draht besteht.   ◄

Verständnisfragen

1. Mit welcher Kraft zieht das Proton eines Wasserstoffatoms sein Elektron an, wenn der Atomradius bei rund 30 pm liegt?
2. Warum hat das Kohlenstoffdioxidmolekül kein Dipolmoment?
3. Wie groß ist das elektrische Feld innerhalb einer Getränkedose, die mit 5 mC positiv geladen ist?

Das elektrische Potenzial

2.1 Potenzial und Ladung bestimmen die Energie in einem elektrischen Feld – 18

2.2 Elektrische Potenziale berechnen – 21

2.3 Ein Feld aus dem Potenzial berechnen – 22

2.4 Starke Felder kommen auch durch Isolierungen – 23

© Springer-Verlag GmbH Deutschland, ein Teil von Springer Nature 2020
O. Fritsche, *Physik für Chemiker II*, https://doi.org/10.1007/978-3-662-60352-9_2

2

Das elektrische Potenzial ist für elektrische Felder das, was die Höhe für ein Gravitationsfeld ist: ein Maßstab für die Energie, die ein (geladenes) Teilchen aufgrund seiner Position hat. Damit ist es ideal geeignet, um andere Prozesse anzutreiben. Denn wenn Ladung von einem hohen zu einem niedrigen Potenzial wandert, wird Energie frei, die für nutzbringende Arbeit zur Verfügung steht. Das können endotherme chemische Reaktionen sein oder die elektronische Verarbeitung experimenteller Daten. Schließlich ist eine Potenzialdifferenz nichts anderes als die altbekannte elektrische Spannung, wie wir sie aus Batterien, Akkus und der Steckdose zapfen.

2.1 Potenzial und Ladung bestimmen die Energie in einem elektrischen Feld

Tipler
Abschn. 20.1 *Die Potenzialdifferenz* und
20.6 *Die elektrische Energie*

Wir haben im vorhergehenden Kapitel gesehen, dass elektrische Ladungen nach dem Coulomb'schen Gesetz eine Kraft F aufeinander ausüben, deren Größe vom Abstand s abhängig ist. In dieser Position zueinander steckt eine potenzielle Energie E_{pot}, denn wenn die Ladungen der Anziehungs- oder Abstoßungskraft folgen und zu wandern beginnen, wandelt sich die potenzielle Energie in Bewegungsenergie. Gehen wir davon aus, dass alle anderen Parameter wie Gravitation, Druck und Temperatur, die einen Beitrag zur potenziellen Energie leisten könnten, zu vernachlässigen sind, entspricht die potenzielle Energie einer **elektrischen Energie** E_{el}. Nach einer Wanderung um das winzige Stückchen ds beträgt die Änderung:

$$\mathrm{d}E_{pot} = \mathrm{d}E_{el} = -\boldsymbol{F} \cdot \mathrm{d}\boldsymbol{s} \tag{2.1}$$

Wie stark die Kraft ist, hängt nach Gl. 1.8 von der Größe der Punktladung q_0 und der elektrischen Feldstärke E an dem jeweiligen Punkt ab. Je stärker das Feld ist und je mehr Ladung ein Ladungsträger aufweist, desto heftiger stößt und zerrt das Feld an ihm:

$$\mathrm{d}E_{el} = -q_0\, \boldsymbol{E} \cdot \mathrm{d}\boldsymbol{s} \tag{2.2}$$

Die Abhängigkeit von der Ladung stört uns ein wenig, denn sie sorgt dafür, dass sich die elektrische Energie eines Magnesiumions (Mg^{2+}) doppelt so stark verändert wie bei einem Kaliumion (K^+), selbst wenn beide Ionen sich im gleichen Feld bewegen. Für Vergleiche ist es sinnvoller, eine Größe zu haben, die uns sagt, wie sehr sich die elektrische Energie pro Coulomb ändert. Das erreichen wir, indem wir unsere Gleichung durch die Ladung teilen. Die neue Größe nennen wir die **elektrische Potenzialdifferenz** dϕ:

$$\mathrm{d}\phi = \frac{\mathrm{d}E_{el}}{q_0} = -\boldsymbol{E} \cdot \mathrm{d}\boldsymbol{s} \tag{2.3}$$

Für eine messbare Verschiebung müssen wir die Änderungen auf den infinitesimalen Wegstücken ds durch Integrieren aufaddieren:

$$\Delta\phi = \phi_b - \phi_a = \frac{\Delta E_{el}}{q_0} = -\int_a^b \boldsymbol{E} \cdot \mathrm{d}\boldsymbol{s} \tag{2.4}$$

Die Potenzialdifferenz gibt uns an, wie sich die elektrische Energie einer Ladung von 1 C durch Arbeit ändert, wenn sie in einem elektrischen Feld verschoben wird. Sie verrät uns damit, welcher Energieunterschied zwischen dem Anfangs- und dem Endpunkt der Bewegung herrscht. Für das Vorzeichen gilt dabei:

— Um die Ladung gegen die Kraftrichtung zu bewegen, müssen wir von außen Arbeit in das System stecken, und die elektrische Energie steigt.

━ Darf die Ladung der Kraft nachgeben, verrichtet das Feld Arbeit an der Ladung, und die elektrische Energie nimmt ab.

❯ **Wichtig**
Grundsätzlich rechnen wir bei Prozessen immer: Endzustand minus Anfangszustand. ◄

Eine geladenes Teilchen strebt immer nach einem Ort, an dem seine elektrische Energie möglichst niedrig ist. Deshalb versucht es, an einen Punkt zu gelangen, dessen Potenzial am besten zu seiner Ladung passt. Negativ geladene Teilchen streben zu möglichst positiven Potenzialen, positive Teilchen wollen möglichst negative Potenziale erreichen. Den schnellsten Weg dafür weist jeweils das elektrische Feld mit seinen Feldlinien.

Wir bezeichnen die elektrische Potenzialdifferenz auch als **elektrische Spannung**. Ihre Einheit ist das **Volt** mit dem Symbol V, wobei 1 V einer Arbeit von 1 J pro 1 C Ladung entspricht:

$$1\,V = 1\,\frac{J}{C} \tag{2.5}$$

Eine 1,5-Volt-Batterie stellt also 1,5 J Arbeit zur Verfügung, wenn Elektronen mit einer Ladung von 1 C von ihrem Minuspol zum Pluspol fließen. Wollen wir umrechnen, wie viel Arbeit ein einzelnes Elektron dabei leistet, erhalten wir einen winzigen Wert. Deshalb gibt es für Energien auf atomarer Ebene eine eigene Einheit: das **Elektronenvolt** mit dem Symbol eV. Es rechnet Energie von der Bezugsladung Coulomb runter auf die Elementarladung.

$$1\,eV = 1{,}602 \cdot 10^{-19}\,J \tag{2.6}$$

Im Beispiel unserer Batterie hätte jedes Elektron 1,5 eV Arbeit geleistet.

> **Beispiel**
> Bei unseren Steckdosen stellt der Neutralleiter mit der blauen Isolierung das Bezugspotenzial. Er ist mit der Erde verbunden und trägt deshalb keine Überschussladung. Im Vergleich zu ihm hat der Außenleiter, der manchmal auch Phase genannt wird und eine braune oder schwarze Isolierung hat, ein Potenzial, dessen Wert sinusförmig mit 50 Hz oszilliert und einen Effektivwert von 230 V erreicht. Die Amplitude ist mit 325 V deutlich größer.
> Bei Netzspannungen wird nicht die maximale Spannung, sondern der Effektivwert angegeben, weil Wechselspannungen die meiste Zeit geringer sind als die Amplitude und zwischenzeitlich sogar kurzzeitig überhaupt keine Energie übertragen. Der Effektivwert entspricht der elektrischen Leistung, die eine Spannung mit Gleichstrom an einen Verbraucher liefern würde. ◄

Weil es immer nur auf die Differenz zwischen den elektrischen Potenzialen ankommt, dürfen wir für unsere Rechnungen willkürlich einen Nullpunkt bestimmen. Je nach Experiment kann es sinnvoll sein, den Anfangs- oder den Endpunkt zu wählen. Wollen wir ein bestimmtes **elektrisches Potenzial** betrachten, ist es sinnvoll, es mit einem **Bezugspunkt** zu vergleichen, der (idealisiert) unendlich weit entfernt liegt und dessen Potenzial wir gleich null setzen. Auf diese Weise gelten alle Aussagen alleine für den Punkt, der uns interessiert. Praktisch können wir dies durchführen, indem wir den Bezugspunkt erden. Die Spannung, die wir messen, entspricht dann dem elektrischen Potenzial am Ort der Messspitze des Voltmeters.

2

Haben wir auf diese Weise einen Punkt und sein Potenzial in den Mittelpunkt gerückt, stellen wir fest, dass die **elektrische Energie einer Probeladung** von seiner Ladung und dem elektrischen Potenzial seines Aufenthaltsorts abhängt:

$$E_{el} = q_0\,\phi \tag{2.7}$$

Es ist die Arbeit, die wir aufbringen müssten, um die Ladung aus unendlicher Entfernung an diesen Ort im elektrischen Feld mit dem Potenzial ϕ zu bringen.

Wollen wir mehrere Ladungen in bestimmter Weise anordnen und damit ein Punktladungssystem konstruieren, spürt jede einzelne Ladung die Felder der anderen Ladungen. Es gibt Abstoßungs- und Anziehungskräfte, die sich im elektrischen Potenzial an seinem Bestimmungsort manifestieren. Jede Ladung hat daher im elektrischen Feld, das die anderen Ladungen aufziehen, an seinem Platz eine elektrische Energie, die es in die **elektrische Energie des gesamten Punktladungssystems** einbringt. Diese Gesamtenergie entspricht der Arbeit, die nötig ist, um die Konstruktion zu errichten:

$$E_{el} = \frac{1}{2} \sum_{i=1}^{n} q_0\,\phi_i \tag{2.8}$$

Hierin ist n die Anzahl der Ladungen in unserem System und ϕ_i das Potenzial aller anderen Ladungen für die i-te Punktladung.

> **Beispiel**
> Punktladungssysteme und ihre elektrischen Energien begegnen uns in der Chemie beispielsweise bei Salzen, deren Ionen sich zu einem Kristallgitter zusammenfinden. Wir müssen sie aber auch berücksichtigen, wenn wir theoretische Berechnungen oder Simulationen von Ionen mit mehreren Ladungszentren wie – Aminosäuren oder Proteinen – durchführen. ◄

Die vielen Fachbegriffe um das elektrische Potenzial lassen sich mit einer **Analogie** leichter verstehen. Dazu vergleichen wir eine positive Punktladung in einem elektrischen Feld mit einer Kugel auf einem Hügel. Die Kugel befindet sich im Gravitationsfeld der Erde, das dem elektrischen Feld entspricht. In beiden Feldern gibt es niedrige Werte: einmal ein kleines oder gar negatives Potenzial, bei der Gravitation ein Tal oder eine Ebene. Die Teilchen besitzen jeweils eine Eigenschaft, die sie mit ihrem Feld koppelt: Die Punktladung hat ihre elektrische Ladung, die Kugel ihre Masse. Diese Eigenschaft ruft in dem Feld eine Kraft hervor, von der die Teilchen zu den niedrigen Werten (nach unten) gezogen werden. Die Richtung, in der diese Kraft wirkt, zeigen die elektrischen Feldlinien an. Auf unserem Hügel könnten wir dafür kleine Wasserrinnsale benutzen, die ebenfalls den kürzesten Weg nach unten weisen. Um die Teilchen gegen diese Kraft (nach oben) zu bewegen, müssen wir uns anstrengen und die Kraft mit Arbeit überwinden. Die Arbeit fließt in die potenzielle Energie, die in einem positiveren Bereich des Felds (weiter oben am Hügel) größer ist als im Tal. Die Äquipotenzialflächen entsprechen den Höhenlinien am Hügel, sie markieren Bereiche mit dem gleichen Potenzial bzw. gleicher Höhe. Auf ihnen können wir die Teilchen mühelos verschieben, wobei sich ihre potenzielle Energie nicht ändert. Lassen wir die Teilchen aber los, folgen sie augenblicklich der Kraft des Felds und folgen dem Gefälle.

◘ Tab. 2.1 stellt die Begriffe noch einmal gegenüber. Das Bild passt für Ladungen leider nur, solange wir positive Ladungen betrachten. Negative Ladungen haben nämlich das genau entgegengesetzte Bestreben: Sie zieht es zu positiveren elektrischen Potenzialen. Bezogen auf den Hügel möchten sie am liebsten bergauf rollen.

◻ Tab. 2.1   Vergleich zwischen elektrischem und gravitatorischem Potenzial

Größe	Elektrizität	Gravitation
Feld	Elektrisches Feld	Gravitationsfeld
Teilchen	Punktladung	Massepunkt
Koppelnde Eigenschaft	Ladung	Masse
Maßstab	Elektrisches Potenzial	Höhe
Potenzielle Energie	Elektrische Energie	Lageenergie
Kraft	Coulomb-Kraft	Schwerkraft
Kraftlinien	Elektrische Feldlinien	Keine
Niveaugleichheit	Äquipotenzialflächen	Höhenlinien

Beispiel

Bei der Elektrolyse folgen die Ionen dem elektrischen Potenzialgefälle, das die Elektroden in der Lösung bzw. in der Schmelze aufbauen. Damit an den Elektroden die gewünschten Reaktionen stattfinden, muss die Potenzialdifferenz größer sein als die Zersetzungsspannung. Beispielsweise läuft die Sauerstoffbildung bei der elektrolytischen Spaltung von Wasser in basischer Lösung ab einer Spannung von 0,4 V ab. ◄

2.2   Elektrische Potenziale berechnen

Elektrische Potenziale zu messen, ist manchmal schwieriger, als sie zu berechnen. Im Tipler sind Formeln für verschiedene Systeme mit einzelnen Punktladungen und größeren Körpern mit so vielen Ladungen, dass es eine kontinuierliche Ladungsverteilung gibt, aufgeführt.

Wir sehen uns zunächst das Potenzial von unterschiedlich angeordneten Punktladungen an, die im Tipler im Abschn. 20.2 *Das Potenzial eines Punktladungssystems* hergeleitet werden.

Eine einzelne Punktladung erzeugt um sich herum ein elektrisches Feld, das im Abstand r das sogenannte **Coulomb-Potenzial** aufweist:

Tipler

Abschn. 20.2 *Das Potenzial eines Punktladungssystems und Beispiele 20.2 bis 20.6*

$$\phi = \frac{1}{4\pi\,\varepsilon_0}\frac{q}{r} \tag{2.9}$$

Das Vorzeichen des Coulomb-Potenzials richtet sich nach dem Vorzeichen der Ladung q.

Messen wir im Feld der Punktladung die Differenz zwischen zwei Punkten – einem Bezugspunkt im Abstand r_B und einem Feldpunkt im Abstand r –, bekommen wir:

$$\phi = \frac{1}{4\pi\,\varepsilon_0}\frac{q}{r} - \frac{1}{4\pi\,\varepsilon_0}\frac{q}{r_B} \tag{2.10}$$

Bringen wir eine Punktladung q_0 in das elektrische Feld unserer Ladung q, erhält diese aufgrund ihrer Lage eine potenzielle elektrische Energie E_{el}:

$$E_{el} = q_0\,\phi = q_0\,\frac{1}{4\pi\,\varepsilon_0}\frac{q}{r} = \frac{1}{4\pi\,\varepsilon_0}\frac{q_0\,q}{r} \tag{2.11}$$

2

Mit dieser Gleichung können wir bestimmen, welche Arbeit notwendig ist oder frei wird, wenn eine Ladung in einem elektrischen Feld den Ort wechselt.

Haben wir **mehrere Ladungen mit überlappenden elektrischen Feldern**, müssen wir ihre Potenziale nach dem Superpositionsprinzip addieren:

$$\phi = \sum_i \frac{1}{4\pi\,\varepsilon_0}\frac{q_i}{r_i} \tag{2.12}$$

Die Beispiele im Tipler verdeutlichen und vertiefen die Rechnungen mit diesen Gleichungen. Wir sollten sie aufmerksam nachvollziehen und nach Möglichkeit auch eigenständig rechnen können.

Auch bei Objekten mit zahlreichen Ladungen, wie sie im Tipler im Abschn. 20.4 *Die Berechnung des elektrischen Potenzials ϕ kontinuierlicher Ladungsverteilungen* ausführlich besprochen werden, gilt das Superpositionsprinzip und damit Gl. 2.12. Weil die Zahl der Ladungen jedoch extrem groß ist, behandeln wir sie nicht mehr als individuelle Punktladungen, sondern als ein Ladungskontinuum, aus dem wir einen winzigen repräsentativen Teil, das Ladungselement d$q\prime$, herausgreifen und wie eine Punktladung behandeln. Damit bekommen wir für das **Potenzial einer kontinuierlichen Ladungsverteilung** die Gleichung:

$$\phi = \int \frac{1}{4\pi\,\varepsilon_0}\frac{\mathrm{d}q\prime}{r} \tag{2.13}$$

Wollen wir diese allgemeinen Gleichung auf einen konkreten geometrischen Körper übertragen, brauchen wir eine Funktion, die die Verteilung der Ladung beschreibt und die wir integrieren können. Im Tipler ist dies für Geometrien wie einen Ring, eine Scheibe, eine unendlich ausgedehnte Ebene und eine Hohl- sowie eine Vollkugel durchgeführt. Es genügt, wenn wir uns die Beispiele ansehen, sie aber nicht intensiv durcharbeiten.

Tipler

Abschn. 20.4 *Die Berechnung des elektrischen Potenzials ϕ kontinuierlicher Ladungsverteilungen*

2.3 Ein Feld aus dem Potenzial berechnen

Tipler

Abschn. 20.3 *Die Berechnung des elektrischen Felds aus dem Potenzial*

Kennen wir das elektrische Potenzial in einem kleinen Bereich, können wir mit diesem Wissen das elektrische Feld für diesen Teil ermitteln. Wir müssen dafür herausfinden, wie sich das Potenzial ändert, wenn wir uns ein wenig vom Fleck bewegen. Mathematisch ausgedrückt suchen wir die Ableitung des elektrischen Felds nach dem Ort. Bei einer Dimension, wenn das Potenzial nur von der x-Richtung abhängt, ändert sich das Feld nach:

$$E_x = -\frac{\mathrm{d}\phi(x)}{\mathrm{d}x} \tag{2.14}$$

Bei den drei Dimensionen einer Kugel mit einer Ladung im Mittelpunkt folgt für das Feld:

$$E_r = -\frac{\mathrm{d}\phi(r)}{\mathrm{d}r} \tag{2.15}$$

Um ein elektrisches Feld vollständig aus dem Potenzial zu folgern, müssten wir dessen Wert an jeder Stelle kennen und eine Funktion finden, mit der wir den Verlauf beschreiben können. Diese Funktion müssten wir nach den drei kartesischen Koordinaten x, y und z ableiten. Weil das Potenzial ϕ von allen drei Richtungen abhängt, wir aber immer nur nach einer Größe zur Zeit ableiten können, würden wir mit den partiellen Ableitungen $\partial\phi/\partial x$, $\partial\phi/\partial y$ und $\partial\phi/\partial z$ arbeiten. In Vektorschreibweise gibt es für die vollständige Ableitung die Kurzform ∇, sodass wir das elektrische Feld bekämen mit:

$$E = -\nabla\phi = -\left(\frac{\partial\phi}{\partial x}\widehat{x} + \frac{\partial\phi}{\partial y}\widehat{y} + \frac{\partial\phi}{\partial z}\widehat{z}\right) \tag{2.16}$$

Daran, dass wir das elektrische Feld aus der Ableitung des Potenzials gewinnen, sehen wir, dass es der **Gradient** des elektrischen Potenzials ist. Es zeigt an, in welche Richtung die größte Änderung erfolgt und sucht sich sozusagen immer den steilsten Weg aus. Verbinden wir dagegen in einem elektrischen Feld alle benachbarten Punkte mit dem gleichen elektrischen Potenzial, erhalten wir die **Äquipotenzialflächen.** Sie sind das genaue Gegenteil der elektrischen Feldlinien, die den Kraftverlauf anzeigen. Auf den Äquipotenzialflächen kann eine Ladung entlang wandern, ohne dass sich ihre elektrische Energie verändert. Sie liegen daher senkrecht zu den Feldlinien. Die Abb. 20.19 und 20.20 im Tipler zeigen dies am Beispiel einer Kugelladung und eines länglichen Ladungsträgers.

2.4 Starke Felder kommen auch durch Isolierungen

Auf molekularer Ebene können durch Ladungstrennungen extrem starke elektrische Felder entstehen. Beispielsweise transportieren die Membranen unserer Nervenzellen unter Energieverbrauch selektiv Natriumionen aus der Zelle. Der Überschuss an positiven Ladungen auf der Außenseite erzeugt eine Spannung von rund 100 mV. Absolut gesehen ist dies sicherlich ein kleiner Wert, aber weil die Membran nur 5 nm dick ist, entspricht er einer Feldstärke von 20 MV/m. Wären die beiden Potenziale nicht durch die fettige Membran getrennt, sondern einfach durch Luft, würden zwischen Innen- und Außenseite ständig Blitze zucken!

Ab einer gewissen Feldstärke, die wir als **Durchschlagfestigkeit** bezeichnen, werden Isolatoren plötzlich leitend. Die Atome des Isolators werden selbst ionisiert und geben die Energie in einem **dielektrischen Durchschlag** weiter. Geschieht dies an der Luft, können wir es als einmalige **Funkenentladung** sehen, oder es gibt eine **Bogenentladung,** wenn die Potenzialdifferenz wie beim Lichtbogenschweißen ständig von außen aufrechterhalten wird. Bei unregelmäßig geformten Körpern findet der Durchschlag an der Stelle mit dem kleinsten Krümmungsradius statt, wo der Körper am spitzesten ist. Deshalb laufen Blitzableiter nach oben spitz zu.

Tipler
Abschn. 20.5 *Äquipotenzialflächen* und Beispiel 20.12

Beispiel
Wenn im Winter ein Funke von der metallenen Türklinke auf unsere Finger überspringt, ist dies ebenfalls eine Funkenentladung. Wir können uns den Schmerz ersparen, indem wir einen Schlüssel oder anderen leitenden Gegenstand in die Hand nehmen und die Klinke zuerst damit berühren. Der Funke springt in den Schlüssel, und die Ladung fließt auf einer größeren Fläche unmerklich auf uns über. ◀

Verständnisfragen
4. Welche Komponenten tragen zum elektrischen Potenzial eines Orts in einer Lösung bei, in die zwei Elektroden getaucht sind?
5. Wenn die Oberfläche einer Elektrode eine Äquipotenzialfläche darstellt, welche Arbeit muss ein Elektron dann leisten, um die Strecke von 5 cm von einem Ende zum anderen zurückzulegen?

Die Kapazität

3.1   Kondensatoren speichern elektrische Ladungen – 26

3.2   Im Feld des Kondensators schlummert die gespeicherte
        Energie – 27

3.3   Kondensatorschaltungen für mehr und weniger Kapazität – 28

3.4   Abschirmende Isolatoren erhöhen die Kapazität – 30

© Springer-Verlag GmbH Deutschland, ein Teil von Springer Nature 2020
O. Fritsche, *Physik für Chemiker II*, https://doi.org/10.1007/978-3-662-60352-9_3

In einer elektrischen Potenzialdifferenz kann eine Menge Energie stecken. Um diese Energie zu speichern, dürfen die Ladungsträger nicht einfach dem Gradienten folgen, sondern müssen solange voneinander getrennt bleiben, bis wir ihre Energie in nutzbare Arbeit umwandeln wollen. Wie viel Ladung und Energie ein Speicher – wie ein Kondensator, eine Batterie oder ein Akku – vorhalten kann, hängt von seiner Kapazität ab. In diesem Kapitel untersuchen wir, auf welche Weise technische Bauteile, aber auch biologische Membranen verhindern, dass Ladungen vorzeitig wandern.

3.1 Kondensatoren speichern elektrische Ladungen

Tipler
Abschn. 21.1 *Die Kapazität* und Beispiel 21.1

Wenn wir elektrische Ladungen getrennt voneinander halten wollen, brauchen wir eine Möglichkeit, sie irgendwo zu speichern. Dafür bieten sich Leiter an, auf denen wir die Überschussladung q abladen. Wie viel Ladung auf einen Leiter passt, hängt von seiner Größe, seiner Form und vor allem seiner Oberfläche ab. Außerdem ist es eine Frage der Arbeit, die wir verrichten können, um die Ladungen auf den Leiter zu befördern, denn je mehr gleichnamige Ladungen dort bereits versammelt sind, desto schwieriger wird es, weitere Ladungen hinzuzufügen. Im vorigen Kapitel haben wir erfahren, dass die **elektrische Spannung** der Antrieb für derartige Arbeit ist. Die Spannung ist der Unterschied im elektrischen Potenzial zweier Punkte a und b und wird mit einem großen U abgekürzt:

$$U = \Delta\phi = \phi_b - \phi_a \tag{3.1}$$

Wir können die Ladungen, die wir speichern wollen, also mit einer Spannung U auf den Leiter schieben. Je größer unsere Spannung ist, desto mehr Ladungen lassen sich das gefallen. Das Verhältnis der gepumpten Ladungen pro Volt ist die **Kapazität** C des Leiters:

$$C = \frac{q}{U} \tag{3.2}$$

Die Kapazität eines Leiters verrät uns, wie viel Ladung wir pro Volt auf ihm abladen können. Ein großer Wert bedeutet, dass er bereitwillig Ladungen speichert, bei einem kleinen Wert hat er nur ein minimales Fassungsvermögen. Als Einheit für die Kapazität wurde das **Farad** mit dem Symbol F eingeführt:

$$1\,\text{F} = 1\,\frac{\text{C}}{\text{V}} \tag{3.3}$$

In der Praxis ist es allerdings äußerst schwierig, mit einer Spannung von einem Volt ein volles Coulomb an Ladung auf einen Träger zu stopfen. Meistens ist die gespeicherte Ladung um mehrere Größenordnungen kleiner, sodass wir eher Kapazitäten im Bereich von Mikrofarad (μF, 10^{-6} F), Nanofarad (nF, 10^{-9} F) oder Pikofarad (pF, 10^{-12} F) antreffen werden.

Mit dem Farad können wir die elektrische Feldkonstante ε_0 auch mit einer anderen Einheit als $\text{C}^2/(\text{N}\,\text{m}^2)$, die wir bislang verwendet haben, angeben:

$$\varepsilon_0 = 8{,}85 \cdot 10^{-12}\,\frac{\text{F}}{\text{m}} == 8{,}85\,\text{pF/m} \tag{3.4}$$

> **Wichtig**
> Wir dürfen die Einheit „Coulomb" für die Ladung und die Größe „Kapazität" nicht miteinander verwechseln, obwohl beide mit dem Großbuchstaben C abgekürzt werden. In gedruckten Werken können wir sie in der Regel daran unterscheiden, dass Einheiten wie Coulomb mit aufrechten Buchstaben bezeichnet werden (C), physikalische Größen aber mit kursiv gesetzten

Buchstaben wie C für die Kapazität. Vorsichtshalber sollten wir aber immer anhand des Kontextes entscheiden, was mit einem großen C gemeint sein könnte.   ◄

Eine reine Trennung und Speicherung von Ladungen, wie wir sie gerade besprochen haben, ist technisch mit dem **Kondensator** realisiert. Dieses Bauteil besteht aus zwei getrennten Leitern, die beispielsweise die Form von Platten haben können. Beim Aufladen werden Elektronen von der einen auf die andere Platte transportiert. Wird eine Platte mit $-q$ negativ geladen, fehlt genau diese Ladung als $+q$ auf der Gegenseite. An den Anschlüssen ist q über den geflossenen Strom messbar.

Nach der Anordnung der Elektroden unterscheiden wir verschiedene Typen von Kondensatoren:

- Beim **Plattenkondensator** liegen sich zwei Platten oder Folien gegenüber, die durch einen engen isolierenden Spalt voneinander getrennt sind. In Abb. 21.1 im Tipler sehen wir ein Schema eines solchen Kondensators. In richtigen Bauteilen für elektrische Schaltungen sind die Folien normalerweise mit einer Isolierschicht zwischen ihnen aufgerollt. Die Kapazität des Plattenkondensators hängt von der Fläche A ab, die die Platten einander zeigen, sowie dem Abstand d zwischen ihnen. Sind beide Seiten nur durch ein Vakuum voneinander getrennt, hat der Kondensator die Kapazität:

$$C = \frac{q}{U} = \frac{\varepsilon_0 \, A}{d} \tag{3.5}$$

Befindet sich ein isolierendes Material zwischen den Platten, müssen wir dessen abschirmende Eigenschaft berücksichtigen, indem wir die elektrische Feldkonstante mit der materialtypischen relativen Dielektrizitätskonstanten ε_r multiplizieren:

$$C = \frac{q}{U} = \frac{\varepsilon_0 \, \varepsilon_r \, A}{d} \tag{3.6}$$

- **Zylinderkondensatoren** bestehen aus einem inneren Zylinder, der in einem äußeren Zylinder steckt. Diese Anordnung hört sich recht seltsam an. Wir finden sie vor allem bei Koaxialkabeln, in denen eine äußere Ummantelung einen inneren Leiter vor elektromagnetischen Störungen von außen schützen soll. Wenn wir den Radius des inneren Zylinders mit r_1 bezeichnen und beim äußeren Zylinder mit r_2, hat ein Zylinderkondensator der Länge l die Kapazität:

$$C = \frac{2 \, \pi \, \varepsilon_0 \, l}{\ln \frac{r_2}{r_1}} \tag{3.7}$$

Auch hier müssten wir wieder die relative Dielektrizitätkonstante einbringen, wenn die Zylinder durch einen Isolator getrennt sind.

Einige weitere Varianten sind in Bildern im Tipler gezeigt. Bei allen Kondensatortypen hängt die Kapazität nur von der Größe, dem Material und der Geometrie ab, nicht aber von der Spannung oder der Ladung, die sie aufnehmen.

3.2 Im Feld des Kondensators schlummert die gespeicherte Energie

Die Arbeit, die wir aufbringen müssen, um die Leiter aufzuladen, ist anschließend in der Ladungstrennung konserviert. Wie im Tipler hergeleitet wird, beträgt die **gespeicherte elektrische Energie eines Kondensators:**

Tipler
Abschn. 21.2 *Speicherung elektrischer Energie* und Beispiel 21.3

$$E_{el} = \frac{1}{2}\frac{q^2}{C} = \frac{1}{2}\,q\,U = \frac{1}{2}\,C\,U^2 \tag{3.8}$$

Der Faktor 1/2 taucht in der Gleichung auf, weil es zu Beginn des Ladevorgangs noch einfach ist, Ladungen zu trennen. Je weiter aufgeladen die Platten bereits sind, desto mehr Arbeit ist jedoch notwendig, um den Prozess fortzuführen. Im Schnitt benötigen wir pro Ladung halb soviel Arbeit wie beim Spitzenwert ganz zum Schluss.

Die treibende Kraft beim Laden eines Kondensators ist eine äußere Spannungsquelle, die wir mit seinen Platten verbinden. Sie gibt vor, welchen Wert wir in Gl. 3.8 für U erreichen, während die Kapazität C von Material und Geometrie des Kondensators abhängt. Kennen wir diese Parameter, können wir die elektrische Energie und die Ladung, die auf den Leitern sitzt, berechnen.

Den genauen Ort, wo die Energie verborgen ist, finden wir zwischen den aufgeladenen Platten. Zwischen ihnen erstreckt sich ein elektrisches Feld E, das gemäß $E = U/d$ von der Spannung und dem Abstand abhängt. Eine große Spannung, die viel Ladung trennen kann, baut ein entsprechend großes Feld auf. Liegen die Platten dann noch dicht beieinander, ist der Gradient des Felds besonders steil. Nehmen wir noch die Fläche der Platten hinzu, gelangen wir zur **Energiedichte** w des Kondensators, die uns angibt, welche Energie wir in einem Raumstückchen des elektrischen Felds antreffen:

$$w_{el} = \frac{\text{Energie}}{\text{Volumen}} = \frac{1}{2}\,\varepsilon_0\,E^2 \tag{3.9}$$

Wie bei der mechanischen Dichte, die uns verrät, welche Masse ein Volumenteil eines Materials hat, haben •wir mit der Energiedichte einen guten normierten Wert für Vergleiche zwischen verschiedenen elektrischen Feldern. Dabei ist wichtig zu wissen, dass Gl. 3.9 nicht nur für Kondensatoren gilt, sondern für jegliche elektrische Felder. Wollen wir also wissen, welche Energie in einem bestimmten Raumabschnitt gespeichert ist, brauchen wir nur die elektrische Energiedichte mit dem fraglichen Volumen zu multiplizieren.

3.3 Kondensatorschaltungen für mehr und weniger Kapazität

Tipler

Abschn. 21.3 *Kondensatoren, Batterien und elektrische Stromkreise*

Wir wollen nun sehen, wie sich die Kapazität von Kondensatoren verändert, und Beispiele 21.4 bis 21.8 wenn wir sie in elektrischen Schaltungen parallel zueinander einbauen oder sie in Reihe hintereinander schalten.

Zum Aufladen benutzen wir eine Batterie, wie sie in Abb. 21.8 im Tipler in einer Aufrisszeichnung zu sehen ist. In ihr läuft eine Redoxreaktion ab, bei der die Teilreaktionen räumlich getrennt sind. Beispielsweise wird an der **Anode** Zink oxidiert, wobei Elektronen anfallen, während an der **Kathode** Manganoxid unter Elektronenverbrauch oxidiert wird:

$$\text{Zn} + 4\,\text{OH}^- \rightarrow [\text{Zn(OH}_4)]^{2-} + 2\,\text{e}^- \quad \text{(Anode)} \tag{3.10}$$

$$\text{MnO}_2 + \text{H}_2\text{O} + \text{e}^- \rightarrow \text{MnO(OH)} + \text{OH}^- \quad \text{(Kathode)} \tag{3.11}$$

Die Hydroxydionen (OH^-) gelangen durch die Elektrolytmasse, die ein Leiter zweiter Klasse ist, von der Kathode zur Anode. Die Elektronen können hingegen nur wandern, wenn die Anode und die Kathode außerhalb der Batterie miteinander verbunden werden. Ohne Verbindung besteht zwischen ihnen die **Leerlaufspannung** der Batterie. Sobald der Strom fließt, messen wir mit einem Voltmeter die niedrigere **Klemmenspannung.**

Bringen wir die Platten eines Kondensators in Kontakt mit den Batteriepolen, drängen die Elektronen der Anode auf die eine Platte, und die Kathode saugt mit ihrem positiven Potenzial von der anderen Platte die gleiche Menge Elektronen herunter – der Kondensator wird geladen. Weil die Potenziale durch den Elektronenfluss vermindert werden, kann die Redoxreaktion weiterlaufen, bis die Kapazität des Kondensators voll ausgeschöpft ist. Währenddessen ist die Klemmenspannung ein wenig abgesenkt, weil die Produktion und der Verbrauch der Elektronen nicht mit deren Wanderung mithalten kann. Sobald sich der Kondensator aufgeladen hat, erreicht die Klemmenspannung aber wieder den Ausgangswert.

Als Ergebnis belädt die Batterie den Kondensator mit so viel Ladung, wie es dessen Kapazität und ihre Leerlaufspannung zulassen:

$$q = C \, U \tag{3.12}$$

Beispiel

Wenn Kondensatoren ihre Ladung wieder abgeben, geschieht dies nicht unbedingt langsam wie bei einer Batterie, sondern es kann auch schnell mit einem kurzen Puls geschehen. Der Grund ist, dass die Ladungen auf Kondensatoren bereits fertig vorliegen und nicht wie in einer Batterie erst durch langsame eine chemische Reaktion nach und nach bereitgestellt werden müssen. Kondensatoren finden deshalb überall dort Verwendung, wo ein kurzer, starker Stromstoß benötigt wird, beispielsweise in Blitzgeräten. In anderen Schaltungen wirken sie als Puffer, die kurzfristige Ladungsstöße abfangen können. ◄

Wollen wir mehr als einen Kondensator gleichzeitig an eine Batterie anschließen, haben wir dafür zwei verschiedene Möglichkeiten:

– Bei einer **Parallelschaltung von Kondensatoren** werden die Bauteile nebeneinander angeordnet, als wäre jeder Kondensator für sich alleine angeschlossen. Dadurch liegt an allen die gleiche Spannung an. Die Batterie muss nun die n-fache Fläche mit Ladungen versorgen, wobei n die Anzahl der gleichartigen Kondensatoren sein soll. Die Gesamtkapazität der Kondensatoren entspricht bei einer Parallelschaltung allgemein der Summe aller Einzelkapazitäten:

$$C_{\text{parallel}} = C_1 + C_2 + C_3 + \ldots = \sum_i C_i \tag{3.13}$$

Im Tipler sind Parallelschaltungen in Abb. 21.10 und 21.13 als Skizzen und Schaltbilder dargestellt.

– In einer **Reihenschaltung von Kondensatoren**, wie sie in Abb. 21.14 im Tipler zu sehen ist, haben die Pole der Batterie nicht mehr zu allen Platten der Kondensatoren direkten Kontakt. Sie erreichen lediglich die erste und die letzte Platte, die sie mit Elektronen beladen bzw. diese abziehen. Im mittleren Bereich können keine Elektronen hinzukommen oder verschwinden. Allerdings können Elektronen sich innerhalb dieser Mitte verschieben. Das negative Potenzial der mit Elektronen beladenen äußeren Platte drängt die Elektronen weg von ihrer Partnerplatte. Am anderen Ende der Reihenschaltung zieht das positive Potenzial der entleerten äußeren Platte auf ihrem Partner Elektronen so gut es geht nach. Im Ergebnis erhalten wir bei der Reihenschaltung von Kondensatoren eine geringere Gesamtkapazität als der kleinste Kondensator alleine hat:

$$\frac{1}{C_{\text{Reihe}}} = \frac{1}{C_1} + \frac{1}{C_2} + \frac{1}{C_3} + \ldots \tag{3.14}$$

Eine Reihenschaltung vergrößert die Kapazität also nicht, sie verringert sie, weil dabei der Plattenabstand der Kombination größer ist als bei einem Einzelkondensator. Die Ladung ist bei allen Kondensatoren in der Reihe gleich, da sie auf den jeweils zusammengehörigen Platten gleich sein muss. Wenn die

Kondensatoren aber unterschiedliche Kapazitäten haben, fallen über einen nach Gl. 3.12 unterschiedliche Spannungen an. Der Kondensator mit der kleinsten Kapazität beansprucht die größte Spannung, um den gleichen Ladungszustand zu erreichen wie die größeren Kondensatoren.

Ensembles von Kondensatoren, die alle parallel geschaltet wurden oder alle in Reihe geschaltet sind, können wir durch einen einzigen Kondensator ersetzen, der die gleiche Kapazität wie das Ensemble hat. Wir sprechen dann von einer **Ersatzkapazität.** In der Praxis können wir dadurch häufig komplizierte Schaltungen vereinfachen.

3.4 Abschirmende Isolatoren erhöhen die Kapazität

Tipler
Abschn. 21.4 *Dielektrika* und 21.5
Molekulare Betrachtung von Dielektrika
sowie Beispiele 21.9 bis 21.10

In den vorhergehenden Abschnitten haben wir schon öfter unterschieden, ob sich ein elektrisches Feld im Vakuum oder in einem anderen Medium ausbreitet. Solch ein nichtleitendes Material, das durch seine Anwesenheit die Feldstärke verändert, nennen wir ein **Dielektrikum.**

Der Effekt eines Dielektrikums besteht immer darin, dass es das elektrische Feld vorgegebener Ladungen abschwächt. Hat es im Vakuum eine Stärke von E_0, sinkt es in dem zusätzlichen Material auf E herab:

$$E = \frac{E_0}{\varepsilon_r} \tag{3.15}$$

Das bedeutet für Kondensatoren, dass sie bei vorgegebener Spannung mehr Energie – und damit mehr Ladung – aufnehmen können, sodass ein abschirmendes Dielektrikum zwischen den Platten die Kapazität vergrößert von C_0 im Vakuum auf C mit Isoliermaterial:

$$C = \varepsilon_r \, C_0 \tag{3.16}$$

Die Größe ε_r, um welche sich das Feld und die Kapazität verändern, haben wir bereits in Abschn. 1.2 kurz kennengelernt. Sie hat in der Literatur viele Namen, darunter **relative Dielektrizitätskonstante, relative Permittivität** und **dielektrische Leitfähigkeit.** Sie gibt an, wie gut ein Material das elektrische Feld dämpfen kann, und ist damit eine Stoffkonstante. Tab. 21.1 im Tipler listet einige Werte für verschiedene Materialien auf. Danach wirkt sich Luft mit einer relativen Dielektrizitätskonstanten von 1,00059 fast gar nicht auf die Feldstärke aus, Papier mit 3,7 senkt sie beinahe auf ein Viertel, Glas auf unter 20 %. Die meisten Stoffe haben Werte im Bereich von 2 bis 7. Wir sollten uns zusätzlich zu den Angaben in der Tabelle noch die Konstante für Wasser merken, die bei rund $\varepsilon_r \approx 80$ liegt.

Immer, wenn wir in einer Formel auf die Dielektrizitätskonstante ε_0 stoßen und sich das elektrische Feld nicht in ein Vakuum oder in Luft erstreckt, müssen wir ε_0 mit ε_r multiplizieren und so die **Dielektrizitätskonstante des Dielektrikums** oder die Durchlässigkeit des Mediums ε benutzen:

$$\varepsilon = \varepsilon_r \, \varepsilon_0 \tag{3.17}$$

Beispielsweise steigt die Energiedichte im elektrischen Feld an:

$$
\begin{aligned}
w_{\text{el}} &= \tfrac{1}{2} \varepsilon_0 \, E^2 && \text{(im Vakuum)} \\
w_{\text{el}} &= \tfrac{1}{2} \varepsilon_r \, \varepsilon_0 \, E^2 = \tfrac{1}{2} \varepsilon \, E^2 && \text{(mit Dielektrikum)}
\end{aligned}
\tag{3.18}
$$

Da Dielektrika das elektrische Feld abschwächen, heben sie auch die Durchschlagfestigkeit an, bei der es zu einem dielektrischen Durchschlag zwischen zwei Potenzialen kommt. Deshalb können die Platten von Kondensatoren viel enger gepackt und mit mehr Ladungen bestückt werden, als es im Vakuum möglich wäre. Der Isolator verhindert, dass trotz eines geringeren Abstands die Ladungen einfach überspringen.

Der Grund für den abschwächenden Effekt der Dielektrika ist darin zu sehen, dass elektrische Felder auch in neutralen Molekülen durch Influenz Dipolmomente induzieren können, wie wir es in ▶ Abschn. 1.6 besprochen haben und wie es in den Abb. 21.28 bis 21.30 im Tipler dargestellt ist. Eigentlich unpolare Moleküle werden so polar. Andere Dielektrika wie beispielsweise Wasser haben aufgrund ihrer Molekülstruktur sowieso ein permanentes Dipolmoment. In einem elektrischen Feld – etwa zwischen den Platten eines Kondensators – richten sich die Dipole parallel zu den Feldlinien aus, was wir als **Polarisation** bezeichnen. Sehen wir den Block der aufgereihten Dielektrikumsmoleküle als einen Körper an, stellen wir fest, dass er an seinen Oberflächen Ladungen zeigt, die von den Dipolmomenten herrühren. Weil sich diese Ladungen nicht frei bewegen können, sondern an ihr jeweiliges Molekül gebunden sind, nennen wir sie **gebundene Ladungen.** Diese gebundenen Ladungen bauen ein eigenes elektrisches Feld auf, das dem äußeren Feld entgegen gerichtet ist und es dadurch schwächt.

Die Zahl der gebundenen Ladungen im Dielektrikum ist immer niedriger als die Zahl der freien Ladungen auf den Kondensatorplatten, weil deren Feld ja erst die Dipole erzeugen und ausrichten muss. Ein Dielektrikum kann deshalb niemals das Feld ganz ausschalten.

Verständnisfragen

6. Wieso ändert sich die Kapazität eines Kondensators nicht, wenn wir die Spannung verdoppeln?

7. Welche Kapazität erhalten wir, wenn wir zwei Kondensatoren mit Kapazitäten von $4\,\mu F$ und $10\,\mu F$ parallel schalten und gleich dahinter in Reihe einen Kondensator von $8\,\mu F$?

8. Welche Kapazität erlangt ein Kondensator mit $100\,\mu F$, wenn wir zwischen seine Platten ein Blatt Papier schieben? Wie ändert sich die Kapazität, wenn wir ihn in Wasser tauchen?

Elektrischer Strom – Gleichstromkreise

4.1 Elektrischer Strom sind fließende Ladungsträger – 34

4.2 Medien leisten Widerstand gegen den Stromfluss – 35

4.3 Elektrische Energie wird zu Wärme – 37

4.4 Reihenschaltungen erhöhen den Widerstand, Parallelschaltungen senken ihn – 39

4.5 Regeln für kompliziertere Schaltungen – 40

4.6 Kondensatoren entladen und beladen – 42

Zusammenfassung – 44

© Springer-Verlag GmbH Deutschland, ein Teil von Springer Nature 2020
O. Fritsche, *Physik für Chemiker II*, https://doi.org/10.1007/978-3-662-60352-9_4

Elektrizität bewirkt erst dann etwas, wenn die Ladungsträger zu wandern beginnen und dabei Arbeit verrichten. In diesem Kapitel werden wir verschiedene Grundlagen und Prinzipien an fließenden Elektronen erarbeiten, doch sie gelten ebenso für Ionen in Schmelzen und Lösungen. Damit legen wir das Fundament für das Verständnis der physikalischen Seite der Elektrochemie.

4.1 Elektrischer Strom sind fließende Ladungsträger

Tipler

Abschn. *22.1 Elektrischer Strom und die Bewegung von Ladungsträgern* sowie Beispiele 22.1 und 22.2

In einem elektrischen Stromkreis lassen wir die Ladungsträger den Kräften folgen, die von den elektrischen Feldern auf sie ausgeübt werden. Allerdings zwingen wir sie auf vorgegebene Bahnen, sodass wir die elektrische Energie, die in ihnen steckt, als Arbeit nutzen können.

Die Menge der Ladung Δq, die pro Zeit Δt durch eine Querschnittsfläche A – beispielsweise einen Draht – fließt, ist der **elektrische Strom** I:

$$I = \frac{\Delta q}{\Delta t} \tag{4.1}$$

Ihre Einheit ist das **Ampere** A, das einem Coulomb pro Sekunde entspricht.

$$1\,\mathrm{A} = 1\,\frac{\mathrm{C}}{\mathrm{s}} \tag{4.2}$$

> **Beispiel**
> Die Stromstärke in einer Anlage kann je nach Zweck sehr unterschiedlich sein. Bei Elektrolysen benutzen wir Stromstärken in der Größenordnung von 1 A. Staubsauger genehmigen sich um 5 A. CD-Player begnügen sich mit rund 0,2 A.   ◄

Die **Stromrichtung** wurde zu einer Zeit festgelegt, als man noch nicht wusste, dass in Drähten als Leitern erster Klasse negativ geladene Elektronen wandern. Willkürlich wurde damals festgelegt, dass der Strom außerhalb von Spannungsquellen vom Pluspol zum Minuspol fließt. Damit es insgesamt einen geschlossenen Kreislauf gibt, ist die Stromrichtung innerhalb einer Spannungsquelle anders herum: vom Minuspol zum Pluspol. Elektronen wandern somit gegen die Stromrichtung und gegen das elektrische Feld, das ebenfalls vom positiven zum negativen Potenzial verläuft.

Könnten wir die Bewegung der Elektronen im atomaren Bereich betrachten, würde uns ihr Fluss jedoch kaum auffallen. Auch ohne jegliches elektrisches Feld führen sie ständig extrem schnelle **Zufallsbewegungen** (mit Geschwindigkeiten von tausenden Kilometern pro Sekunde) durch, bei denen sie schon nach kürzester Strecke mit einem Atomrumpf kollidieren. Da es bei diesem Zittern keine besondere Richtung gibt, ist die mittlere Geschwindigkeit der Elektronen dabei gleich null – sie kommen also trotz aller Hektik nicht vom Fleck. Das ändert sich auch dann nur minimal, sobald der Strom anfängt zu fließen. Die Kraft des elektrischen Felds beschleunigt die Elektronen ein kleines bisschen in eine bestimmte Richtung. Die Geschwindigkeit, die sie dabei erreichen, liegt bei nur hundertstel oder zehntel Millimetern pro Sekunde und ist damit verschwindend klein im Vergleich zu den zufälligen Zitterbewegungen. Aber im Gegensatz zu diesen weist sie immer in dieselbe Richtung. Wir sagen, die Elektronen „driften" mit der **Driftgeschwindigkeit** v_d. Einzig und allein diese winzige Drift macht letztlich den Strom aus, den wir messen und nutzen.

Den Zusammenhang zwischen Stromstärke und Driftgeschwindigkeit erhalten wir rechnerisch, wenn wir überlegen, wie groß der Bereich innerhalb eines Drahts ist, den die Elektronen mit ihrer Driftgeschwindigkeit in einer Sekunde zurücklegen. Wenn wir diese Strecke mit dem Querschnitt des Drahts multiplizieren, haben wir ein Volumen, das wie ein Paket voller Elektronen jede Sekunde seine eigene Länge hinter sich bringt. Es fehlt nur noch die **Anzahldichte** der Ladungen, also die Zahl der Ladungen pro Volumen (n/V), und wir können berechnen, wie viele Ladungen bei einer gegebenen Driftgeschwindigkeit pro Sekunde durch den Leiter fließen:

$$I = \frac{\Delta q}{\Delta t} = q\,\frac{n}{V}\,A\,v_d \tag{4.3}$$

In Metallen liegt die Anzahldichte der Ladungsträger etwa bei einem Elektron pro Atom.

Die Stromstärke sagt nichts darüber aus, wie dick der Leiter ist, durch den die Ladungsträger fließen. Im Prinzip könnte es ebenso gut ein haarfeiner Draht sein wie ein armdickes Kabel. Erst wenn wir die Stromstärke durch die Querschnittsfläche teilen, sagt uns die **Stromdichte**, wie viele Ampere pro Quadratmeter fließen:

$$j = \frac{I}{A} = q\,\frac{n}{V}\,v_d \tag{4.4}$$

Wir gehen dabei davon aus, dass die Ladungsträger alle parallel zueinander in die gleiche Richtung unterwegs sind und die Querschnittsfläche senkrecht durchtreten. Wollen wir die Stromstärke auch für unregelmäßig wandernde Ladungen berechnen, die durch beliebige Flächen stoßen, müssen wir die Fläche in kleine Einzelstücke dA zerlegen und für jedes Stück über die jeweilige Stromdichte j den Teilstrom bestimmen. Da es jetzt auf die Richtungen ankommt, sind beide Größen nun Vektoren. Die Summe in Form des Integrals verrät uns schließlich den Gesamtstrom. Die zugehörige Gleichung ist eine allgemeinere **Definition des Stroms:**

$$I = \int j \cdot \mathrm{d}A \tag{4.5}$$

Sollte nicht nur eine Art von Ladungsträger wandern, sondern mehrere Ladungsträger – wie beispielsweise verschiedene Ionensorten in einer Lösung –, müssen wir die Teilströme zu einem **Gesamtstrom** addieren:

$$I_{\mathrm{ges}} = I_1 + I_2 + I_3 + \ldots = \sum_i I_i \tag{4.6}$$

4.2 Medien leisten Widerstand gegen den Stromfluss

Das elektrische Feld der Spannungsquelle schiebt die Ladungsträger durch das Medium und erzeugt auf diese Weise den elektrischen Stromfluss. Doch die Elektronen im Draht oder die Ionen in der Lösung spüren auch die Ladungen der nicht wandernden Atomrümpfe und der anderen Ionen, und sie stoßen mit den übrigen Teilchen zusammen. Durch die zahlreichen Wechselwirkungen bremst das Medium die gerichtete Bewegung ab. Der Leiter setzt dem Strom einen **elektrischen Widerstand** entgegen. Rechnerisch ist der Widerstand R das Verhältnis von Spannung U zu Strom I:

$$R = \frac{U}{I} \tag{4.7}$$

Der Widerstand gibt an, welche Spannung wir anlegen müssten, um einen Strom von 1 A zu erhalten. Seine Einheit ist das Ohm mit dem griechischen Großbuchstaben Ω (Omega) als Symbol.

Tipler
Abschn. *22.2 Widerstand und Ohm'sches Gesetz* und Beispiele 22.3 und 22.4

$$1\,\Omega = 1\,\frac{\text{V}}{\text{A}} \tag{4.8}$$

Gl. 4.7 ist das **Ohm'sche Gesetz.** Nach ihm ist der Widerstand eines Materials immer konstant, sodass die Spannung und der Strom stets linear zusammenhängen:

$$U = R\,I \quad \text{mit konstantem } R \tag{4.9}$$

Abb. 22.6 im Tipler zeigt einen entsprechenden Verlauf im Strom-Spannungs-Diagramm. Meistens sind Strom und Spannung tatsächlich proportional zueinander. Wir sprechen dann von „ohm'schen Widerständen". Es gibt aber auch Materialien, Bauteile und Bedingungen, unter denen sich die Stromstärke nicht nur nach der anliegenden Spannung richtet oder bei denen sich der Widerstand verändert. Halbleiterbauelemente wie Dioden zeigen beispielsweise aufgrund ihrer besonderen Konstruktion einen komplexen Zusammenhang von Strom und Spannung. Sogar so scheinbar banale Bauteile wie Glühbirnen weichen vom ohm'schen Verhalten ab, wenn sich die Glühwendel erhitzt. Diese Temperaturabhängigkeit werden wir uns gleich noch genauer anschauen. Doch selbst bei nichtohm'schen Widerständen, deren Strom-Spannungslinien vielleicht wie in Abb. 22.6 im Tipler verlaufen, berechnen wir den Widerstand unter den jeweiligen Voraussetzungen mit dem Ohm'schen Gesetz in Gl. 4.7. Er entspricht dann jedoch nicht der Steigung der Geraden, sondern der Sehne durch den Ursprung des Koordinatensystems und dem betreffenden Punkt auf der Kurve.

> **Beispiel**
> Bei Elektrolysen verlaufen die Strom-Spannungskurven meistens im Bereich mittlerer Spannungen linear. Bei niedrigen und hohen Spannungen weichen sie häufig vom ohm'schen Verhalten ab. So benötigt eine Elektrolyse eine bestimmte Mindestspannung, um überhaupt anzulaufen. Später kann es an den Elektroden zu Überspannungen kommen, wenn sich etwa Gase bilden, oder die Konzentration der Ionen reicht nicht aus, um die Stromstärke linear mit der Spannung steigen zu lassen. ◄

Welchen Widerstand ein bestimmtes Stück Draht oder eine Lösung haben, hängt natürlich auch von der Geometrie ab. Ist die Querschnittsfläche A groß, stören sich die wandernden Ladungsträger nicht gegenseitig, und der Widerstand ist kleiner. Dafür steigt er an, je länger die Strecke l ist, die die Elektronen oder Ionen darin zurücklegen müssen. Als Vergleichswert, der nur die Materialeigenschaften berücksichtigt, dient der **spezifische Widerstand** r, der in der Einheit Ohmmeter ($\Omega \cdot \text{m}$) angegeben wird:

$$R = r\,\frac{l}{A} \tag{4.10}$$

> ❯ **Wichtig**
> Häufig begegnet uns als Symbol für den spezifischen Widerstand auch der griechische Kleinbuchstabe ρ (rho). ◄

Die **elektrische Leitfähigkeit** κ (griechisch: kappa) ist der Kehrwert des spezifischen Widerstands und verrät, wie gut ein Material den elektrischen Strom leitet.

$$\kappa = \frac{1}{r} = \frac{1}{R}\frac{l}{A} \tag{4.11}$$

Die Einheit der Leitfähigkeit ist Siemens S pro Meter:

$$1\,\frac{S}{m} = 1\,\frac{1}{\Omega}\,\frac{1}{m} \tag{4.12}$$

Tab. 22.1 im Tipler führt einige Werte für spezifische Widerstände auf. Sie reichen von $1{,}6 \cdot 10^{-8}\,\Omega\,m$ für Silber als extrem guten Leiter über $3{,}5 \cdot 10^{-5}\,\Omega\,m$ für Kohlenstoff bis zu $10^{16}\,\Omega\,m$ für Hartgummi. Als grobe Orientierung können wir uns merken, dass Metalle in der Größenordnung von $10^{-8}\,\Omega\,m$ liegen, Isolatoren bei $10^{+8}\,\Omega\,m$ oder darüber.

> **Beispiel**
> Die Leitfähigkeit von Wasser hängt davon ab, wie viele Ionen in ihm gelöst sind. Der spezifische Widerstand von reinem Wasser bewegt sich um $2 \cdot 10^{5}\,\Omega\,m$. Es ist damit ein guter Isolator, aber deutlich leitfähiger als isolierende Festkörper. Als Leitungswasser erreicht es bereits rund $20\,\Omega\,m$, und Meerwasser liegt bei $0{,}2\,\Omega\,m$. ◀

Wie oben angesprochen ändert sich der elektrische Widerstand mit der Temperatur. Der Grund liegt in den Wärmebewegungen der Atomrümpfe. Je höher die Temperatur ist, umso stärker schwingen diese um ihre Ruheposition, und desto häufiger kollidieren die wandernden Elektronen mit ihnen. Der elektrische Widerstand steigt deshalb mit der Temperatur an. Der **Temperaturkoeffizient** α erfasst, wie temperaturfühlig ein Material ist:

$$\alpha = \frac{\frac{r-r_0}{r_0}}{T - T_0} \tag{4.13}$$

Im oberen Teil des Bruchs $((r - r_0)/r_0)$ steht die relative Abweichung des spezifischen Widerstands, bezogen auf einen Wert r_0 bei der Temperatur T_0. Meistens wird hier der spezifische Widerstand bei $20\,^\circ C$ (r_{20}) gewählt. Im Nenner finden wir die Temperaturdifferenz $(T - T_0)$. Ein Wert von $\alpha = 3{,}93 \cdot 10^{-3}\,K^{-1}$, wie er in Tab. 22.1 im Tipler für Silber steht, bedeutet damit, dass Silber seinen spezifischen Widerstand für jedes Grad Temperaturänderung um etwa 4 Promille ändert.

Obwohl diese temperaturbedingten Schwankungen des Widerstands auf den ersten Blick sehr klein erscheinen, haben sie doch bedeutenden Einfluss auf eine elektrische Schaltung, wenn es während des Betriebs sehr heiß wird. Abb. 22.9 im Tipler beweist dies am Verlauf des Stroms, der durch eine Glühbirne fließt, wenn sie eingeschaltet wird. Zuerst gibt es einen Spitzenwert in der Stromstärke. Die Energie wird dabei aber zum großen Teil in Wärme umgewandelt, sodass sich der Glühdraht stark erhitzt und seinen Widerstand erheblich steigert. Dementsprechend sinkt der Strom innerhalb kurzer Zeit deutlich ab.

4.3 Elektrische Energie wird zu Wärme

Bei den vielen elastischen Stößen zwischen den stationären Atomrümpfen eines Leiters und den wandernden Ladungsträgern wird jedes Mal ein Teil der kinetischen Energie in thermische Energie umgewandelt, die wir **Joule'sche Wärme** nennen. Solange die Schaltung keine andere Arbeit verrichtet, indem sie beispielsweise Licht abstrahlt oder mit einem Motor etwas bewegt, geht die gesamte elektrische Leistung P schließlich in Wärme über:

Tipler
Abschn. *22.3 Energetische Betrachtung elektrischer Stromkreise* und Beispiele 22.5 bis 22.7

$$P = U\,I \tag{4.14}$$

Kennen wir den elektrischen Widerstand des Leiters, können wir mit dem Ohm'schen Gesetz auch schreiben:

$$P = I \, U_R = R \, I^2 = \frac{U_R^2}{R} \qquad (4.15)$$

U_R ist hier die Potenzialdifferenz zwischen den Punkten direkt vor und hinter dem Widerstand. Im Fachjargon wird sie als **Spannungsabfall über dem Widerstand** bezeichnet. Haben wir mehrere Bauteile in Reihe hintereinander geschaltet, muss durch alle der gleiche Strom fließen, damit es nicht zu Staus kommt. Die Stromstärke I ist in einer Reihenschaltung deshalb überall gleich. In Abschnitten mit geringen Widerständen – wie beispielsweise Drahtstücken aus Kupfer – ist nur eine kleine Spannung nötig, um ausreichend viele Elektronen pro Zeit zu bewegen. Bei Bausteinen mit großem Widerstand – etwa eine Elektrolysezelle – ist hingegen deutlich mehr „Druck" in Form von elektrischer Spannung nötig, um die einheitliche Stromstärke zu erreichen. Daher teilt sich die Spannung, die von der Quelle geliefert wird, auf, sodass jeder Widerstand mit dem genau passenden Feld überwunden wird. Über jedem Widerstand, also jedem Stück Leitung und jedem Baustein, fällt deshalb eine andere Spannung ab, die wir mit dem Ohm'schen Gesetz berechnen können. Dazu messen wir mit einem Amperemeter, das wir in den Stromkreis einfügen, die Stromstärke, und den Widerstand von Bauteilen entnehmen wir der Beschriftung. Bei den kleinen Bauelementen, die als Widerstand in Schaltungen vorkommen, ist der Wert meistens mit einem Farbcode angegeben, den Tab. 22.2 im Tipler verrät.

Wollen wir, dass der Stromfluss kontinuierlich weiterläuft, müssen wir den ständigen Verlust an elektrischer Energie mit einer **Spannungsquelle** ausgleichen. Die Leistung, die sie liefert, hängt von der Stromstärke und der **Quellenspannung** U_Q ab:

$$P = I \, U_Q \qquad (4.16)$$

> **Wichtig**
>
> Zum Merken einmal die verschiedenen Arten von Spannung an einer Spannungsquelle im Überblick:
> - Die Leerlaufspannung U_0 ist die Spannung, die wir an den Polen einer Spannungsquelle messen, wenn gerade kein Strom fließt.
> - Die Klemmenspannung U ist die Spannung, die wir zu einem beliebigen Zeitpunkt an den Polen einer Spannungsquelle messen, auch während Strom fließt. Sie ändert sich mit dem Stromfluss, ist aber immer kleiner als die Leerlaufspannung und die Quellenspannung, weil bei Stromfluss auch über dem Innenwiderstand der Quelle eine Teilspannung abfällt, die nicht nach außen gelangt.
> - Die Quellenspannung U_Q umfasst die außen messbare Klemmenspannung plus die Spannung, die im Inneren der Stromquelle über deren Innenwiderstand abfällt. Sie ist also jene Spannung, die wir an den Polen hätten, wenn es sich um eine ideale Stromquelle ohne inneren Widerstand handeln würde. ◄

Bei einer **idealen Spannungsquelle** wären Leerlaufspannung, Klemmenspannung und Quellenspannung identisch. Allerdings müssten dafür die Ladungsträger im Inneren der Quelle verlustfrei fließen. In **realen Spannungsquellen** gibt es aber auch hier Wechselwirkungen zwischen den Ladungsträgern und dem Medium, sodass in jeder Spannungsquelle ein **Innenwiderstand** R_{in} herrscht, über dem ein Teil der Quellenspannung abfällt, der es deshalb nicht bis nach draußen zu den Polen schafft und bei der Klemmenspannung U fehlt.

$$U = U_Q - R_{in} \, I \qquad (4.17)$$

In Schaltbildern wird dies manchmal mit einem Ersatzschaltbild für die Spannungsquelle dargestellt, in der eine ideale Spannungsquelle mit einem inneren Widerstand in Reihe geschaltet ist, wie in Abb. 22.14 im Tipler gezeigt. In Wahrheit lässt sich der Widerstand natürlich nicht von der Quelle loslösen.

Die **gespeicherte Energie in einer Batterie oder einem Akku** hängt von der Quellenspannung ab. Sie gibt an, welche Arbeit eine einzelne Ladungseinheit verrichtet. Die Gesamtarbeit – und damit die Gesamtenergie – erhalten wir, indem wir diesen Wert mit der Ladung q multiplizieren, die von der Batterie geliefert wird:

$$E_{\mathrm{el}} = q\, U_Q \tag{4.18}$$

Die Ladung ist auf Batterien und Akkus in Amperestunden (A h) angegeben. Dabei gilt:

$$1\,\mathrm{A\,h} = 3600\,\mathrm{C} \tag{4.19}$$

Akkus von Smartphones haben meistens um 2 A h (wegen der imposanteren Zahl gibt die Werbung den Wert gerne in mA h an).

4.4 Reihenschaltungen erhöhen den Widerstand, Parallelschaltungen senken ihn

Wie schon die Spannungsquellen und Kondensatoren wollen wir nun auch Widerstände miteinander kombinieren und herausfinden, nach welchen Regeln wir einen **Ersatzwiderstand** auswählen müssten, der den gleichen Wert wie die Schaltung hat.

Bei einer **Reihenschaltung von Widerständen** ist die Stromstärke I in der gesamten Schaltung gleich. Die Spannung U, die über den einzelnen Widerständen abfällt, entspricht nach dem Ohm'schen Gesetz dem jeweiligen Widerstand R:

$$U = R \cdot I \tag{4.20}$$

Die Klemmenspannung an der Quelle zergliedert sich in Teilspannungen über die Widerstände:

$$U = U_1 + U_2 + U_3 + \ldots = \sum_i U_i \tag{4.21}$$

Um den gesamten Stromkreis zu durchfließen, müssen die Ladungsträger jeden einzelnen Widerstand überwinden. Der Gesamtwiderstand von in Reihe geschalteten Widerständen ergibt sich deshalb aus der Summe der Einzelwiderstände:

$$R = R_1 + R_2 + R_3 + \ldots = \sum_i R_i \tag{4.22}$$

Anders bei einer **Parallelschaltung von Widerständen.** Hier können sich die Ladungsträger in Teilströme aufteilen:

$$I = I_1 + I_2 + I_3 + \ldots \tag{4.23}$$

Die Aufteilung erfolgt so, dass die Spannung über jedem der Widerstände gleich groß ist. Wo der Widerstand geringer ist, geht eben mehr Ladung pro Zeit durch. Auch hier beschert uns das Ohm'sche Gesetz die Gleichung für den Ersatzwiderstand einer Parallelschaltung von Widerständen:

$$\frac{1}{R} = \frac{1}{R_1} + \frac{1}{R_2} + \frac{1}{R_3} + \ldots \tag{4.24}$$

Tipler
Abschn. *22.4 Zusammenschaltung von Widerständen* und Übungen 22.1 bis 22.5

⬛ **Tab. 4.1**   Reihenschaltung und Parallelschaltung im Vergleich

	Reihenschaltung	Parallelschaltung
Spannung	$U = U_1 + U_2 + U_3 + \dots$	$U = U_1 = U_2 = U_3 = \dots$
Strom	$I = I_1 = I_2 = I_3 = \dots$	$I = I_1 + I_2 + I_3 + \dots$
Kapazität	$1/C = 1/C_1 + 1/C_2 + 1/C_3 + \dots$	$C = C_1 + C_2 + C_3 + \dots$
Widerstand	$R = R_1 + R_2 + R_3 + \dots$	$1/R = 1/R_1 + 1/R_2 + 1/R_3 + \dots$

Der Ersatzwiderstand ist geringer als der kleinste Einzelwiderstand, weil die Ladungsträger nicht nur durch diesen kleinsten Widerstand fließen können, sondern zusätzlich (!) noch die Wege durch die größeren Widerstände nutzen können.

Die Gl. 4.22 und 4.24 erinnern uns an die entsprechenden Formeln zu den Schaltungen mit Kondensatoren. Allerdings hängen sie über Kreuz zusammen: Bei den Widerständen addieren sich die Einzelwerte in der Reihenschaltung, bei den Kondensatoren in der Parallelschaltung. Die kompliziertere Rechnung mit den Kehrwerten müssen wir bei den Widerständen in Parallelschaltung durchführen, bei den Kondensatoren beim Betrieb in Reihe. ⬛ Tab. 4.1 gibt uns einen Überblick zu den verschiedenen Größen in Reihen- und Parallelschaltungen.

4.5 Regeln für kompliziertere Schaltungen

Tipler
Abschn. *22.5 Die Kirchhoff'schen Regeln*
und Beispiel 22.9

Nicht alle Stromkreise lassen sich mit Ersatzwiderständen und Ersatzkapazitäten analysieren. Schon kleine Abweichungen wie die zusätzliche Spannungsquelle in Abb. 22.25 im Tipler machen es unmöglich, in einfachen Reihen- und Parallelschaltungen zu denken. Mit den **Kirchhoff'schen Regeln** können wir auch in solchen Fällen die Spannungen und Stromstärken in der Schaltung ermitteln:

— Das **1. Kirchhoff'sche Gesetz** oder die **Knotenregel** besagt, dass an jedem Verzweigungspunkt (auch „Knoten" genannt) der abfließende Gesamtstrom I_{weg} genauso groß ist wie der zufließende Gesamtstrom I_{hin}:

$$I_{\text{weg}} = I_{\text{hin}} \tag{4.25}$$

Es sammelt sich also an keinem Knoten Ladung an, und es verschwindet auch nirgendwo mehr Ladung, als ankommt, wie es der Ladungserhaltungssatz vorschreibt. Die Richtung des Stromflusses weist dabei immer vom positiveren Potenzial zum negativeren.

Wenn beispielsweise die Ströme I_1 und I_2 auf einen Knoten zufließen und es drei weiterführende Leitungen vom Knoten weg gibt, durch welche die Ströme I_3, I_4 und I_5 fließen, gilt: $I_1 + I_2 = I_3 + I_4 + I_5$.

— Das **2. Kirchhoff'sche Gesetz** oder die **Maschenregel** verlangt, dass sich die Spannungen innerhalb jedes Teilkreises (einer „Masche") gegenseitig aufheben. Die Summe aller Spannungen ist damit innerhalb einer Masche gleich Null:

$$U_{\text{Masche}} = U_1 + U_2 + U_3 + \dots = 0 \tag{4.26}$$

Die Teilspannungen U_1, U_2, U_3 usw. tragen je nach Richtung jeweils positive oder negative Vorzeichen.

Eine Ladung, die eine Masche durchläuft, befindet sich also nach der Maschenregel auf dem gleichen elektrischen Potenzial wie vorher, denn jedes Anheben durch eine Spannung in der „richtigen" Richtung wird mit Absenken durch „falsch" orientierte Potenzialdifferenzen aufgehoben. Sie hat keine elektrische Energie dazu gewonnen und erfüllt den Energieerhaltungssatz, der für konservative Felder wie das elektrische Feld gilt:

$$\oint_C \boldsymbol{E} \cdot \mathrm{d}\boldsymbol{s} = 0 \tag{4.27}$$

Häufig sind die Spannungen von Spannungsquellen und angeschlossenen Verbrauchern (dazu gehören Widerstände und andere Bauteile) einander entgegengesetzt. Haben wir beispielsweise eine Schaltung mit einer Batterie und nur einem Widerstand wie in Abb. 22.11 im Tipler, fällt die gesamte Spannung der Batterie auch über dem Widerstand ab. An dessen Ende, das mit dem Pluspol verbunden ist, erzeugt die Batterie ein positives Potenzial, an dem Minuspolzugewandtem Ende finden wir ein negatives Potenzial. Durchlaufen wir den Kreis in der Stromrichtung, gelangen wir im Widerstand von positiv zu negativ, in der Batterie aber von negativ zu positiv. Die Spannungen sind einander entgegengesetzt und ihre Summe ist gleich null.

Bei verzweigten Schaltungen kann es auch sein, dass die Richtung der Spannung an einem Knotenpunkt zwischen Verbrauchern „umkippt".

Ist einer der Knoten geerdet, setzen wir sein Potenzial gleich null. Durch diesen festen Bezugspunkt werden die Rechnungen übersichtlicher.

Beispiel

Messgeräte für die elektrische Stromstärke, Spannung und den Widerstand werden während der Messung selbst zu Teilen des Stromkreises. Im Tipler sind in den Abb. 22.37 bis 22.40 ihr Prinzip und Einsatz in Schemazeichnungen gezeigt.

- Ein **Amperemeter** detektiert die Stromstärke. Dazu bringen wir es in Reihe in die Schaltung ein. Damit es den Strom nicht durch seine Anwesenheit herabsetzt, hat das Amperemeter einen sehr kleinen Innenwiderstand.
- Das **Voltmeter** ergänzt die Schaltung um eine Masche, da wir die Messfühler vor und hinter den Verbraucher setzen, dessen Spannungsabfall wir bestimmen wollen. Der sehr große Widerstand des Voltmeters lässt nur einen kleinen Strom durch das Gerät fließen, dessen Größe in Spannung umgerechnet wird.
- Ein **Ohmmeter** bringt seine eigene Spannungsversorgung mit. Die Kontakte werden vor und hinter einen Widerstand gesetzt, die bekannte Gerätespannung angelegt und der Strom gemessen. Über das Ohm'sche Gesetz folgt daraus der Widerstandswert.

Letztlich wird bei allen Geräten primär der Stromfluss gemessen und mit Hilfe der bekannten Spannung oder des bekannten Widerstands über das Ohm'sche Gesetz die gewünschte Größe berechnet. ◄

4.6 Kondensatoren entladen und beladen

Tipler
Abschn. *22.6 RC-Stromkreise* und Beispiel
22.13

Mit Kondensatoren werden Schaltungen nicht nur komplizierter, die Bauteile sorgen auch dafür, dass sich die Stromstärke mit der Zeit verändert. Während sie sich aufladen, entnehmen sie der Schaltung, die wir wegen ihrer Kombination von Widerständen (R) und Kondensatoren (C) als **RC-Stromkreise** bezeichnen, ständig Ladungen. Beim Entladen geben sie diese wieder zurück.

Wie schnell der Kondensator die Ladungen bekommt bzw. wieder abgeben kann, hängt von dem vorgeschalteten Widerstand ab, der gewissermaßen als „Nadelöhr" den Zugang kontrolliert, und von der Kapazität des Kondensators, die ein Maß dafür ist, wie gut die gespeicherten Ladungen einander auf dem Kondensator ignorieren können.

Bei der **Entladung eines Kondensators** (Abb. 22.41 im Tipler) hat der Strom zu Anfang eine Größe von:

$$I_0 = \frac{U_{C,0}}{R} = \frac{q_0}{R\,C} \tag{4.28}$$

Hierin ist $U_{C,0}$ die Potenzialdifferenz an den Kondensatorplatten zu Beginn, die für den Druck sorgt, mit dem die Ladungen durch den Stromkreis gepresst werden. q_0 ist die Ladung auf jeder der beiden Platten, wobei die Vorzeichen entgegengesetzt sind. Je mehr Ladungen zu Anfang darauf warten, durch die Leitungen zu fließen, umso größer ist der Strom. Die Kapazität C steht wie der Widerstand R im Nenner des Bruchs und mindert den Strom, da sich Ladungen bei einer großen Kapazität auch auf den Platten besser aus dem Weg gehen können und deshalb einander weniger verdrängen.

Hat der Kondensator angefangen, sich zu entladen, nehmen seine Spannung und die Ladungsmenge auf den Platten mit der Zeit ab. Die Ladung q verändert sich nach:

$$q(t) = q_0\,e^{-t/(RC)} = q_0\,e^{-t/\tau} \tag{4.29}$$

Das negative Vorzeichen im Exponenten verrät, dass die Kurve mit t abfällt. Das Tempo gibt dabei die **Zeitkonstante** τ vor, in welcher die beiden bremsenden Faktoren kombiniert sind:

$$\tau = R\,C \tag{4.30}$$

Die Zeitkonstante ist die Zeit, nach welcher die Kurve auf ein e-tel gefallen ist, unabhängig vom Startzeitpunkt, ab dem wir messen. Dies ist eine der wichtigen Eigenschaften eines **exponentiellen Abfalls,** der immer dann auftritt, wenn es vom Wert einer Größe selbst abhängt, wie schnell sie abnimmt. Abb. 22.42 im Tipler zeigt den Verlauf der Kurve grafisch. Er ist deckungsgleich mit dem Verlauf in Abb. 22.43, die den schwächer werdenden Strom wiedergibt:

$$I(t) = I_0\,e^{-t/\tau} \tag{4.31}$$

Beim **Aufladen eines Kondensators** (Abb. 22.44 und 22.45 im Tipler) läuft der Prozess umgekehrt ab. Wir starten mit einer Ladung von $q_A = 0$ auf den Kondensatorplatten und einem Strom von $I_A = U/R$, wobei die Spannung U von einer Spannungsquelle wie einer Batterie vorgegeben ist und deshalb konstant bleibt. Wieder beginnen wir mit einer maximalen Stromstärke, die mit der Zeit abnimmt nach:

$$I(t) = I_A\,e^{-t/\tau} \tag{4.32}$$

Die Ladung auf den Kondensatorplatten steigt hingegen an. Sie kann nur so groß werden, wie es dem Druck durch die Spannung U entspricht und wie die Kapazität

C unterbringen kann:

$$q_E = C\,U \tag{4.33}$$

Der zeitliche Verlauf entspricht dann der vollen Beladung mit q_E als Endzustand abzüglich des noch fehlenden Anteils, der exponentiell immer kleiner wird.

$$q(t) = q_E - q_E\,\mathrm{e}^{-t/\tau} = q_E\left(1 - \mathrm{e}^{-t/\tau}\right) \tag{4.34}$$

Die **Energie beim Aufladen eines Kondensators,** die von der Batterie als Arbeit in das System gesteckt wird, liegt bei:

$$W = q_E\,U = C\,U^2 \tag{4.35}$$

Davon wandert die Hälfte als elektrische Energie in die Aufladung des Kondensators:

$$E_{\mathrm{el}} = \frac{1}{2}\,q_E\,U \tag{4.36}$$

Die andere Hälfte wird am Ohm'schen Widerstand – und zum kleinen Teil am Innenwiderstand der Batterie – in Wärme umgewandelt:

$$W_R = \frac{1}{2}\,q_E\,U \tag{4.37}$$

Verständnisfragen

9. Wenn wir den elektrischen Widerstand einer Elektrolysezelle verringern wollen, ist es dann sinnvoller, die Elektroden größer zu machen oder das Becken zu verlängern?

10. Warum steigt die Leitfähigkeit von Wasser, wenn wir darin Salze lösen?

11. Nach welcher Zeit ist der Ladezustand eines Kondensators mit einer Kapazität von $100\,\mu\mathrm{F}$ auf $10\,\%$ gefallen, wenn ein Widerstand von $100\,\Omega$ vorgeschaltet ist?

12. Durch einen $100\,\mathrm{m}$ langen Kupferdraht (Hin- und Rückleitung einer Kabeltrommel) mit dem Querschnitt $A = 1{,}5\,\mathrm{mm}^2$ fließt ein Strom von $I = 16\,\mathrm{A}$.
    1. Welche Spannung ist erforderlich, wenn $\rho = 0{,}017\,\Omega\,\mathrm{mm}^2/\mathrm{m}$ ist?
    2. Welche elektrische Leistung ergibt sich, was bewirkt sie, welche praktische Konsequenz ergibt sich daraus für die richtige Verwendung der Kabeltrommel?
    3. Wie groß ist das elektrische Feld im Draht?
    4. Wie groß ist die Driftgeschwindigkeit v_d der Elektronen (Anzahldichte n der beweglichen Ladungsträger $n = 0{,}85 \cdot 10^{23}\,\mathrm{cm}^{-3}$, Elektronenladung $e = -1{,}6 \cdot 10^{-19}\,\mathrm{C}$)?
    5. Wie viele Stunden benötigt ein Elektron für die $50\,\mathrm{m}$ zum Verbraucher?
    6. Wie lange dauert es, bis die ersten Elektronen sich im Verbraucher bewegen?
    7. Wie groß ist die Elektronenbeweglichkeit $\mu = v/E$ von Elektronen in Kupfer?

Zusammenfassung

- Ladungen sind gequantelt und betragen immer ein ganzzahliges Vielfaches der Elementarladung.
- Die Nettoladung eines Systems bleibt erhalten, solange es keine Zu- oder Abflüsse von Ladungen gibt.
- In Leitern erster Klasse fließen Elektronen, in Leitern zweiter Klasse Ionen.
- Durch Influenz trennen sich Ladungen in einem elektrischen Feld voneinander.
- Das Coulomb'sche Gesetz gibt an, welche Kraft Ladungen aufeinander ausüben.
- Das elektrische Feld gibt die Richtung und die Stärke dieser Kraft für jeden Punkt im Raum an.
- Einzelne Ladungen werden in einem elektrischen Feld beschleunigt.
- Elektrische Dipole erfahren in einem homogenen elektrischen Feld ein Drehmoment, in einem inhomogenen Feld werden sie zusätzlich beschleunigt.
- Feldlinien zeigen die Kraftrichtung eines elektrischen Felds und durch ihre Dichte dessen Stärke an. Sie gehen von positiven Ladungen aus und laufen auf negative Ladungen zu.
- Für makroskopische Körper rechnen wir nicht mit Einzelladungen, sondern mit Ladungsdichten.
- Für elektrische Felder gilt das Superpositionsprinzip, wonach das Gesamtfeld an einem Punkt die Summe der Einzelfelder ist.
- Nach dem Gauß'schen Gesetz ist der Unterschied in der Anzahl der Feldlinien, die eine geschlossene Oberfläche verlassen und in sie eintreten, proportional zu der Gesamtladung, die von der Fläche umhüllt wird.
- Der elektrische Fluss gibt die Menge der Feldlinien an, die durch eine Fläche treten.
- In einem elektrischen Leiter befinden sich alle Ladungen an der Oberfläche, das Innere ist feldfrei.
- Ein Faraday'scher Käfig schirmt mit einem induzierten Feld das Innere vom Äußeren ab, sodass im Inneren kein elektrisches Feld vorkommt.
- Die elektrische Potenzialdifferenz oder Spannung entspricht dem Unterschied in der elektrischen potenziellen Energie zwischen zwei Punkten in einem elektrischen Feld.
- Die Einheit der Spannung ist das Volt.
- Den Nullpunkt für das elektrische Potenzial können wir willkürlich setzen. Häufig wird ein Ort in unendlicher Entfernung gewählt, der außerhalb des elektrischen Felds liegt.
- Die elektrische Energie an einem Punkt entspricht der Arbeit, die aufgewandt werden muss, um eine Ladung aus unendlicher Entfernung an diesen Ort zu bringen.
- Für überlappende elektrische Felder gilt das Superpositionsprinzip.
- Punkte mit gleichem elektrischen Potenzial bilden in einem elektrischen Feld Äquipotenzialflächen. Sie entsprechen den Höhenlinien im Gravitationsfeld eines Hügels.
- Überschreitet die Feldstärke eines elektrischen Felds die Durchschlagsfestigkeit eines Isolators, durchbricht die Ladung das Material in einem elektrischen Durchschlag, der als Funkenentladung oder Bogenentladung sichtbar sein kann.
- Die Kapazität eines Leiters gibt an, wie viel Ladung mit einem Volt Spannung auf ihn übertragen werden kann. Die Einheit der Kapazität ist das Farad.
- Zwei Leiter, die mit entgegengesetzter Ladung bestückt werden, bilden einen Kondensator.
- Die Arbeit, um einen Kondensator zu beladen, ist im elektrischen Feld zwischen seinen Platten gespeichert.
- Werden Kondensatoren parallel geschaltet, addieren sich ihre Kapazitäten. Bei einer Reihenschaltung von Kondensatoren ist die Gesamtkapazität niedriger als die kleinste Einzelkapazität.

- Ein Dielektrikum ist ein nichtleitendes Medium, das in einem elektrischen Feld polarisiert und so ausgerichtet wird, dass es ein entgegen gerichtetes eigenes Feld aufbaut. Dadurch schwächt ein Dielektrikum ein äußeres Feld.
- Elektrischer Strom fließt per Konvention vom positiveren zum negativeren Potenzial.
- Die Stromstärke ist die Ladung, die in einer Sekunde durch einen Leiterquerschnitt fließt. Sie wird in der Einheit Ampere angegeben.
- Die Stromdichte ist die Stromstärke, bezogen auf eine einheitliche, senkrecht zum Ladungsfluss stehende Fläche.
- Wandern mehrere Arten von Ladungsträgern, beispielsweise verschiedene Ionensorten, besteht der Gesamtstrom aus der Summe der Einzelströme.
- Der elektrische Widerstand gibt an, welche Spannung notwendig ist, um einen Strom von 1 A durch ein Bauteil zu bewegen. Er wird in der Einheit Ohm angegeben.
- Das Ohm'sche Gesetz stellt die Verbindung von Spannung, Strom und Widerstand her.
- Der spezifische Widerstand bezieht den Widerstand auf eine vorgegebene Geometrie des Bauteils und ist daher nur von den Eigenschaften des Materials abhängig.
- Die elektrische Leitfähigkeit ist der Kehrwert des spezifischen Widerstands. Sie wird in Siemens pro Meter angegeben.
- Der elektrische Widerstand ist von der Temperatur abhängig.
- Bei Stromfluss geht ein Teil der Energie, die in eine Schaltung gespeist wird, als Joule'sche Wärme verloren.
- Die Quellenspannung ist die Potenzialdifferenz einer idealen Spannungsquelle ohne inneren Widerstand. Die Leerlaufspannung herrscht zwischen den Polen, solange kein Strom fließt. Die Klemmenspannung ist die zu einem beliebigen Zeitpunkt gemessene Spannung an den Polen der Spannungsquelle.
- Jede reale Spannungsquelle hat einen Innenwiderstand, über dem ein Teil der Spannung abfällt.
- Die gespeicherte elektrische Energie einer Batterie oder eines Akkus hängt von ihrer Ladung und ihrer Quellenspannung ab.
- Bei einer Reihenschaltung addieren sich Einzelwiderstände zu einem Gesamtwiderstand.
- Bei einer Parallelschaltung von Widerständen addieren sich die Kehrwerte der Einzelwiderstände. Der Gesamtwiderstand ist niedriger als der kleinste Einzelwiderstand.
- Bei Schaltungen, die mit Gleichstrom betrieben werden, lassen sich die wesentlichen Größen mit den Kirchhoff'schen Regeln bestimmen.
- Nach der Knotenregel ist an jeder Verzweigung die Summe der eingehenden Ströme gleich der Summe der ausgehenden Ströme.
- Nach der Maschenregel heben sich die Spannungen innerhalb einer geschlossenen Masche gegenseitig auf.
- In RC-Stromkreisen, in denen Widerstände und Kondensatoren in Reihe verbaut sind, ändert sich die Stromstärke mit dem Beladungszustand des Kondensators.
- Die Geschwindigkeit des Auf- und Entladens des Kondensators hängt von der Kapazität und dem Widerstand ab.
- Die Zeitkonstante eines exponentiellen Abfalls gibt den Zeitraum an, in dem der Messwert auf ein e-tel absinkt.
- Die Energie beim Aufladen eines Kondensators geht zur Hälfte in die elektrische Energie des beladenen Kondensators über, die andere Hälfte geht als Joule'sche Wärme verloren.

Magnetismus

Inhaltsverzeichnis

Kapitel 5   Das Magnetfeld – 49

Kapitel 6   Quellen des Magnetfelds – 57

Kapitel 7   Die magnetische Induktion – 67

Kapitel 8   Wechselstromkreise – 75

Kapitel 9   Die Maxwell'schen Gleichungen – Elektromagnetische
Wellen – 81

■ **Lernziele**

Die Bedeutung des Magnetismus in der Chemie wird oft unterschätzt. Dabei gewinnt er vor allem in der Analytik zunehmend an Bedeutung.

Am Schluss dieses Teils sollten sie wissen, wie sich magnetische Felder aufbauen und ausbreiten. In Vorbereitung auf die Optik sollten Sie die wichtigsten Eigenschaften elektromagnetischer Wellen kennen. Die Maxwell-Gleichungen als mathematische Beschreibungen elektromagnetischer Phänomene sollten Sie grundsätzlich verstanden haben.

Das Magnetfeld

5.1   Magnetfelder lenken Ladungen senkrecht zur
Bewegungsrichtung ab – 50

5.2   Magneten und Leiterschleifen werden im Magnetfeld
gedreht – 54

5.3   Das Magnetfeld etabliert in stromdurchflossenen Leitern eine
Querspannung – 55

© Springer-Verlag GmbH Deutschland, ein Teil von Springer Nature 2020
O. Fritsche, *Physik für Chemiker II*, https://doi.org/10.1007/978-3-662-60352-9_5

Neben der Elektrizität, die wir im vorhergehenden Kapitel behandelt haben, gibt es ein weiteres physikalisches Phänomen, das sich mit Feldern ausbreitet und eine manchmal geheimnisvoll anmutende Fernwirkung hat: der Magnetismus. Im Verlaufe dieses Kapitels werden wir sehen, dass der Magnetismus eine Art Zwilling der Elektrizität ist, allerdings ein zweieiiger Zwilling. In vielem ähneln sich Magnetismus und Elektrizität, und beide beeinflussen einander. Aber es gibt auch Unterschiede, darunter die Eigenheit der magnetischen Pole, dass sie im Gegensatz zu elektrischen Ladungen nicht isoliert auftreten können, es also keinen magnetischen Monopol gibt.

Wir werden die Eigenschaften des Magnetismus nach und nach kennenlernen. Den Anfang machen wir in diesem Kapitel mit dem magnetischen Feld und seiner Wirkung auf elektrische Ladungen und stromdurchflossene Leiter.

5.1 Magnetfelder lenken Ladungen senkrecht zur Bewegungsrichtung ab

Tipler

Abschn. 23.1 *Die magnetische Kraft* und 23.2 *Die Bewegung einer Punktladung in einem Magnetfeld* sowie Beispiele 23.1, 23.2, 23.4 und 23.6

Vieles von dem, was wir über elektrische Felder gelernt haben, können wir direkt auf magnetische Felder übertragen. So können wir ihren Verlauf mit Hilfe von **Magnetfeldlinien** darstellen, die den Verlauf des Felds anzeigen. Je dichter die Linien beieinander liegen, desto stärker ist das Magnetfeld. In zwei Punkten unterscheidet es sich jedoch vom elektrischen Feld:

- Magnetfeldlinien haben keinen Anfang und kein Ende, sondern sind immer in sich geschlossen.
- Die Kraft, die ein Magnetfeld auf eine bewegte elektrische Ladung ausübt, ist senkrecht zu den Feldlinien gerichtet.

Wir sehen uns diese beiden Unterschiede einmal genauer an.

Magnetische Pole treten immer paarweise auf. Durchtrennen wir einen Magneten zwischen seinen Polen, erhalten wir nicht etwa einen isolierten Nordpol und einen Südpol, sondern zwei kleinere Magneten, von denen wieder jeder sowohl Nord- als auch Südpol besitzt. Die magnetischen Feldlinien treten am Nordpol aus dem Magneten aus, erstrecken sich in einem Bogen in den umliegenden Raum und treten am Südpol wieder in den Magneten ein. Dort enden sie nicht etwa, sondern ziehen durch das magnetische Material und knüpfen an ihren „Anfang" an. Jede Magnetfeldlinie bildet für sich also einen geschlossenen Kreis, wie es in Abb. 23.11 im Tipler gezeigt ist. Ein kleiner Probemagnet, beispielsweise eine Kompassnadel, den wir in das Feld eines stärkeren Magneten bringen, richtet sich darin so aus, dass sein Nordpol zum Südpol des äußeren Feldes weist und sein eigener Südpol zum externen Nordpol. Wie bei den elektrischen Ladungen ziehen sich also Gegensätze an und bewegen sich entlang der Feldlinien.

> **Beispiel**
>
> Das Magnetfeld der Erde entspricht an der Erdoberfläche in etwa einem magnetischen Dipol, dessen Achse um etwa 11,5° gegenüber der Rotationsachse gekippt ist. Der nordanziehende Pol liegt deshalb nicht am geografischen Nordpol, sondern im Norden Kanadas. Aus magnetischer Sicht handelt es sich dabei um den Südpol des Erdmagnetfelds, da es den Nordpol von Kompassnadeln anzieht. Die Magnetfeldlinien der Erde treten also in der Nähe des Südpols aus dem Planeten aus und im nördlichen Kanada wieder in ihn ein.   ◀

Die **Stärke eines magnetischen Felds** hängt von der Dichte seiner Magnetfeldlinien ab. Sie wird in der Einheit **Tesla** mit dem Einheitensymbol T angegeben. Ein

Magnetfeld **B** hat eine Stärke von einem Tesla, wenn es auf ein Teilchen mit der elektrischen Ladung von einem Coulomb (1 C), das sich mit der Geschwindigkeit von einem Meter pro Sekunde senkrecht zu den Magnetfeldlinien bewegt, mit einer Kraft von einem Newton (N) wirkt:

$$1\,\text{T} = 1\,\frac{\text{N}}{\text{C} \cdot \text{m/s}} = 1\,\frac{\text{N}}{\text{A} \cdot \text{m}} \qquad (5.1)$$

Die Einheit Tesla ist so gewählt, dass sie direkt aus anderen SI-Standardeinheiten zusammengesetzt ist. In der Praxis erreicht jedoch kaum ein Magnetfeld eine Stärke, die sich bequem in Tesla angeben ließe. Beispielsweise hat das Magnetfeld der Erde in Mitteleuropa nur rund 48 μT. Starke Permanentmagneten bleiben knapp unter 1 T, lediglich einige Elektromagneten erzeugen Felder von wenigen Tesla. Deshalb begegnet uns, wenn es um die Stärke von Magnetfeldern geht, häufig auch die Einheit **Gauß** mit dem Symbol G, die um den Faktor 10 000 kleiner als das Tesla ist:

$$1\,\text{G} = 10^{-4}\,\text{T} \qquad (5.2)$$

An der Definition der Einheit können wir bereits sehen, dass Magnetfelder auf bewegte elektrische Ladungen eine Kraft ausüben, die wir als **Lorentzkraft** bezeichnen. Anders als bei elektrischen Ladungen in elektrischen Feldern oder Magneten in magnetischen Feldern verläuft die Lorentzkraft eines Magnetfelds auf eine elektrische Ladung aber nicht parallel zu den Feldlinien, sondern senkrecht dazu. Außerdem steht sie senkrecht zur Bewegungsrichtung. Fliegt die Ladung also entlang der x-Achse eines Koordinatensystems durch ein Magnetfeld, dessen Feldlinien sich parallel zur y-Achse erstrecken, drückt die Lorentzkraft in Richtung plus oder minus z-Achse. In welche Richtung sie wirkt, können wir mit zwei Regeln bestimmen, die sich mit Fug und Recht „Faustregeln" nennen dürfen:

- Abb. 23.2 im Tipler zeigt die **Rechte-Hand-Regel,** die uns für positive Ladungen die Richtung der Lorentzkraft verrät. Dazu zeigen die ausgestreckten Finger der rechten Hand in die Flugrichtung der Ladung. Wenn wir die Finger nun krümmen und sie dabei in die Richtung der magnetischen Feldlinien weisen, gibt der hochgereckte Daumen die Kraftrichtung an. Für negative Ladungen müssen wir die linke Hand benutzen.
- Die **Drei-Finger-Regel** oder UVW-Regel ist einfacher anzuwenden. Dazu spreizen wir Daumen, Zeigefinger und Mittelfinger der rechten Hand, sodass sie senkrecht aufeinander stehen. Anschließend drehen wir die Hand so, dass der Daumen in die Bewegungsrichtung der positiven Ladung (die Ursache)weist und der Zeigefinger in die Richtung der Magnetfeldlinien (die Vermittlung). Der Mittelfinger gibt nun die Kraftrichtung (die Wirkung) an. Auch bei dieser Regel müssen wir für negative Ladungen die linke Hand verwenden.

Natürlich können wir die Richtung und Stärke der Lorentzkraft **F** auch mathematisch aus der Ladung q, der Geschwindigkeit **v** und dem Magnetfeld **B** berechnen. Dazu bilden wir mit den Vektoren das Kreuzprodukt:

$$\boldsymbol{F} = q\,\boldsymbol{v} \times \boldsymbol{B} \qquad (5.3)$$

Genügt uns die Stärke der Kraft als Betrag, weil wir ihre Richtung mit einer der Handregeln bestimmt haben, müssen wir die Beträge mit dem Sinus des Winkels α zwischen der Bewegungsrichtung und den Magnetfeldlinien multiplizieren:

$$F = q\,v\,B \cdot \sin\alpha \qquad (5.4)$$

In Elektronenmikroskopen, Massenspektrometern und Teilchenbeschleunigern fliegen geladene Teilchen tatsächlich einzeln durch Magnetfelder und werden von diesen abgelenkt. Häufig wandern sie aber auch als elektrischer Strom durch einen

Leiter. Die Lorentzkraft, die bei einem Stromfluss I auf die Elektronen einwirkt, zieht dadurch am gesamten Draht, sodass die **magnetische Kraft auf einen stromdurchflossenen Leiterabschnitt** der Länge l berechnet wird nach:

$$F = I\, l \times B \tag{5.5}$$

Oder wenn es nur auf den Betrag ankommt:

$$F = I\, l\, B \cdot \sin \alpha \tag{5.6}$$

Für allgemeinere Kalkulationen, bei denen der Leiter nicht gleichmäßig gebaut sein muss und gerade verlaufen muss, zerlegen wir ihn in Gedanken in winzige Stücke $\mathrm{d}l$, in denen dann jeweils nur ein winziges **Stromelement** von der Größe $I \cdot \mathrm{d}l$ fließt. Die Kraft auf solch ein Element ist dann:

$$\mathrm{d}F = I\, \mathrm{d}l \times B \tag{5.7}$$

Um die Lorentzkraft für den gesamten Leiter zu ermitteln, müssen wir alle Teilstücke aufsummieren, bzw. integrieren.

> **Wichtig**
> **Weil die Lorentzkraft immer senkrecht zur Geschwindigkeit der Ladung wirkt, ändert sie nur die Bewegungsrichtung der Teilchen, nicht aber den Betrag ihrer Geschwindigkeit! Sie verrichtet damit keine Arbeit an den Teilchen und beeinflusst nicht deren kinetische Energie.** ◀

Die lenkende Funktion des Magnetfelds können wir nutzen, um geladene Teilchen wie Elektronen, Protonen oder Ionen auf bestimmte Bahnen zu lenken. Beispielsweise fokussieren magnetische Linsen den Elektronenstrahl in Elektronenmikroskopen. Mit einem homogenen Magnetfeld, das groß und stark genug ist, können wir sogar **Ladungen auf Kreisbahnen** zwingen. Abb. 23.12 im Tipler zeigt das Prinzip, wonach die Lorentzkraft ständig zum Mittelpunkt der Bahn mit dem Radius r weist. Hat das Teilchen die Masse m, die Ladung q und die Geschwindigkeit v, ergibt sich für den Radius:

$$r = \frac{m\,v}{q\,B} = \frac{m\,v}{|q\,B|} \tag{5.8}$$

Große und schnelle Teilchen sind demnach schwerer abzulenken und fliegen größere Kurven, wohingegen mehr Ladung oder ein stärkeres Magnetfeld auch enge Kurven ermöglichen (S. 872 oben im Tipler).

Die Zeit für eine volle Kreisbewegung nennen wir **Zyklotronperiode** T:

$$T = \frac{2\,\pi\,r}{v} = \frac{2\,\pi\,\dfrac{m\,v}{|q\,B|}}{v} = \frac{2\,\pi\,m}{|q\,B|} \tag{5.9}$$

Ihr Kehrwert ist die **Zyklotronfrequenz,** die wir als gewöhnliche Frequenz v oder als Kreisfrequenz ω schreiben können:

$$v = \frac{1}{T} = \frac{|q\,B|}{2\,\pi\,m} \tag{5.10}$$

$$\omega = 2\,\pi\,v = \frac{|q\,B|}{m} \tag{5.11}$$

Wie viele Umrundungen ein Teilchen pro Sekunde schafft, hängt nach diesen Gleichungen nur vom Verhältnis seiner Ladung und seiner Masse (q/m) bzw. dem Masse-zu-Ladung-Verhältnis (m/q) ab, nicht aber von seiner Geschwindigkeit oder vom Bahnradius. In einem Massenspektrometer sortieren wir damit Ionen und Isotope, die sich chemisch kaum voneinander trennen ließen.

Beispiel

Es gibt verschiedene Typen von Massenspektrometern, die sich darin unterscheiden, auf welche Weise sie die Komponenten einer Probe voneinander trennen. In Sektorfeld-Massenspektrometern werden Teilchen zunächst ionisiert, dann mit einer elektrischen Spannung beschleunigt und in ein homogenes Magnetfeld geschossen, das die Teilchen auf eine Kreisbahn zwingt (Abb. 23.19 im Tipler). Dessen Radius richtet sich nach Eigenschaften des Spektrometers wie der Beschleunigungsspannung U und der Stärke des Magnetfelds sowie nach dem Masse-zu-Ladung-Verhältnis jedes Teilchens:

$$r = \sqrt{\frac{2\,m\,U}{q\,B^2}} \tag{5.12}$$

Jedes Teilchen beschreibt daher einen Bogen mit einem ganz spezifischen Radius. Bevor das Teilchen den Kreis vollenden kann, trifft es auf einen Detektor. Das Massenspektrometer übersetzt sozusagen das Verhältnis von Masse und Ladung in eine Strecke.

Auf diese Weise können wir zwischen verschiedenen Isotopen des gleichen Elements unterscheiden oder nachweisen, mit welchen Wertigkeiten ein Element vorkommt. ◀

Wollen wir geladene Teilchen trotz des Magnetfelds nicht im Bogen, sondern geradeaus fliegen lassen, müssen wir der Lorentzkraft eine gleich große Kraft mit entgegengesetzter Richtung entgegensetzen. Wir können diese Idee mit einem elektrischen Feld umsetzen, dessen elektrische Feldlinien senkrecht zu den Magnetfeldlinien stehen und das beispielsweise zwischen den Platten eines Kondensators herrscht (Abb. 23.16 im Tipler). Die **gekreuzten Felder** stellen wir so ein, dass sie sich gegenseitig aufheben. Weil die Lorentzkraft nach Gl. 5.3 von der Teilchengeschwindigkeit v abhängig ist, können wir das Magnetfeld immer nur für Teilchen mit einer bestimmten Geschwindigkeit kompensieren:

$$|v| = \frac{|E|}{|B|} \tag{5.13}$$

Alle geladenen Teilchen mit einer anderen Geschwindigkeit werden weiterhin ein bisschen abgelenkt. Bringen wir hinter dem Kondensator eine Blende mit einem Loch an, das nur Teilchen treffen, die schnurgerade geflogen sind, haben wir ein **(Wien'sches Geschwindigkeitsfilter)** konstruiert, mit dem wir geladene Teilchen sortieren können, bevor wir sie beispielsweise in ein Massenspektrometer schicken.

Beispiel

Der britische Physiker und Nobelpreisträger Joseph John Johnson wies im Jahr 1897 mit gekreuzten Feldern die Existenz des Elektrons nach und bestimmte dessen Ladung-zu-Masse-Verhältnis. Thomson durfte die Experimente jedoch nicht selbst durchführen, da ihn seine Studenten wegen seiner Ungeschicklichkeit möglichst von den Versuchen fern hielten. Ihm blieb daher nichts anderes zu tun, als aus dem Hintergrund Anweisungen zu geben. ◀

Durchfliegen geladene Teilchen kein homogenes, sondern ein inhomogenes Magnetfeld, werden sie an verschiedenen Stellen unterschiedlich abgelenkt. Ihre Bahnen sind dann oft schwierig zu berechnen. Für manche Feldgeometrien können wir aber einigermaßen zutreffende qualitative Aussagen machen. Bei einer **magnetischen Flasche,** wie sie schematisch in Abb. 23.14 im Tipler zu sehen ist, werden die Ladungen an den magnetisch stärkeren Enden energischer umgelenkt, sodass sie sich auf Spiralbahnen im magnetisch schwächeren Mittelteil hin und her bewegen,

---

Beispiel

Der Van-Allen-Gürtel um die Erde funktioniert nach dem Prinzip der magnetischen Flasche. In dem inhomogenen Magnetfeld der Erde, das an den Polen stärker als über dem Äquator ist, verfangen sich Protonen und Elektronen, die zum Teil aus dem Sonnenwind stammen, zum Teil von Atomen, die im Feld der Gürtel erst ionisiert werden. Im inneren Ring, der sich zwischen 700 km und 6000 km Höhe erstreckt, befinden sich hauptsächlich Protonen, den äußeren Ring in 15 000 km bis 25 000 km Höhe bevölkern vorwiegend Elektronen. Mit einer Periode von rund einer Sekunde wandern sie auf Spiralbahnen um die Feldlinien zwischen Nord- und Südpolarregion hin und her. Abb. 23.15 zeigt den doppelten Van-Allen-Gürtel in einem Schema.   ◄

5.2 Magneten und Leiterschleifen werden im Magnetfeld gedreht

Tipler

Abschnitt *23.3 Das auf Leiterschleifen und Magnete ausgeübte Drehmoment* und Beispiel 23.8

Zu Beginn des Kapitels hatten wir gesagt, dass sich Magnete in einem Magnetfeld so ausrichten, dass ihr Nordpol in Richtung des Südpols des Felds weist. Dabei ist es unerheblich, ob es sich um einen Permanentmagneten handelt oder um einen elektrischen Leiter, der in Form einer Schleife oder einer Spule mit mehreren Windungen gebogen ist und von Strom durchflossen wird. Beide besitzen ein **magnetisches Dipolmoment** oder **magnetisches Moment** μ. Bei Permanentmagneten ist es eine Eigenschaft des Materials, bei Leitern entsteht es durch den elektrischen Strom I.

Das magnetische Moment einer ebenen Leiterschleife oder Spule mit n Windungen ist betragsmäßig umso größer, je mehr Fläche A die Schleife umschließt:

$$\mu = n \cdot I \cdot \widehat{n} A = n \cdot I \cdot A \tag{5.14}$$

Die Einheit des magnetischen Moments ist Ampere mal Quadratmeter ($A \cdot m^2$) oder Joule pro Tesla (J/T).

In Gl. 5.14 wird die Fläche A durch den Normalenvektor $\widehat{n}$, der senkrecht zur Fläche steht, in einen Flächenvektor A umgewandelt. Der Flächenvektor enthält dadurch die Größe der Fläche und gibt dem magnetischen Moment, das ebenfalls ein Vektor ist, eine Richtung vor. Abb. 23.21 zeigt, wie wir die Ausrichtung des Normalenvektors und damit auch des magnetischen Moments anhand der Stromrichtung bestimmen. In Leitungen und Spulen steht das magnetische Moment also senkrecht zu der Fläche, die von den Windungen umschlossen wird. Bei Permanentmagneten weist es dagegen vom Südpol des Magneten zu dessen Nordpol.

Bringen wir ein Objekt mit einem magnetischen Moment in ein Magnetfeld, übt das Feld ein **Drehmoment** M auf das Objekt aus:

$$M = \mu \times B \tag{5.15}$$

Geht es nur um die betragsmäßige Stärke des Drehmoments, können wir anstelle der Vektorrechnung auch die Multiplikation mit dem Winkel zwischen den

Magnetfeldlinien und dem magnetischen Moment rechnen:

$$M = \mu\, B \cdot \sin\theta \tag{5.16}$$

Die Winkelabhängigkeit bewirkt, dass das Drehmoment maximal ist, wenn das magnetische Moment senkrecht zu den magnetischen Feldlinien steht. Bei einem Permanentmagneten ist dies der Fall, wenn er selbst senkrecht im Feld liegt, die Fläche einer Leiterschleife oder Spule würde hingegen parallel zum Magnetfeld stehen. Das Drehmoment versucht, diese Ausrichtung so zu ändern, dass das magnetische Moment und die Magnetfeldlinien parallel zueinander verlaufen. Dann wird es minimal.

Verdrehen wir den Permanentmagneten oder den Leiter, müssen wir dafür Arbeit aufbringen, oder sie wird frei. In dem Winkel τ, den das magnetische Moment mit den Magnetfeldlinien einschließt, steckt die **potenzielle Energie des magnetischen Dipols:**

$$E_{\mathrm{pot}} = -|\mu|\,|\boldsymbol{B}|\,\cos\theta = -\mu\,\boldsymbol{B} \tag{5.17}$$

Beispiel

Vermutlich geht der Magnetsinn von Tieren auf das Drehmoment zurück, das das Erdmagnetfeld auf winzige magnetische Eisenoxidkristalle ausübt. Die Kristalle können sich zwar in dem Gewebe nicht drehen, doch Mechanorezeptoren nehmen die mechanische Kraft auf und übersetzen sie in ein elektrisches Nervensignal. ◀

5.3 Das Magnetfeld etabliert in stromdurchflossenen Leitern eine Querspannung

Nicht nur freie Ladungsträger und stromdurchflossene Leiter unterliegen der Lorentzkraft, sie wirkt auch auf die wandernden Elektronen innerhalb eines Leiters und zwingt sie auf eine Seite (beispielsweise die Ober- oder Unterseite des Leiters). Auf der gegenüberliegenden Seite entsteht dadurch ein Überschuss an unbeweglicher positiver Ladung (Abb. 23.28 im Tipler). Durch die Ladungstrennung erwächst ein elektrisches Feld, das der seitlichen Bewegung entgegensteht. Trotzdem baut sich durch dieses **Hall-Effekt** genannte Phänomen eine messbare Potenzialdifferenz auf dem Leiter auf – die sogenannte Hall-Spannung U_H.

Tipler
Abschnitt *23.4 Der Hall-Effekt* und Beispiel 23.12

$$U_H = \frac{|I|}{(n/V)\,d\,e} \cdot B \tag{5.18}$$

Hier ist n/V die Anzahldichte der Ladungsträger im Leitermaterial, d die Dicke des Leiters und e die Elementarladung.

Die Hall-Spannung ist zwar sehr klein, aber wir können sie dennoch nutzen, um mit ihr die Stärke des Magnetfelds zu bestimmen, die Art der Ladungsträger zu ermitteln, die hauptsächlich einen Strom transportieren, oder abzuschätzen, wie dicht die Ladungsträger in dem Material konzentriert sind.

Unter extremen Bedingungen wie Temperaturen knapp über dem absoluten Nullpunkt und Magnetfeldern von mehreren Tesla Stärke zeigt sich, dass die Hall-Spannung in Sprüngen steigt (Abb. 23.29 im Tipler). Bei diesem **ganzzahligen Quanten-Hall-Effekt** nimmt das Verhältnis der Hall-Spannung zur Stromstärke (U_H/I) immer einen ganzzahligen Bruch der von-Klitzing-Konstanten R_K an:

$$\frac{U_H}{I} = \frac{R_K}{n} \quad \text{mit n} = 1, 2, 3, \dots \tag{5.19}$$

Die von-Klitzing-Konstante gibt das Verhältnis der Planck-Konstante h und der Elementarladung e zum Quadrat wieder und ist der neue Standard für die Definition der Einheit Ohm:

$$R_K = \frac{h}{e^2} = 25\,812,807\,\Omega \tag{5.20}$$

Beispiel

13. In einem Draht fließen Elektronen von rechts nach links. Der Draht befindet sich in einem homogenen Magnetfeld, dessen Feldlinien von oben nach unten verlaufen. In welche Richtung wirkt die Lorentzkraft?

14. Wie ist das Verhältnis der Radien der Kreisbahnen, die das einfach positiv geladene Kohlenstoffisotop ^{14}C und das gleich schnelle und gleich geladene Kohlenstoffisotop ^{12}C in einem Magnetfeld beschreiben?

15. Das magnetische Moment von Magnetitkristallen liegt bei $3,71 \cdot 10^{-23}$ J/T. Welches Drehmoment wirkt auf einen solchen Kristall, der in einem Winkel von 90° zu den Feldlinien des Erdmagnetfelds von $4 \cdot 10^{-5}$ T steht? Wie groß ist das Drehmoment bei 45°?

Quellen des Magnetfelds

6.1   Bewegte elektrische Ladungen sind die Quelle von
Magnetfeldern – 58

6.2   Stromdurchflossene Leiter umgeben sich mit
Magnetfeldern – 58

6.3   Es gibt keine magnetischen Monopole – 61

6.4   Für hochsymmetrische Geometrien gibt es einen zweiten
Rechenweg – 61

6.5   Der Magnetismus steckt in den Atomen – 62

© Springer-Verlag GmbH Deutschland, ein Teil von Springer Nature 2020
O. Fritsche, *Physik für Chemiker II*, https://doi.org/10.1007/978-3-662-60352-9_6

Elektrische Ströme wechselwirken nicht ohne Grund mit Magnetfeldern – sie erzeugen selbst ein Magnetfeld. Wir beschäftigen uns in diesem Kapitel mit den Magnetfeldern von einzelnen Ladungen, verschiedenen stromdurchflossenen Leitern und Atomen und stellen fest, dass sogar der Magnetismus von Permanentmagneten auf bewegte Ladungen zurückgeht.

6.1 Bewegte elektrische Ladungen sind die Quelle von Magnetfeldern

Tipler

Abschn. 24.1 *Das Magnetfeld bewegter Punktladungen* und Beispiel 24.1

Jede elektrische Ladung erzeugt ein Magnetfeld, sobald sie bewegt wird. Im Gegensatz zum elektrischen Feld, das sich kugelsymmetrisch um eine Punktladung ausbreitet, ist das magnetische Feld vor allem zu den Seiten gerichtet. Direkt vor und hinter der Ladung ist die Stärke des Felds dagegen gleich null. Stellen wir in einem Punkt P, an dem eine Ladung mit der Geschwindigkeit v vorbeifliegt, ein Messinstrument auf (Abb. 24.1 im Tipler), erhalten wir für das Magnetfeld $\boldsymbol{B}$ in diesem Punkt:

$$\boldsymbol{B} = \frac{\mu_0}{4\,\pi}\,\frac{q\,\boldsymbol{v} \times \widehat{\boldsymbol{r}}}{r^2} \tag{6.1}$$

Oder für die Stärke des Felds als Betrag von $\boldsymbol{B}$:

$$B = \frac{\mu_0}{4\,\pi}\,\frac{q\,v \cdot \sin\theta}{r^2} \tag{6.2}$$

In der Vektorgleichung weist der Einheitsvektor $\widehat{\boldsymbol{r}}$ von der Ladung auf den Punkt P und gibt damit die Richtung vor. Das Kreuzprodukt mit der Geschwindigkeit $\boldsymbol{v}$ $(\boldsymbol{v} \times \widehat{\boldsymbol{r}})$ ordnet das Magnetfeld senkrecht zur Bewegungsrichtung an. In der Formel für den Betrag überprüft der Term $v \cdot \sin\theta$ den Winkel zwischen der Bewegung und der Verbindungslinie zum Messpunkt. Weil die Sinusfunktion für Winkel von 0° und 180° gleich null ist, erstreckt sich das magnetische Feld weder direkt in die Bewegungsrichtung nach vorne noch nach hinten. Je weiter es von der geraden Richtung abweicht, umso stärker wird das Feld, und im rechten Winkel zur Flugbahn erreicht es sein Maximum.

Mit μ_0 ist nicht das magnetische Dipolmoment gemeint, zumal eine Punktladung kein Dipolmoment besitzt. Stattdessen ist μ_0 die **magnetische Feldkonstante** oder die **Permeabilität des Vakuums.** Analog zur elektrischen Feldkonstanten, die wir im Kapitel zur Elektrizität kennengelernt haben, gibt die magnetische Feldkonstante an, wie stark die magnetische Wirkung eines Stroms ist. Ihr Wert liegt bei:

$$\mu_0 = 4\,\pi \cdot 10^{-7}\,\frac{\mathrm{T\,m}}{\mathrm{A}} = 1{,}257 \cdot 10^{-6}\,\frac{\mathrm{T\,m}}{\mathrm{A}} = 1{,}257 \cdot 10^{-6}\,\frac{\mathrm{N}}{\mathrm{A}^2}$$
$$= 1{,}257 \cdot 10^{-6}\,\frac{\mathrm{V\,s}}{\mathrm{A\,m}} \tag{6.3}$$

Solange die Ladung klein ist, bleibt auch die Stärke des Magnetfelds niedrig. Sie kann jedoch sehr große Werte erreichen, wenn ganze Ströme von Ladungen durch elektrische Leiter fließen.

6.2 Stromdurchflossene Leiter umgeben sich mit Magnetfeldern

Tipler

Abschn. 24.2 *Das Magnetfeld von Strömen: Das Biot-Savart'sche Gesetz* und Beispiele 24.2 bis 24.5

Gl. 6.1 gilt sinngemäß auch für Leiter, durch die ein elektrischer Strom fließt. An die Stelle der bewegten Ladung $q\,\boldsymbol{v}$ müssen wir aber das Stromelement $I\,\mathrm{d}\boldsymbol{l}$ setzen, also die Gesamtheit aller Ladungen, die innerhalb einer Sekunde durch das winzige

Leiterstück mit der Länge dl ziehen. Wir bekommen dann das **Biot-Savart'sche Gesetz,** das für beliebige Leiter angibt, welches Magnetfeld sich um sie herum bildet, sobald der Strom fließt:

$$\mathrm{d}\boldsymbol{B} = \frac{\mu_0}{4\,\pi}\,\frac{I\,\mathrm{d}\boldsymbol{l} \times \widehat{\boldsymbol{r}}}{r^2} \tag{6.4}$$

Gl. 6.4 sowie Gl. 6.1 ähneln sehr dem Coulomb'schen Gesetz, das elektrische Felder um Ladungen beschreibt. Bei elektrischen wie magnetischen Feldern …
- nimmt die Stärke des Felds quadratisch mit der Entfernung ab.
- beschränkt eine Feldkonstante die Ausbreitung im Vakuum.

Sie unterscheiden sich aber darin, dass …
- elektrische Felder schon von ruhenden Ladungen ausgehen, diese aber nur dann ein magnetisches Feld errichten, wenn sie sich bewegen.
- elektrische Felder radial von positiven Ladungen nach außen bei negativen Ladungen radial auf sie zu weisen, magnetische Felder hingegen senkrecht zur der Bewegungsrichtung und zur Verbindungslinie jedes Punktes abseits der Bewegungslinie verlaufen (Abb. 24.3 im Tipler).
- sich das Magnetfeld einer bewegten Ladung nicht auf die Bewegungsachse erstreckt.

Wollen wir mit Gl. 6.4 das Magnetfeld um einen stromdurchflossenen Leiter berechnen, müssen wir es für die jeweilige Geometrie des Leiters integrieren. Im Tipler ist dies für einige einfachere Beispiele durchgeführt, bei komplexen Formen werden auch die Rechnungen sehr kompliziert. Wir fassen hier nur die Ergebnisse aus dem Tipler zusammen.

- **Das Magnetfeld eines geraden, stromdurchflossenen Leiters**
  Schon ein gerader Draht wird von einem Magnetfeld umgeben, wenn ein Strom durch ihn fließt. Die Feldlinien verlaufen dabei kreisförmig um den Draht herum. Abb. 24.17 im Tipler verrät, wie wir mit der Rechte-Hand-Regel die Richtung des Felds feststellen können: Wir umfassen in Gedanken den Leiter mit der rechten Hand so, dass der ausgestreckte Daumen in Stromrichtung (gegen die Flussrichtung der Elektronen!) weist. Wenn wir die Finger schließen, zeigen sie in die Richtung der Magnetfeldlinien.

Die Stärke des Magnetfelds in einem Abstand $r_\perp$, gemessen senkrecht von einem unendlich langen Draht, beträgt:

$$B = \frac{\mu_0}{4\,\pi}\,\frac{2\,I}{r_\perp} \tag{6.5}$$

- **Magnetfelder von Leiterschleifen**
  Im Mittelpunkt einer Leiterschleife (Abb. 24.4 im Tipler) herrscht ein Magnetfeld von:

$$B = \frac{\mu_0}{4\,\pi}\,\frac{I}{r_{LS}^2}\,2\,\pi\,r_{LS} = \frac{\mu_0\,I}{2\,r_{LS}} \tag{6.6}$$

mit r_{LS} als Radius der Leiterschleife.

Schieben wir unseren Messpunkt um z auf der Achse, die senkrecht durch die Mitte der umschlossenen Fläche steht (Abb. 24.5 im Tipler), hinaus, können wir dort noch dieses Magnetfeld registrieren:

$$B_z = \frac{\mu_0}{4\,\pi}\,\frac{I\,r_{LS}}{(z^2 + r_{LS}^2)^{3/2}}\,2\,\pi\,r_{LS} = \frac{\mu_0}{4\,\pi}\,\frac{2\,\pi\,r_{LS}^2\,I}{(z^2 + r_{LS}^2)^{3/2}} \tag{6.7}$$

Ist der Abstand z sehr viel größer als der Radius der Schleife r_{LS}, erscheint das Magnetfeld wie ein magnetischer Dipol von $\mu = I \pi r_{LS}^2$, und die Gleichung vereinfacht sich zu:

$$B_z = \frac{\mu_0}{4\pi} \frac{2\mu}{|z|^3} \qquad (6.8)$$

Die Gleichungen brauchen wir nicht auswendig zu lernen, aber wir merken uns: Eine stromdurchflossene Leiterschleife verhält sich wie ein magnetischer Dipol. In einem äußeren Magnetfeld wirkt darum ein Drehmoment auf sie ein.

Das Magnetfeld im Inneren einer stromdurchflossenen Spule

Bei einer **Spule** oder **Zylinderspule** liegen mehrere aufeinanderfolgende Leiterschleifen in Windungen eng beieinander, wie in Abb. 24.8 im Tipler gezeigt. Im Inneren baut sich ein starkes homogenes Magnetfeld auf, sodass Spulen für Magnetfelder die gleiche Funktion erfüllen wie Kondensatoren für elektrische Felder. In Abb. 24.10 im Tipler sind die Magnetfeldlinien einer Spule zu sehen. Sie verlaufen wie die Feldlinien eines Stabmagneten.

Im Inneren einer Spule mit der Länge l und n Windungen erreicht das Magnetfeld:

$$B_z = \frac{\mu_0 n I}{l} \qquad (6.9)$$

Kurze Spulen erschaffen also ein stärkeres Magnetfeld als lange, während viele Windungen mehr Magnetstärke versprechen als wenige.

Beispiel

Die magnetische Kraft von Spulen wurde in der Zeit vor dem Siegeszug der Halbleiterelektronik gerne zum Schalten verwendet. In Relais zieht eine Spule einen beweglichen Schalter an, wenn sie von einem Strom durchflossen wurde. Auf diese Weise konnte ein schwacher Steuerstrom durch die Spule einen großen Laststrom durch den Schalter kontrollieren.

In alten Türklingeln baut ein Wechselstrom durch eine Spule im schnellen Wechsel ein Magnetfeld auf und ab. Dadurch wird ein Klöppel in die Spule hineingezogen oder schnellt durch eine Feder aus der Spule heraus und stößt dabei gegen eine Glocke.   ◄

Von besonderer Bedeutung ist die **Kraft zwischen zwei parallelen, stromdurchflossenen Leitern,** die von den Magnetfeldern auf den jeweils anderen Leiter ausgeübt wird. Abb. 24.21 im Tipler zeigt schematisch, wie das Magnetfeld des einen Leiters den anderen mit der Lorentzkraft anzieht. Fließt in beiden Leitern der Strom in die gleiche Richtung, resultiert eine anziehende Kraft. Ist der Stromfluss entgegengesetzt, stoßen sich die Leiter ab. Diese Wechselwirkung ist die Grundlage für die **Definition der Einheit Ampere:**

» Ein Ampere ist die Stärke eines zeitlich unveränderlichen Stroms, der durch zwei im Vakuum parallel im Abstand von 1 m angeordnete, geradlinige, unendlich lange Leiter von vernachlässigbar kleinem, kreisförmigen Querschnitt fließt und zwischen diesen Leitern je 1 m Leiterlänge elektrodynamisch eine Kraft von $2 \cdot 10^{-7}$ N hervorruft.

Beispiel

Mit einer Stromwaage, wie sie in Abb. 24.22 im Tipler gezeigt ist, können wir den Ladungsfluss durch einen Leiter regelrecht wiegen und auf diesem Weg beispielsweise Amperemeter über die Kraftwirkung zwischen den stromdurchflossenen Leitern kalibrieren.

Im Prinzip geht es bei diesem Waagetyp darum, ein Gleichgewicht zwischen der Gewichtskraft einer Masse und der Abstoßungskraft zwischen den Leitern, durch die ein Strom in einander entgegengesetzten Richtungen fließt, auszugleichen und abzulesen, welche Einstellung dafür nötig war. Über die Beziehung

$$m\,g = 2\,l\,\frac{\mu_0}{4\pi}\,\frac{I_1\,I_2}{r_\perp} \tag{6.10}$$

erhalten wir dann die gesuchte unbekannte Größe. ◄

6.3 Es gibt keine magnetischen Monopole

Obwohl elektrische und magnetische Feldlinien viele Gemeinsamkeiten haben, gibt es einen wesentlichen Unterschied: Elektrische Feldlinien haben in den Ladungen einen Anfang und ein Ende, magnetische Feldlinien sind in sich geschlossen und kennen weder Anfang noch Ende. Die Magnetlinien laufen innerhalb des Magneten einfach weiter. Abb. 24.23 im Tipler zeigt dies am Beispiel eines elektrischen und eines magnetischen Dipols.

Während die fundamentale Einheit der Elektrizität also die Ladung ist, übernimmt beim Magnetismus der magnetische Dipol diese Funktion. Nach heutigem Wissen gibt es keinen magnetischen Monopol. Alle Feldlinien, die einen magnetischen Dipol verlassen, kehren auch wieder zu ihm zurück. Umgeben wir einen Stabmagneten in Gedanken mit einer geschlossenen Oberfläche – so wie wir es bereits im Teil zur Elektrizität mit elektrischen Ladungen getan haben –, durchdringen gleich viele Feldlinien nach innen wie nach außen die Fläche. Mathematisch formuliert ist im **Gauß'schen Satz für Magnetfelder** das Ringintegral über die gesamte Fläche und damit der magnetische Fluss Φ_{mag} gleich null:

$$\Phi_{\mathrm{mag}} = \oint_A \boldsymbol{B} \cdot \widehat{\boldsymbol{n}}\, \mathrm{d}A = \oint_A B_n\, \mathrm{d}A = 0 \tag{6.11}$$

Hierin ist B_n die Normalkomponente des Magnetfelds senkrecht zum Flächenelement $\mathrm{d}A$.

Gl. 6.11 und die Aussage, dass es keine magnetischen Monopole gibt, ist die vierte Maxwell-Gleichung. Wir werden ihr und den drei anderen Maxwell-Gleichungen noch einmal im letzten Kapitel dieses Teils begegnen.

Tipler
Abschn. 24.3 *Der Gauß'sche Satz für Magnetfelder*

6.4 Für hochsymmetrische Geometrien gibt es einen zweiten Rechenweg

Unter bestimmten Bedingungen können wir Magnetfelder auch einfacher als nach dem Biot-Savart'schen Gesetz berechnen. Dazu muss aber gelten:

Tipler
Abschn. 24.4 *Das Ampère'sche Gesetz*

— Die Anordnung ist extrem symmetrisch. Lange Drähte, Hohlzylinder oder torusförmige Ringspulen sind beispielsweise geeignete Geometrien.
— Der Strom muss stationär sein, darf sich also nicht mit der Zeit verändern.
— Der Strom muss kontinuierlich sein. Es darf sich nirgendwo Ladung ansammeln.

Sind diese Voraussetzungen erfüllt, gilt das **Ampère'sche Gesetz,** wonach die tangentiale Komponente eines Magnetfelds B_t entlang einer geschlossenen Linie mit dem Strom durch eine Fläche, die von der Kurve C umschlossen wird, zusammenhängt:

$$\oint_C B_t \, \mathrm{d}l = \oint_C \boldsymbol{B} \cdot \mathrm{d}l = \mu_0 \, I_C \tag{6.12}$$

Die Linie kann beispielsweise ein Kreis um einen Leiter sein, wie in Abb. 24.29 dargestellt. Die Fläche wäre dann der eingeschlossene Bereich.

Für uns ist die Bedeutung des Ampère'schen Gesetzes zunächst gering, da es nur in wenigen Fällen anwendbar ist und es für diese das gleiche Ergebnis liefert wie das wesentlich einfachere Biot-Savart'sche Gesetz. Daher genügt es, den entsprechenden Abschnitt mit Beispielen im Tipler einmal anzusehen und nachzuvollziehen. Später wird es noch für die Maxwell-Gleichungen benötigt.

6.5 Der Magnetismus steckt in den Atomen

Tipler

Abschn. 24.5 *Magnetismus in Materie* und Beispiel 24.7 bis 24.9

Jeder Stoff ist magnetisch. Spätestens in einem starken äußeren Magnetfeld zeigt er plötzlich magnetische Dipolmomente, die von dem Feld induziert wurden. Wie groß das Moment pro Volumeneinheit wird, gibt die **Magnetisierung** $\boldsymbol{M}_{\mathrm{mag}}$ an:

$$\boldsymbol{M}_{\mathrm{mag}} = \frac{\mathrm{d}\mu}{\mathrm{d}V} \tag{6.13}$$

(Wir stellen zu dem Großbuchstaben $\boldsymbol{M}$, der im Tipler als Symbol für die Magnetisierung verwendet wird, zusätzlich den Index mag, um die Magnetisierung vom Drehmoment $\boldsymbol{M}$ abzugrenzen.)

Als Ursache für die Magnetisierung vermutete man früher winzige Ströme, die angeregt vom Magnetfeld in Kreisen durch das Material zogen und sich im Inneren gegenseitig aufheben (Abb. 24.37 und 24.38 im Tipler). Nur an der Oberfläche sollte ein **Ampère'scher Strom** übrig bleiben, der dem Strom durch eine Spule ähnelte und das Magnetfeld der Probe generierte.

Heute sehen wir den **Ursprung des Magnetismus auf Ebene der Atome** und ihrer Elektronen. Betrachten wir dafür das Atom als klassisches Teilchen, wie es in Abb. 24.40 im Tipler dargestellt ist, hat das Elektron einen Bahndrehimpuls L von:

$$L = m_e \, v \, r \tag{6.14}$$

Mit der Masse des Elektrons m_e, seiner Geschwindigkeit v und seinem Abstand zum Kern r. Die beiden letztgenannten Parameter hängen im Bohr'schen Atommodell mit der Schale zusammen, auf dem sich das Elektron bewegt.

Fügen wir ergänzend Gleichungen zum magnetischen Moment eines kreisförmigen Stroms hinzu, gelangen wir zur **klassischen Beziehung zwischen magnetischem Moment und Bahndrehimpuls** μ_L eines negativ geladenen Teilchens wie des Elektrons:

$$\mu_L = -\frac{q}{2\,m} \, L \tag{6.15}$$

(In Gl. 6.15 steht auf der rechten Seite ein Minus als Vorzeichen wegen der negativen Ladung des Elektrons. Der Tipler hat mit einer positiven Ladung gerechnet, weshalb wir dort ein Plus als Vorzeichen sehen.)

Für Vergleiche auf atomarer Ebene wird das magnetische Moment gerne als Vielfaches des **Bohr'schen Magneton** μ_{Bohr} angegeben. Es fasst einige Konstanten zusammen, nämlich die Elementarladung e, die Masse des Elektrons m_e sowie das reduzierte Planck'sche Wirkungsquantum ($\hbar = h/2\pi$), das in der Quantenphysik Frequenzen und Energien verknüpft:

$$\mu_{\text{Bohr}} = \frac{e\,\hbar}{2\,m_e} = 9{,}27 \cdot 10^{-24}\,\frac{\text{J}}{\text{T}} \tag{6.16}$$

Das Bohr'sche Magneton gibt die Stärke des magnetischen Moments an, das ein Elektron in einem Wasserstoffatom im Grundzustand durch seinen Bahndrehimpuls erreicht.

Gl. 6.15 wird damit zu:

$$\mu_L = -\mu_{\text{Bohr}}\,\frac{L}{\hbar} \tag{6.17}$$

Neben dem Bahndrehimpuls trägt auch das **magnetische Spinmoment** μ_S des Elektrons zu seinem magnetischen Gesamtmoment μ_{Elektron} bei. Es lässt sich nicht klassisch berechnen, sondern nur unter Berücksichtigung quantenmechanischer und relativistischer Effekte und ist in etwa doppelt so groß wie das Bahnmoment.

Das **magnetische Gesamtmoment des Elektrons** ist die Summe der beiden Komponenten:

$$\mu_{\text{Elektron}} = \mu_L + \mu_S \tag{6.18}$$

Für das **magnetische Moment eines Atoms** müssen wir die Momente aller Elektronen addieren. Die Kerne besitzen zwar ebenfalls ein magnetisches Moment, doch dieses ist viel kleiner und kann deshalb vernachlässigt werden. Wollen wir das **magnetische Moment von Molekülen oder größeren Objekten** ermitteln, müssen wir ebenfalls die Summe aller Teilmomente bilden. Entgegengerichtete magnetische Momente heben dabei einander auf. Das Ergebnis reicht darum von keiner Nettomagnetisierung bis zur **Sättigungsmagnetisierung** $M_{\text{mag, S}}$, wenn die magnetischen Momente aller n Moleküle im Volumen V parallel ausgerichtet sind:

$$\boldsymbol{M}_{\text{mag, S}} = \frac{n}{V}\,\mu \tag{6.19}$$

Die Anzahldichte n/V können wir aus der Avogadrokonstanten ($n_A = 6{,}022 \cdot 10^{23}\,\text{mol}^{-1}$), der molaren Masse m_{Mol} (in kg/mol) und der Dichte ρ (in kg/m^3) berechnen:

$$\frac{n}{V} = \frac{n_A}{m_{\text{Mol}}}\,\rho \tag{6.20}$$

Beispiel

Bei der Kernspinresonanzspektroskopie oder NMR-Spektroskopie (von *Nuclear Magnetic Resonance*) untersuchen wir das schwächere magnetische Moment von Atomkernen. Dazu bringen wir die Probe in ein extrem starkes äußeres Magnetfeld, in dem sich die Kerne mit ungeraden Zahlen von Protonen und/oder Neutronen ausrichten, und testen ihr Verhalten mit elektromagnetischen Wellen im Radiowellenbereich. Auf welche Frequenz die Kerne reagieren, hängt vom Einfluss ihrer Umgebung ab und damit von den Atomen, in deren Nähe sie sich befinden. Durch Vergleich mit bekannten Verbindungen können wir anhand der NMR-Spektren auf die Struktur des Probemoleküls schließen. ◄

Wie weit die Magnetisierung geht, hängt einerseits von der Stärke des äußeren Magnetfelds $\boldsymbol{B}_{\text{aus}}$ ab, andererseits bestimmt auch die Natur des Stoffs, wie magnetisierbar er ist. Wir bezeichnen diese Fähigkeit als **magnetische Suszeptibilität** mit dem Symbol χ (griechisch: chi):

$$\boldsymbol{M}_{\text{mag}} = \chi_{\text{mag}}\,\frac{\boldsymbol{B}_{\text{aus}}}{\mu_0} \tag{6.21}$$

Die Suszeptibilität ist eine dimensionslose Materialkonstante. Bei Stoffen, die in einem äußeren Magnetfeld ein eigenes Feld erzeugen, das parallel zu dessen Feldlinien verläuft und das externe Feld dadurch verstärkt, ist sie positiv. Wir nennen solche Materialien **paramagnetisch.** Substanzen, die mit ihren induzierten Dipolmomenten ein antiparalleles Magnetfeld aufbauen, das das äußere Feld schwächt, haben einen negativen Suszeptibilitätswert und sind **Diamagnetismus.** Tab. 24.1 im Tipler listet die Suszeptibilitäten einiger Materialien auf. Sie schwanken meistens um Werte von 10^{-5}.

Das induzierte Magnetfeld eines Stoffes hat also einen Einfluss auf ein externes Magnetfeld. Bringen wir einen Magneten beispielsweise in Stickstoff, schwächt das Gas dessen Magnetfeld mit dem eigenen induzierten Feld leicht ab. Eine reine Sauerstoffatmosphäre würde es dagegen verstärken. Diesen Einfluss des Mediums können wir berücksichtigen, indem wir in unseren Gleichungen die Permeabilität des Vakuums μ_0 um die **relative Permeabilität** μ_{rel} des Materials ergänzen, die direkt mit der Suszeptibilität verknüpft ist:

$$\mu_{\mathrm{rel}} = 1 + \chi_{\mathrm{mag}} \qquad (6.22)$$

Der Wert der relativen Permeabilität bewegt sich im Bereich von 1. Für paramagnetische Stoffe liegt er leicht darüber, bei diamagnetischen Substanzen ein wenig darunter.

Für ein Magnetfeld $\boldsymbol{B}$, das sich aus einem äußeren Feld $\boldsymbol{B}_{\mathrm{aus}}$ und dem induzierten Feld $\mu_0 \boldsymbol{M}_{\mathrm{mag}}$ eines darin befindlichen Körpers zusammensetzt, gilt demnach:

$$\boldsymbol{B} = \boldsymbol{B}_{\mathrm{aus}} + \mu_0 \boldsymbol{M}_{\mathrm{mag}} = \mu_{\mathrm{rel}} \boldsymbol{B}_{\mathrm{aus}} \qquad (6.23)$$

Beispiel

Bei der Elektronenspinresonanz-Spektroskopie messen wir die Absorption von Mikrowellenstrahlung durch eine Probe in einem starken externen Magnetfeld. Das Feld trennt das eigentlich einheitliche Energieniveau für ungepaarte Elektronen in leicht unterschiedliche Niveaus auf (Zeeman-Effekt). In paramagnetischen Molekülen können die Elektronen zwischen den Niveaus wechseln, wenn Mikrowellen mit der passenden Energie einfallen.

Die ESR-Spektroskopie wird beispielsweise eingesetzt, um organische Radikale oder Moleküle im Triplett-Zustand zu untersuchen und um die räumliche Struktur von Makromolekülen wie Proteinen aufzuklären. ◄

Grundsätzlich sind also alle Materialien potenziell magnetisch. Doch Magnetismus ist nicht immer gleich Magnetismus. Die magnetischen Dipolmomente verschiedener Stoffe verhalten sich innerhalb und außerhalb externer Magnetfelder teilweise sehr unterschiedlich, sodass wir vier **Varianten von Magnetismus** unterscheiden:

- **Paramagnetismus** finden wir bei Materialien, deren Atome, Ionen oder Moleküle ungepaarte Elektronen und damit ein permanentes magnetisches Moment besitzen oder deren Elektronenspins in Metallen teilweise ausgerichtet sind. Normalerweise sind die Dipole aber durch die Umgebungswärme zufällig orientiert und heben sich gegenseitig auf. In einem starken äußeren Magnetfeld ordnen sie sich aber zu einem geringen Teil parallel zu dessen Feldlinien an und verstärken es dadurch ein wenig. Die magnetische Suszeptibilität ist daher leicht positiv.
Bei schwachen magnetischen Feldern von außen folgt die Magnetisierung dem **Curie'schen Gesetz:**

$$M_{\text{mag}} = \frac{1}{3} \frac{\mu \, B_{\text{aus}}}{k_B \, T} \, M_{\text{mag, S}} \qquad\qquad (6.24)$$

Die Gleichung spiegelt das Wechselspiel zwischen dem magnetisierenden äußeren Feld und der demagnetisierend wirkenden thermischen Energie wider, die hier durch das Produkt aus der Boltzmann-Konstante k_B und der absoluten Temperatur T repräsentiert ist.

Zu den paramagnetischen Stoffen gehören viele Metalle (mit Ausnahme von Eisen, Nickel und Kobalt) sowie molekularer Sauerstoff.

- **Ferromagnetismus** tritt auf, wenn zwischen den Elektronen in nur teilweise gefüllten Bändern von Metallen oder zwischen den fest lokalisierten Elektronen benachbarter Atome starke **Austauschwechselwirkungen** auftreten, die bewirken, dass die Energie von Elektronenpaaren mit parallelem Spin niedriger ist als bei antiparallelem Spin. Die magnetischen Spinmomente addieren sich dadurch, statt einander zu neutralisieren. Es bilden sich mikroskopisch kleine Bereiche, die wir als **magnetische Domänen** oder **Weiß'sche Bezirke** bezeichnen, in denen die magnetischen Momente miteinander gekoppelt und parallel zueinander ausgerichtet sind. Solange die Weiß'schen Bezirke zufällig orientiert sind, ist ein ferromagnetischer Körper nach außen nicht magnetisch (Abb. 24.42 im Tipler). Es reicht jedoch schon ein schwaches externes Feld, um die Dipolmomente der Domänen parallel anzuordnen, sodass sich ein großes magnetisches Gesamtmoment ergibt, das häufig stärker als das externe Feld ist. Die Suszeptibilität nimmt darum sehr große positive Werte an, und die relative Permeabilität liegt bei einigen Tausend, für Eisen gilt beispielsweise $\mu_{\text{rel}} = 5500$. Tab. 24.2 im Tipler führt einige Daten dazu auf. Beim Umgang mit ferromagnetischen Stoffen müssen wir deshalb stets mit der **Permeabilität** des Materials μ rechnen, statt mit der Permeabilität des Vakuums μ_0:

$$\mu = \mu_{\text{rel}} \, \mu_0 \qquad\qquad (6.25)$$

Manche Paramagnete behalten die Ausrichtung sogar ohne das äußere Feld bei und werden zu Permanentmagneten. Sie verfügen weiterhin über das sogenannte **Remanenzfeld.** Abb. 24.43 im Tipler zeigt den Verlauf der Magnetisierung anhand einer Hysteresekurve, die verdeutlicht, wie zäh und verzögert das paramagnetische Material auf das äußere Magnetfeld reagiert. Erst mit einem entgegengerichteten Feld lässt sich die Magnetisierung rückgängig machen.

Die Magnetisierung eines ferromagnetischen Materials bleibt zwar bei Raumtemperatur erhalten, geht aber oberhalb der sogenannten **Curie-Temperatur** durch die verstärkte Wärmebewegung verloren. Der Stoff wird paramagnetisch, bis die Temperatur wieder absinkt und er seinen ferromagnetischen Charakter zurück gewinnt.

Die bekanntesten ferromagnetischen Stoffe sind Eisen, Nickel und Kobalt sowie deren Legierungen.

- **Ferrimagnetismus** setzt magnetische Zentren voraus, in denen zwei entgegengesetzte Dipolmomente beieinander liegen. Da eines der Momente deutlich stärker ist als das andere, ist jedes dieser Zentren für sich magnetisch. Die Zentren sind parallel zueinander ausgerichtet und erzeugen so ein großes magnetisches Moment des Objekts, das als Permanentmagnet auch ohne äußere Einflüsse magnetisch ist und seine Magnetisierung in einem äußeren Feld nicht ändert.

Die Magnetitkristalle (Fe_3O_4), die viele Lebewesen als inneren Kompass nutzen, sind ferrimagnetisch.

- **Diamagnetismus** tritt in allen Materialien auf. Allerdings ist er so schwach, dass der Effekt bei paramagnetischen und ferromagnetischen Substanzen leicht untergeht. Stoffe, die nur diamagnetisch sind, besitzen häufig nur voll besetzte Orbitale, die kein magnetisches Nettomoment zulassen, und sind daher normalerweise nicht magnetisch. Ein äußeres magnetisches Feld beeinflusst die Bewegungen der Elektronen aber so, dass magnetische Dipolmomente induziert werden, die dem externen Feld entgegengesetzt sind. Dadurch wird das äußere Magnetfeld abgeschwächt und der diamagnetische Stoff von diesem abgestoßen. Die Suszeptibilität nimmt kleine, negative Werte an. Das induzierte Dipolmoment in einem Diamagneten erreicht nur etwa den hunderttausendsten Teil eines Bohr'schen Magnetons.

Zu den diamagnetischen Stoffen zählen molekularer Wasserstoff und Stickstoff sowie Wasser, aber auch einige Metalle wie Kupfer, Blei und Quecksilber.

Beispiel

Bis vor kurzem wurden Daten bevorzugt durch die Magnetisierung ferromagnetischer Schichten gespeichert. Im Tipler sind hierzu als Beispiele ein Tonband und eine Festplatte gezeigt.   ◄

Verständnisfragen

16. Welche Stoffe in Tab. 24.1 im Tipler sind paramagnetisch, welche diamagnetisch?
17. Wie verändert sich das magnetische Verhalten von Natrium, wenn es ionisiert wird?
18. Warum ist Sauerstoff in molekularer Form (O_2) paramagnetisch und nicht diamagnetisch? (Tipp: Zur Beantwortung müssen wir die Besetzung der Molekülorbitale kennen.)

Die magnetische Induktion

7.1   Je mehr Feldlinien, desto größer der magnetische Fluss – 68

7.2   Ändert sich der Fluss, entsteht eine Spannung – 68

7.3   Die Induktionsspannung bremst ihre eigene Ursache – 69

7.4   Bewegte Leiter im Magnetfeld generieren Spannung – 71

7.5   Wirbelströme heizen dicke Leiter auf – 72

7.6   Spulen speichern magnetische Energie – 72

© Springer-Verlag GmbH Deutschland, ein Teil von Springer Nature 2020
O. Fritsche, *Physik für Chemiker II*, https://doi.org/10.1007/978-3-662-60352-9_7

Im vorhergehenden Kapitel haben wir gesehen, dass bewegte elektrische Ladungen und elektrische Ströme Magnetfelder erzeugen. In diesem Kapitel werden wir uns den umgekehrten Prozess ansehen: Wie veränderliche magnetische Felder einen elektrischen Strom hervorrufen.

7.1 Je mehr Feldlinien, desto größer der magnetische Fluss

Tipler

Abschn. 25.1 *Der magnetische Fluss* und Beispiel 25.1

Für die folgenden Überlegungen benötigen wir eine Größe, die uns angibt, „wie viel Magnetfeld" es in einem bestimmten Bereich gibt. In diese Größe fließt natürlich die Stärke des Magnetfelds $\boldsymbol{B}$ ein, die bildlich gesprochen der Dichte der Magnetfeldlinien entspricht. Damit wir aber auf deren Anzahl kommen, müssen wir zusätzlich den Bereich festlegen, der uns interessiert. Dieses Mal betrachten wir keinen Punkt, sondern eine Fläche A. Der **magnetische Fluss** Φ_{mag} gibt demzufolge an, welche Zahl von Magnetfeldlinien durch ein Flächenelement tritt. Damit wir eine beliebig geformte Flächen überall senkrecht zu den Magnetfeldlinien stellen können, zerlegen wir sie in Gedanken in unzählige winzige Stückchen dA. Den Fluss durch die gesamte Fläche erhalten wir dann durch Integration:

$$\Phi_{\mathrm{mag}} = \int_A \boldsymbol{B} \cdot \mathrm{d}\boldsymbol{A} \tag{7.1}$$

Die Einheit des magnetischen Flusses ist das **Weber** mit dem Einheitssymbol Wb:

$$1\,\mathrm{Wb} = 1\,\mathrm{T\,m}^2 \tag{7.2}$$

Ist die Fläche nicht gebogen oder gewellt, sondern eben, vereinfacht sich Gl. 7.1. Allerdings müssen wir den Winkel θ zwischen den Feldlinien und der Flächennormalen (das ist die Senkrechte auf der Fläche) berücksichtigen:

$$\Phi_{\mathrm{mag}} = \boldsymbol{B} \cdot \boldsymbol{A} = |\boldsymbol{B}|\,|\boldsymbol{A}|\,\cos\theta \tag{7.3}$$

In Spulen führen die magnetischen Feldlinien gleich durch mehrere Flächen, da jede Windung einen eigenen Kreis aufzieht. Effektiv ergibt sich dadurch eine viel größere Fläche. Für Spulen müssen wir deshalb mit der Anzahl der Windungen n multiplizieren:

$$\Phi_{\mathrm{mag}} = n\,|\boldsymbol{B}|\,|\boldsymbol{A}|\,\cos\theta \tag{7.4}$$

7.2 Ändert sich der Fluss, entsteht eine Spannung

Tipler

Abschn. 25.2 *Induktionsspannung und Faraday'sches Gesetz* und Beispiel 25.2

Nun ziehen wir die Begrenzung der Fläche, durch welche der magnetische Fluss führt, nicht mit einer gedachten Linie, sondern mit einem Leiter, beispielsweise einem Draht. Solange der umzingelte Fluss konstant bleibt, werden wir nichts Besonderes feststellen. Sobald sich der Fluss aber verändert, fließt nach dem **Faraday'schen Gesetz** plötzlich ein elektrischer Strom durch den Draht. Er wird von einer elektrischen Spannung angetrieben, die nicht zwischen zwei ausgezeichneten Punkten im Leiter herrscht, sondern über den gesamten Leiter verteilt ist. Diese **Induktionsspannung** U_{ind} schiebt an jeder Stelle, die von dem wandelnden Magnetfluss betroffen ist, die Elektronen voran:

$$U_{\mathrm{ind}} = -\frac{\mathrm{d}\Phi_{\mathrm{mag}}}{\mathrm{d}t} \tag{7.5}$$

Die Induktionsspannung tritt auch dann auf, wenn der Leiter offen ist, sodass der Stromkreis nicht geschlossen ist. Aber nur dann, wenn sich der magnetische Fluss gerade verändert. Dafür kann es mehrere Gründe geben:

- Die Magnetfeldstärke ändert sich. Ist ein Permanentmagnet die Quelle des Felds, passiert dies beispielsweise, wenn er näher kommt, sich entfernt oder gedreht wird. Bei einer Leiterschleife oder Spule als Quelle kann die Ursache eine Änderung im elektrischen Strom sein.
- Der Winkel zwischen den Magnetfeldlinien und der Fläche ändert sich. Dies kann etwa durch Drehung der Fläche im statischen Magnetfeld geschehen.

7.3 Die Induktionsspannung bremst ihre eigene Ursache

Die Richtung der Induktionsspannung können wir am einfachsten aus der **Lenz'schen Regel** folgern:

» Die von einer Zustandsänderung verursachte Induktionsspannung ist stets so gerichtet, dass sie ihrer Ursache entgegenzuwirken sucht.

Oder in einer anderen Formulierung:

» Ändert sich der magnetische Fluss durch eine Fläche, so wird ein Strom induziert, der seinerseits ein Magnetfeld und damit einen magnetischen Fluss durch dieselbe Fläche, aber mit relativ zur ursprünglichen Flussänderung umgekehrtem Vorzeichen hervorruft.

Die Induktionsspannung wirkt also immer so, dass sie gegen ihre eigene Ursache arbeitet. Wird sie hervorgerufen, weil wir die Magnetquelle und unseren Leiter gegeneinander bewegen, bremst die dadurch induzierte Spannung die Bewegung ab. Als Mittel dazu dient ein zweites Magnetfeld, das der Induktionsstrom selbst erzeugt (Abb. 25.8 und 25.9 im Tipler). Die Bewegungsenergie geht dabei in Joule'sche Wärme über. Entsteht die Induktionsspannung durch einen geänderten Strom in einer Spule, ruft sie einen zusätzlichen Strom hervor, der die Änderung teilweise kompensiert.

Tipler
Abschn. 25.3 *Die Lenz'sche Regel* und *25.6 Induktivität* sowie Beispiele 25.4, 25.5 und 25.8

> **Beispiel**
> In Messinstrumenten mit Zeigern sorgt die Lenz'sche Regel für eine Dämpfung der Anzeige. Der Zeiger ist an einer beweglichen Spule befestigt, die in einem permanenten Magnetfeld liegt. Fließt elektrischer Strom durch die Spule, erzeugt dieser ein magnetisches Dipolmoment, auf welches das externe Magnetfeld ein Drehmoment ausübt und die Spule mitsamt Zeiger kippt. Die Spule ist jedoch auf einen Rahmen aus Aluminium gewickelt, in dem die rotationsbedingte Änderung des Magnetfelds einen Induktionsstrom hervorruft, der sich gegen die Drehung im Magnetfeld sperrt. Er kann sie nicht vollständig unterbinden, aber er dämpft die Bewegung, sodass die Zeigernadel nicht nervös zittert. ◄

Neben der Wirkungskette

$$\textit{Magnetfeldänderung} \rightarrow \textit{Stromfluss} \rightarrow \textit{entgegen gerichtetes Magnetfeld}$$

stoßen wir in elektrischen Schaltungen mit Spulen auch auf die Folge

$$\textit{geänderter Strom} \rightarrow \textit{geänderter magnetischer Fluss} \rightarrow \textit{entgegen}$$
$$\textit{gerichteter elektrischer Strom.}$$

Diese **Selbstinduktion** tritt beispielsweise auf, wenn wir einen Schalter schließen und dadurch elektrischen Strom durch die Windungen einer Spule fließen lassen. Der Stromfluss erzeugt ein magnetisches Feld, das in der Spule einen Induktionsstrom bewirkt, der dem Stromfluss von der Spannungsquelle entgegen gerichtet ist und ihn schwächt. Nur verzögert steigt der Strom durch die Spule auf seinen Endwert.

Der magnetische Fluss Φ_{mag} hängt dabei nicht nur von der Stromstärke I ab, sondern auch von den Eigenschaften der Spule, die wir in der **Induktivität** L zusammenfassen:

$$\Phi_{\mathrm{mag}} = L\,I \tag{7.6}$$

Für die weit verbreiteten Zylinderspulen können wir die Induktivität aus der Zahl der Windungen n, der Spulenlänge l und der Fläche A bestimmen:

$$L = \mu_0\,\frac{n^2}{l}\,A \tag{7.7}$$

Im Tipler wird der gesamte Bruch quadriert und dann zusätzlich mit l multipliziert, was die gleiche Formel ergibt. Für Medien, deren Permeabilität deutlich vom Vakuum abweicht, müssen wir noch mit der relativen Permeabilität μ_{rel} multiplizieren.

Die Einheit der Induktivität ist das **Henry** mit dem Symbol H.

$$1\,\mathrm{H} = 1\,\frac{\mathrm{Wb}}{\mathrm{A}} = 1\,\frac{\mathrm{T}\cdot\mathrm{m}^2}{\mathrm{A}} = 1\,\frac{\mathrm{V}\cdot\mathrm{s}}{\mathrm{A}} \tag{7.8}$$

In Gl. 7.7 für die Selbstinduktivität kommt nicht die Stromstärke vor. Die Selbstinduktivität einer Schaltung ist also konstant. Der magnetische Fluss ändert sich deshalb direkt mit dem Strom, und auch die (Selbst-)Induktionsspannung hängt nur von der Änderung der Stromstärke ab:

$$U_{\mathrm{ind}} = -\frac{\mathrm{d}\Phi_{\mathrm{mag}}}{\mathrm{d}t} = -L\,\frac{\mathrm{d}I}{\mathrm{d}t} \tag{7.9}$$

An der Spule fällt davon die Spannung U_L ab, während die Spannung über dem Rest der Schaltung von deren Widerstand R abhängt:

$$U_L = U_{\mathrm{ind}} - I\,R = -L\,\frac{\mathrm{d}I}{\mathrm{d}t} - I\,R \tag{7.10}$$

> **Wichtig**
> Nicht nur die Fähigkeit einer Spule zur Selbstinduktion wird als „Induktivität" bezeichnet, sondern gelegentlich wird auch die Spule als Bauteil so genannt. ◀

Die Magnetfelder von Schaltungen bleiben nicht auf ihre Stromkreise beschränkt, sondern breiten sich im Raum aus und erreichen dabei auch benachbarte Schaltungen. Dort lösen sie ebenfalls Induktionsströme aus. Die Stromkreise sind über die magnetischen Felder miteinander verbunden. Wir bezeichnen diesen Effekt als **Gegeninduktion** oder **induktive Kopplung**. Die Fähigkeit eines Stromkreises, den magnetischen Fluss von seiner Nachbarschaltung in einen Induktionsstrom umzusetzen, nennen wir die **Gegeninduktivität**. Sie ist in beide Richtungen – von Stromkreis A zu B und von B zu A – gleich groß.

Beispiel

Mit Gegeninduktion kann elektrische Spannung über kurze Strecken kontaktlos übertragen werden. Das wird vor allem in Transformatoren genutzt, in denen zwei Spulen mit unterschiedlichen Windungszahlen N_1 und n_2 eng beieinander angebracht sind und sich häufig sogar einen gemeinsamen Eisenkern teilen. Ihre Stromkreise sind aber strikt getrennt.

Liegt an Stromkreis 1 eine Wechselspannung U_1 an, entsteht bei einem idealen Transformator im Stromkreis 2 durch Induktion eine Spannung U_2, deren Höhe vom Verhältnis der Windungszahlen in den Spulen abhängt:

$$\frac{U_1}{U_2} = \frac{n_1}{n_2} \tag{7.11}$$

Bringen wir in den zweiten Stromkreis einen Lastwiderstand ein, sodass ein Strom fließen kann, gilt für die Stromstärken I_1 und I_2 das umgekehrte Verhältnis:

$$\frac{I_1}{I_2} = -\frac{n_2}{n_1} \tag{7.12}$$

Mit Transformatoren lassen sich demnach Spannungen und Ströme je nach Verhältnis der Windungszahlen in den Spulen vergrößern oder verkleinern. ◄

7.4 Bewegte Leiter im Magnetfeld generieren Spannung

Wir haben weiter oben gesagt, dass die Änderung im magnetischen Fluss auch dadurch zustande kommen kann, dass sich der Leiter im Magnetfeld dreht oder in ihm bewegt. Die **Verschiebung eines Stabs in einem Magnetfeld** trennt beispielsweise die Ladungsträger in dem Material, wodurch sich ein elektrisches Feld E aufbaut, das der Ladungstrennung entgegenwirkt. Bei einem Stab, der mit der Geschwindigkeit v senkrecht zu den Magnetfeldlinien bewegt wird und die Länge l hat, stellt sich schließlich die Induktionsspannung U_{ind} ein:

$$U_{ind} = E \cdot l = v \cdot B \cdot l \tag{7.13}$$

Nicht durch eine Verschiebung, sondern durch die Drehung einer Spule in einem homogenen magnetischen Feld arbeiten **Wechselstromgeneratoren** und **Wechselstrommotoren**. Das Prinzip ist in den Abb. 25.21 bzw. 25.22 im Tipler gezeigt. Im Feld zwischen den Polen eines Permanentmagneten befindet sich die Spule. Wird sie durch eine von außen stammende Kraft gedreht, verändert sich die Größe der Fläche A, durch welche die Magnetfeldlinien ziehen, und damit der magnetische Fluss. Dies induziert eine elektrische Spannung, die sich sinusförmig mit der Zeit ändert:

$$U_{ind} = -\frac{d\Phi_{mag}}{dt} = -n\,|B|\,|A|\,\frac{d}{dt}\cos(\omega t) = n\,|B|\,|A|\,\omega\,\sin(\omega t)$$
$$= U_{max}\,\sin(\omega t) \tag{7.14}$$

Hierin ist n die Zahl der Windungen der Spule, ω die Kreisfrequenz und $U_{max} = n\,|B|\,|A|\,\omega$ der Maximalwert der Spannung, die erreicht wird. Die Kreisfrequenz macht sich in dieser Amplitude bemerkbar, da die Größe der Induktionsspannung davon abhängt, wie schnell sich der magnetische Fluss ändert.

Die Spannung wird in technischen Generatoren mit Bürstenkontakten von der Spule abgenommen, ohne dass sich feste Drahtverbindungen verdrillen können.

Tipler
Abschn. 25.4 *Induktion durch Bewegung*

Beim Wechselstrommotor verläuft der beschriebene Prozess in die andere Richtung. Wir legen eine Spannung an, und der Stromfluss erzeugt ein magnetisches Moment in der Spule, auf welches das äußere Feld des Permanentmagneten ein Drehmoment ausübt. Etwa wenn die Spule ihre Gleichgewichtslage erreicht, wechselt die Spannungsquelle die Polung und damit die Richtung des magnetischen Moments in der Spule, sodass diese weiter gedreht wird.

7.5 Wirbelströme heizen dicke Leiter auf

Tipler
Abschn. 25.5 *Wirbelströme*

Induktion lässt lässt nicht nur in Schleifen und Spulen elektrischen Strom fließen, sie treibt Elektronen auf jedem geschlossenen Weg voran – auch innerhalb eines Metallstücks. Abb. 25.23 im Tipler zeigt das für einen Stab in einem externen Magnetfeld, das sich ständig ändert. Der wechselnde magnetische Fluss ruft innerhalb des Stabs auf allen möglichen geschlossenen Bahnen Ströme hervor, die keinen Anfangspunkt und kein Ziel haben, sondern sich innerhalb des Stabs im Kreis bewegen. Wir bezeichnen diese in sich geschlossenen Ströme als **Wirbelströme.**

Für Wirbelströme gelten die gleichen Gesetze, die wir bereits für Induktionsströme gelernt haben. Beispielsweise stellen sie sich ihrer eigenen Ursache entgegen, wie es in Abb. 25.24 dargestellt ist für ein Metallblech, das aus einem Magnetfeld herausgezogen wird. Der dadurch hervorgerufene Wirbelstrom im Blech erzeugt eine Kraft, die der Zugbewegung entgegen gerichtet ist.

Problematisch werden Wirbelströme dadurch, dass sie eingebrachte Energie in Joule'sche Wärme umsetzen. Diese Hitze muss bei elektromagnetischen Geräten abgeführt werden. Außerdem reduzieren die Wirbelströme damit die Leistung der jeweiligen Schaltung. Als Gegenmaßnahme können wir die Wirbelströme minimieren, indem wir die Leiter möglichst klein halten, indem wir sie aus Schichten aufbauen, die voneinander durch einen Isolator getrennt sind (Abb. 25.25). In einem kleinen Volumen können sich nicht so starke Wirbelströme etablieren.

7.6 Spulen speichern magnetische Energie

Tipler
Abschn. 25.7 *Die Energie des Magnetfelds*
und Beispiel 25.9

Wenn wir einen elektrischen Strom durch eine Spule schicken, erzeugt sie ein magnetisches Feld. Schalten wir den Strom wieder aus, zieht sich das Magnetfeld zusammen und produziert dabei eine Induktionsspannung und ggf. einen Induktionsstrom. Die Energie dafür war in dem Magnetfeld gespeichert. Beim Einschalten des Stroms wird der Speicher aufgeladen und beim Ausschalten entladen. Die **in einer Spule gespeicherte Energie** E_{mag} ist umso größer, je höher die Induktivität L der Spule ist:

$$E_{\mathrm{mag}} = \frac{1}{2}\,L\,I^2 \tag{7.15}$$

Aber nicht nur die Magnetfelder von Spulen haben Energie gespeichert – in allen Magnetfeldern steckt Energie. Da sich Magnetfelder im Prinzip unendlich weit ausdehnen, ist die **Energiedichte eines Magnetfelds** w_{mag} aussagekräftiger als die Gesamtenergie:

$$w_{\mathrm{mag}} = \frac{1}{2}\frac{B^2}{\mu_0} \tag{7.16}$$

Verständnisfragen

19. Funktioniert Induktion auch mit wässrigen Salzlösungen statt metallischen Leitern?
20. Wie funktioniert ein Induktionsherd?
21. Warum schlagen Zeigerinstrumente manchmal aus, wenn ein anderes Gerät in ihrer Nähe, mit dem sie nicht verbunden sind, eingeschaltet wird.

Wechselstromkreise

8.1   Bei Wechselspannung schwanken Spannung, Strom und Leistung gemeinsam – 76

8.2   Spulen und Kondensatoren wirken als Widerstände – 77

8.3   Wechselstrom lässt sich leichter als Gleichstrom umwandeln – 79

© Springer-Verlag GmbH Deutschland, ein Teil von Springer Nature 2020
O. Fritsche, *Physik für Chemiker II*, https://doi.org/10.1007/978-3-662-60352-9_8

Induktion begegnet uns am ehesten in Schaltungen, die mit Wechselspannung betrieben werden. Deshalb untersuchen wir in diesem Kapitel die Grundlagen für das Verhalten von Widerständen, Spulen und Kondensatoren in Wechselstromkreisen.

8.1 Bei Wechselspannung schwanken Spannung, Strom und Leistung gemeinsam

Tipler

Abschn. 26.1 *Wechselspannung an einem Ohm'schen Widerstand* und Beispiel 26.1

Ein Wechselstromgenerator, wie wir ihn in ▶ Abschn. 7.4 kurz angesprochen haben, erzeugt eine Spannung und einen Strom, die ständig wechselnde Werte haben. Ihr Verlauf ist sinus- oder cosinusförmig und reicht bis hin zum jeweiligen Maximalwert U_{max} bzw. I_{max}. Beide sind gemäß Ohm'schen Gesetz über den Widerstand R der Schaltung miteinander verknüpft:

$$U(t) = R\,I(t) \tag{8.1}$$

Damit erhalten wir für die Spannung und den Strom folgende Funktionen:

$$U(t) = U_{max}\cos(\omega\,t) \tag{8.2}$$
$$I(t) = I_{max}\cos(\omega\,t) \tag{8.3}$$

Hierin ist ω die Kreisfrequenz, mit welcher der Wechselstrom schwingt. Ob wir in den Gleichungen eine Sinus- oder Cosinusfunktion wählen, hat nur auf den Startwert einen Einfluss, verändert aber nicht den Verlauf der Kurve, von der wir in Abb. 26.3 im Tipler einen Ausschnitt sehen. Beide Größen sind in Phase, bewegen sich also im Gleichtakt auf und ab. Befindet sich die Spannung gerade am Nullpunkt, schiebt sie keine Elektronen durch den Leiter, und die Stromstärke liegt ebenfalls bei null. Sobald sich eine Potenzialdifferenz aufbaut, treibt sie einen entsprechend großen Strom an. Weil sich das Vorzeichen der Spannung ständig ändert, fließt der Strom abwechselnd in die eine und dann wieder in die andere Richtung.

Da die Leistung P, die in den Stromkreis wandert, das Produkt aus Spannung und Stromstärke ist, befindet auch sie sich in Phase, wie in Abb. 26.4 im Tipler zu sehen:

$$P(t) = U(t)\,I(t) = R\,I_{max}\cos^2(\omega\,t) \tag{8.4}$$

Normalerweise interessieren uns aber weniger die kurzzeitigen Momentanwerte. Wenn wir ein Netzteil betreiben, um eine Apparatur mit Strom zu versorgen, brauchen wir eher Angaben, die sich auf einen längeren Zeitraum beziehen – sogenannte **Effektivwerte.** Dabei handelt es sich nicht einfach um die Mittelwerte, denn weil die Spannung und der Strom zur Hälfte der Zeit negativ und zur Hälfte positiv sind, wäre das Mittel gleich null. Stattdessen werden die Funktionen quadriert, womit das Problem der negativen Vorzeichen gelöst wäre. Die entstandene Kurve sieht aus wie die Funktion für die Leistung, die in Abb. 26.4 im Tipler gezeigt ist. Die Werte gehen auf und ab, mit einem Mittelwert, der bei der Hälfte des Maximums liegt. Deshalb enthält die Gleichung für den Effektivwert den Faktor 1/2. Schließlich müssen wir noch die Wurzel ziehen, um das Quadrieren vom Anfang auszugleichen. Auf Deutsch erhalten wir so den „quadratisch gemittelten Wert" oder kurz „mittleren" Wert, häufig wird er jedoch auch mit der englischen Bezeichnung *root mean square* oder kurz *rms* benannt.

Bei einem sinusförmigen (oder cosinusförmigen) Verlauf ist die **effektive Stromstärke** I_{eff} dann:

$$I_{\text{eff}} = \sqrt{\langle I^2 \rangle} \tag{8.5}$$

$$= \sqrt{\frac{1}{2} I_{\text{max}}^2} \tag{8.6}$$

$$= \frac{1}{\sqrt{2}} I_{\text{max}} \tag{8.7}$$

$$\approx 0{,}7071 \, I_{\text{max}} \tag{8.8}$$

Auffallend ist, dass der Effektivwert nicht die Hälfte des Maximalwerts ist, sondern diesen Wert durch $\sqrt{2}$ angibt oder etwa 70 % des Maximums.

Für die **effektive Spannung** erhalten wir analog dazu:

$$U_{\text{eff}} = \sqrt{\langle U^2 \rangle} = \frac{1}{\sqrt{2}} U_{\text{max}} \approx 0{,}7071 \, U_{\text{max}} \tag{8.9}$$

Die **mittlere Leistung** bekommen wir, wenn wir die Effektivwerte in die Gl. 8.4 einsetzen:

$$\langle P \rangle = U_{\text{eff}} I_{\text{eff}} \tag{8.10}$$

Der elektrische Widerstand folgt auch mit den Effektivwerten dem Ohm'schen Gesetz:

$$R = \frac{U_{\text{eff}}}{I_{\text{eff}}} \tag{8.11}$$

> ❯ **Wichtig**
> Der Effektivwert gibt an, welche Gleichspannung bzw. welcher Gleichstrom erforderlich wäre, um die gleiche Leistung umzusetzen wie beim Betrieb mit Wechselspannung und -strom. Betreiben wir beispielsweise eine Lampe mit 230 V effektiver Spannung, erreicht die Wechselspannung in der Spitze regelmäßig 325 V. Für die gleiche Helligkeit reichen aber konstante 230 V Gleichspannung aus.   ◀

Beispiel
Im normalen Stromnetz liegt die effektive Spannung fix bei 230 V. Welcher Strom fließt, richtet sich nach der Leistung, die ein angeschlossenes Gerät verlangt. Eine Heizplatte mit 700 W wird deshalb mit $I_{\text{eff}} = 700\,\text{W}/230\,\text{V} = 3{,}04\,\text{A}$ betrieben.   ◀

8.2 Spulen und Kondensatoren wirken als Widerstände

Während sich Spannung, Stromstärke und Widerstand grundsätzlich in Wechselstromkreisen so wie in Gleichstromkreisen verhalten, und Spannung und Strom nur auf das effektive Maß verringert sind, sieht es bei Spulen und Kondensatoren durch den ständigen Vorzeichenwechsel ganz anders aus.

Eine **Spule im Wechselstromkreis** baut ständig eine induzierte Gegenspannung auf, die umso größer ist, je schneller sich die Richtung der Wechselspannung ändert. Mit Hilfe von Abb. 26.7 im Tipler können wir die Abläufe in ihren einzelnen Phasen verfolgen.

Tipler
Abschn. 26.2 *Wechselstromkreise* sowie Beispiele 26.2 und 26.3

– Befindet sich die angelegte Wechselspannung in einem Maximum oder Minimum, treibt sie die Elektronen besonders nachdrücklich durch die Spule.

Dadurch ist auch die Änderung in der Stromstärke dI/dt maximal, und das Magnetfeld hat durch Selbstinduktion eine Gegenspannung aufgebaut, die den Stromfluss hemmt.

$$U_L = L \frac{dI}{dt} \tag{8.12}$$

- Wenn die Spannung über der Spule abnimmt, fließt der Strom mit der Energie, die im Magnetfeld gespeichert ist, noch weiter.
- Erst verzögert, wenn die Spannung bereits längst ihr Vorzeichen gewechselt hat, ändert auch der Stromfluss seine Richtung.

Wir sehen, dass die Spannung und der Strom bei einer Spule im Wechselstromkreis durch die Selbstinduktion nicht in Phase miteinander sind. Die Spannung liegt eine Viertelperiode vor dem Strom, sie „eilt dem Strom um 90° voraus".

Durch die Gegenspannung lässt die Spule nur einen gedrosselten Strom durch und agiert damit im Wechselstromkreis wie ein Widerstand. Um auf den Ursprung dieses Widerstands hinzuweisen und ihn von den klassischen Ohm'schen Widerständen zu unterscheiden, bezeichnen wir diese Eigenschaft als **induktiven (Blind-)Widerstand** oder **Induktanz** X_L. Er ist umso stärker, je größer die Induktivität L der Spule ist und je höher die Kreisfrequenz ω ist, mit welcher der Wechselstrom oszilliert:

$$X_L = \omega L \tag{8.13}$$

Die Einheit des induktiven Widerstands ist wie beim Ohm'schen Widerstand das Ohm.

Auch für den induktiven Widerstand gilt das Ohm'sche Gesetz:

$$I_{\text{eff}} = \frac{U_{\text{eff}}}{X_L} \tag{8.14}$$

Im zeitlichen Mittel setzt die Schaltung an der Spule aber keine Leistung um, da sich die Komponenten mit positivem Vorzeichen und die negativen Anteile gegenseitig kompensieren.

Auch **Kondensatoren in Wechselstromkreisen** geben sich als elektrische Widerstände. Abb. 26.9 im Tipler zeigt uns den Verlauf des Stroms und der Spannung, die über dem Kondensator abfällt.

- Wir starten mit einem voll beladenen Kondensator bei $t = 0\,T$. Die Platten tragen die Ladung q und bauen eine Spannung U_C über den Kondensator auf, die zu diesem Zeitpunkt maximal ist und der angelegten Wechselspannung entspricht.

$$U_C = \frac{q}{C} \tag{8.15}$$

- Sobald die Wechselspannung geringer wird, überwiegt die Spannung aus der Potenzialdifferenz zwischen den Kondensatorplatten. Die Ladungen verspüren deshalb einen Druck, die Platten zu verlassen, und ein Strom setzt ein, der den Unterschied zwischen den beiden Spannungen ständig sofort ausgleicht.
- Am größten ist der Strom, wenn die Ladungen auf keinen Gegendruck durch die Wechselspannung mehr stoßen bei $t = 1/4\,T$. Der Kondensator ist gerade entladen, wenn die Wechselspannung bei null ihr Vorzeichen wechselt.
- Ab jetzt werden die Platten erneut beladen, dieses Mal mit dem Ladungstyp, den sie zuvor nicht getragen hatten. Die bis eben positive Platte wird negativ, die negative sammelt nun positive Ladungen. Der Strom ist anfangs groß, nimmt

aber mit dem Beladungszustand des Kondensators ab und geht schließlich bei $t = 1/2T$ durch den Nullpunkt, wenn die Platten wieder die volle Ladung tragen.

— Mit umgekehrten Vorzeichen beginnt der Prozess von Neuem.

Auch bei Wechselstromkreisen mit Kondensatoren sind also Strom und Spannung nicht im Gleichtakt. Beim Kondensator eilt – anders als bei der Schaltung mit einer Spule – der Strom der Spannung um 90° voraus.

Den elektrischen Widerstand des Kondensators bezeichnen wir als **kapazitiven (Blind-)Widerstand** oder **Kondensanz** X_C, ebenfalls mit der Einheit Ohm. Er ist umso kleiner, je größer die Kreisfrequenz der Wechselspannung ist:

$$X_C = \frac{1}{\omega\,C} \tag{8.16}$$

Die umgesetzte Leistung ist – wie bei der Spule – beim kapazitiven Widerstand gleich null.

8.3 Wechselstrom lässt sich leichter als Gleichstrom umwandeln

Im Vergleich zum Gleichstrom müssen wir bei Wechselstrom mit einer verminderten effektiven Spannung und einem geringeren effektiven Strom zurechtkommen. Außerdem agieren Spulen und Kondensatoren als Widerstände. Trotzdem arbeiten viele elektrische Geräte mit Wechselstrom, und unser Hausstrom oszilliert mit 50 Hz. Vor allem ein Grund hat für den Siegeszug des Wechselstroms gesorgt: Wir können nahezu verlustfrei die Höhe der Spannung nach Belieben ändern.

Dazu benötigen wir einen **Transformator,** wie er schematisch in Abb. 26.10 im Tipler gezeigt ist. Im Wesentlichen besteht ein Transformator aus zwei Spulen, die um einen gemeinsamen Eisenkern gewickelt sind. An die Primärspule legen wir eine Wechselspannung an, die über Gegeninduktion an die Sekundärspule übertragen wird. Der Wirkungsgrad liegt dabei in der Praxis bei rund 98 %. Es geht also kaum Leistung verloren.

Zum Spannungswandler wird der Transformator, wenn die Primär- und die Sekundärspulen unterschiedliche Anzahlen von Windungen haben. Wir haben bereits im Beispiel zur Gegeninduktion in ▶ Abschn. 7.3 gesehen, dass das Verhältnis der Windungen gleich dem Verhältnis der Spannungen ist:

$$\frac{U_1}{U_2} = \frac{n_1}{n_2} \tag{8.17}$$

Benötigen wir für ein Kleingerät beispielsweise nur 12 V, können wir es dennoch mit Strom aus der Steckdose betreiben, wenn wir einen Transformator dazwischenschalten, dessen Windungsverhältnis 52:1000 beträgt.

Die Größe der Stromstärke ergibt sich aus dem Leistungshunger des Verbrauchers, den wir am Sekundärkreis anschließen. Die Leistung P ist das Produkt aus der effektiven Spannung U_{eff} und dem effektiven Strom I_{eff}. Da der Primärkreis die gleiche Leistung liefern muss, die der Sekundärkreis verlangt, gilt:

$$P = U_{1,\,\mathrm{eff}} \cdot I_{1,\,\mathrm{eff}} = U_{2,\,\mathrm{eff}} \cdot I_{2,\,\mathrm{eff}} \tag{8.18}$$

Die Spannung im Primärkreis ist von der Wechselspannungsquelle vorgegeben, sodass sich die Stromstärke entsprechend anpasst, um die geforderte Leistung zu erbringen.

Tipler

Abschn. 26.3 *Der Transformator* sowie Beispiele 26.4 und 26.5

Verständnisfragen

22. Wie groß ist die maximale Spannung einer transformierten Effektivspannung von 12 V?

23. Wie würde sich der Blindwiderstand einer Spule verändern, wenn wir die Frequenz der Netzspannung von 50 Hz auf 100 Hz verdoppelten? Was würde sich für den Blindwiderstand eines Kondensators ändern?

24. Wie könnte ein Transformator konstruiert sein, bei dem wir mit einem Drehschalter die Spannung im Sekundärkreis einstellen können?

Die Maxwell'schen Gleichungen – Elektromagnetische Wellen

9.1   Auch verschobene elektrische Felder gelten als Strom – 82

9.2   Alles in vier Gleichungen – 82

9.3   Elektrische und magnetische Felder bewegen sich als kombinierte Wellen durch den Raum – 83

9.4   Eigenschaften elektromagnetischer Wellen – 84

Zusammenfassung – 87

© Springer-Verlag GmbH Deutschland, ein Teil von Springer Nature 2020
O. Fritsche, *Physik für Chemiker II*, https://doi.org/10.1007/978-3-662-60352-9_9

Elektrizität und Magnetismus sind nicht zufällig so eng miteinander verzahnt. Im Grunde genommen sind es zwei Varianten der gleichen fundamentalen Wechselwirkung: der elektromagnetischen Kraft. Alle Auswirkungen dieser Kraft können wir aus einem Satz von nur vier Formeln herleiten – den Maxwell-Gleichungen, die wir uns in diesem Kapitel ansehen werden.

Für die tägliche Praxis sind die Maxwell-Gleichungen leider mathematisch zu anspruchsvoll. Für die Arbeit im Labor sind Formeln wie die Gesetze von Coulomb oder Biot-Savart besser geeignet. Wir besprechen die Maxwell-Gleichungen deshalb nur qualitativ, um ihre wesentlichen Aussagen zu verstehen. Anschließend behandeln wir das Phänomen der elektromagnetischen Welle, das auf den Gleichungen basiert und die Grundlage für die Optik ist, die wir im der folgenden Teil ausführlich erkunden werden.

9.1 Auch verschobene elektrische Felder gelten als Strom

Tipler
Abschnitt *27.1 Der Maxwell'sche Verschiebungsstrom*

Manche Gesetze zur Elektrizität und zum Magnetismus gelten nur unter bestimmten Voraussetzungen. Das Ampère'sche Gesetz verliert beispielsweise seine Aussagekraft, wenn der Elektronenfluss unterbrochen ist, weil sich ein Kondensator im Stromkreis befindet. Kurz vor den Kondensatorplatten fließt noch ein Strom, doch den Spalt zwischen den Platten können Elektronen nicht überwinden, sodass der Strom hier gleich null ist (Abbildung 27.1 im Tipler).

Der schottische Physiker James Clerk Maxwell konnte dieses Problem lösen, indem er neben den „richtigen" Stromfluss in Form von wandernden Elektronen eine **Verschiebungsstrom** I_V stellte, bei dem keine Ladungen wandern, sondern nur das elektrische Feld durch Ladung verändert wird:

$$I_V = \varepsilon_0 \frac{\mathrm{d}\Phi_{\mathrm{el}}}{\mathrm{d}t} \qquad (9.1)$$

Wir können uns den Effekt des Verschiebungsstroms so vorstellen, dass die Elektronen auf die Platte gelangen und dort durch die ansteigende Ladung das elektrische Feld anwächst und sich ausdehnt. Dabei erstreckt es sich auch auf die gegenüberliegende Platte und drückt mit seiner Fernwirkung dort zunehmend Elektronen weg, sodass hinter dieser Platte wieder Elektronen fließen. Insgesamt erscheint der Strom dadurch nicht unterbrochen.

Nehmen wir den Maxwell'schen Verschiebungsstrom hinzu, erhalten wir einen Gesamtstrom I_{ges}, der sich aus den tatsächlich wandernden Elektronen I und den Feldeffekten zusammensetzt:

$$I_{\mathrm{ges}} = I + I_V \qquad (9.2)$$

Mit dieser Erweiterung konnte Maxwell das Ampère'sche Gesetz so modifizieren, dass es für alle Ströme gilt. Die neue Version der Formel ist eine der vier Maxwell-Gleichungen, die wir uns nun ansehen wollen.

9.2 Alles in vier Gleichungen

Tipler
Abschnitt *27.2 Die Maxwell'schen Gleichungen*

Von den vier Gleichungen, die Maxwell zur Beschreibung des Elektromagnetismus aufgestellt hat, behandeln zwei den Zusammenhang zwischen magnetischen und elektrischen Feldern, die beiden anderen beziehen sich auf nur jeweils eine Sorte und haben den Ursprung der Felder zum Thema.

Die Reihenfolge der Gleichungen, ihre Namen und die Formelschreibweisen sind in verschiedenen Quellen unterschiedlich, die Aussagen sind hingegen immer gleich.

- **1. Maxwell-Gleichung**: das verallgemeinerte Ampère'sche Gesetz (erweitertes Durchflutungsgesetz)

$$\oint \boldsymbol{B} \cdot \mathrm{d}l = \mu_0 \left(I + I_V \right) \quad \text{mit} \quad I_V = \varepsilon_0 \int_A \frac{\partial E_n}{\partial t} \, \mathrm{d}A \tag{9.3}$$

Aussage: Ein elektrischer Strom (rechte Seite der Gleichung) erzeugt ein magnetisches Feld mit geschlossenen Feldlinien, also ein Wirbelfeld (linke Seite der Gleichung). Neben den fließenden Ladungen tragen auch Verschiebungsströme zum elektrischen Strom bei, die aus der zeitlichen Änderung des elektrischen Felds entstehen (Zusatzgleichung).

- **2. Maxwell-Gleichung**: das Faraday'sche Gesetz (Induktionsgesetz)

$$\oint \boldsymbol{E} \cdot \mathrm{d}l = -\frac{\mathrm{d}}{\mathrm{d}t} \int_A B_n \, \mathrm{d}A = - \int_A \frac{\partial B_n}{\partial t} \, \mathrm{d}A \tag{9.4}$$

Aussage: Ein Magnetfeld, das sich in der Zeit verändert (mittlere und rechte Seite der Gleichung), ruft ein elektrisches Feld (linke Seite der Gleichung) hervor.

- **3. Maxwell-Gleichung**: der Gauß'sche Satz für das elektrische Feld

$$\oint_A E_n \, \mathrm{d}A = \frac{1}{\varepsilon_0} \, q_{\text{innen}} \tag{9.5}$$

Aussage: Eine elektrische Ladung (rechte Seite der Gleichung) ist die Quelle eines elektrischen Felds (linke Seite der Gleichung). Die Feldlinien treten durch jede beliebige Blase, die wir uns um die Ladung herum denken, und verschwinden irgendwo hin, kehren aber nicht wieder zu der Ladung zurück.

- **4. Maxwell-Gleichung**: der Gauß'sche Satz für das Magnetfeld

$$\oint_A B_n \, \mathrm{d}A = 0 \tag{9.6}$$

Aussage: Die Zahl der Feldlinien, die durch eine Blase, die wir uns um ein magnetisches Feld denken (linke Seite der Gleichung), ist netto gleich null (rechte Seite der Gleichung). Es treten also genau so viele Feldlinien nach innen wie nach außen, jede Feldlinie kehrt zurück, die Feldlinien sind geschlossen. Folglich gibt es keinen magnetischen Monopol, denn dieser würde wie eine elektrische Ladung Feldlinien ausstrahlen, die sich im Unendlichen verlieren.

9.3 Elektrische und magnetische Felder bewegen sich als kombinierte Wellen durch den Raum

Der enge Zusammenhang zwischen elektrischen und magnetischen Feldern, den die Maxwell-Gleichungen zeigen, wird besonders bei den **elektromagnetischen Wellen** deutlich. Eine elektromagnetische Welle enthält keinerlei Ladungsträger, magnetische Teilchen oder andere Materie. Sie besteht lediglich aus einem elektrischen und einem magnetischen Feld, die untrennbar miteinander verknüpft sind und sich sogar gegenseitig erzeugen. Im Vakuum breitet sich die Welle in gerader Richtung im Raum aus und hat dabei eine konstante Geschwindigkeit c_0, die wir als Lichtgeschwindigkeit bezeichnen:

$$c_0 = \frac{1}{\sqrt{\mu_0 \, \varepsilon_0}} = 2{,}997\,924\,58 \cdot 10^8 \, \frac{\mathrm{m}}{\mathrm{s}} \tag{9.7}$$

Tipler
Abschnitt *27.3 Die Wellengleichung für elektromagnetische Wellen*

Die Lichtgeschwindigkeit hängt alleine davon ab, wie gut sich magnetische und elektrische Felder ausbreiten können, was durch die magnetische und die elektrische Feldkonstante in der Gleichung angezeigt wird. Gelangt eine elektromagnetische Welle in ein Medium, das in dieser Hinsicht „zäher" ist als das Vakuum, müssen wir die entsprechenden relativen Permeabilitäten und Permittivitäten berücksichtigen. In solchen Medien sind Licht und andere elektromagnetische Wellen deshalb langsamer als im Vakuum. Beim Symbol für die Geschwindigkeit c fehlt dann der Index $_0$, der für Angaben im Vakuum gilt.

Mathematisch setzt eine **Wellengleichung** den Rahmen für die Entwicklung und das Aussehen einer elektromagnetischen Welle in Raum und Zeit. Im Tipler ist die Herleitung schrittweise durchgeführt. Wir begnügen uns hier mit den entscheidenden Punkten. Die isolierten Wellengleichungen für den elektrischen und den magnetischen Feldvektor zeigen, dass sich beide Felder sowohl räumlich ($1/\partial x^2$) als auch zeitlich ($1/\partial t^2$) verändern:

$$\frac{\partial^2 \boldsymbol{E}}{\partial x^2} = \frac{1}{c^2}\frac{\partial^2 \boldsymbol{E}}{\partial t^2} \tag{9.8}$$

$$\frac{\partial^2 \boldsymbol{B}}{\partial x^2} = \frac{1}{c^2}\frac{\partial^2 \boldsymbol{B}}{\partial t^2} \tag{9.9}$$

Mit Hilfe der Gauß'schen Sätze aus den Maxwell-Gleichungen werden die beiden Gleichungen miteinander verknüpft. Als kombinierte Wellengleichung erhalten wir schließlich:

$$\frac{\partial B_y}{\partial x} = \mu_0\,\varepsilon_0\,\frac{\partial E_z}{\partial t} \tag{9.10}$$

Die Indizes x, y und z geben jeweils die Raumrichtungen an, wobei x die Ausbreitungsrichtung der Welle ist.

Aus der Wellengleichung und den Wellenfunktionen, die alle Bedingungen der Wellengleichung erfüllen, können wir einige wichtige Eigenschaften elektromagnetischer Wellen folgern:

- Das elektrische und das magnetische Feld sind in Phase miteinander, durchlaufen also synchron Maxima und Minima.
- Beide Felder oszillieren mit der gleichen Frequenz.
- Die Wellen sind Transversalwellen, die seitlich zur Ausbreitungsrichtung schwingen.
- Die Felder stehen senkrecht aufeinander.
- Sie stehen auch senkrecht auf der Ausbreitungsrichtung, die mathematisch aus dem Vektorprodukt $\boldsymbol{E} \times \boldsymbol{B}$ folgt.
- Auch die Feldstärken sind miteinander gekoppelt gemäß $E = c\,B$.

Abbildung 27.6 im Tipler veranschaulicht den Aufbau einer elektromagnetischen Welle schematisch.

9.4 **Eigenschaften elektromagnetischer Wellen**

Tipler

Abschnitt *27.4 Elektromagnetische Strahlung* und Beispiel 27.6

Elektromagnetische Wellen lassen sich wie andere Wellen durch ihre Frequenz ν und ihre Wellenlänge λ charakterisieren. Beide sind über die Ausbreitungsgeschwindigkeit c miteinander verknüpft:

$$c = \nu\,\lambda \tag{9.11}$$

Die verschiedenen Wellen stellen ein Kontinuum dar, das wir als **elektromagnetisches Spektrum** bezeichnen und von ultrakurzen Wellen im subatomaren Bereich bis zu extrem langen Wellen von vielen Kilometern reicht. Tabelle 27.1 im Tipler gibt einen Überblick, in dem das sichtbare Licht, dessen Wellenlängen zwischen etwa 400 nm und 780 nm liegen, besonders hervorgehoben ist. Im Teil zur Optik werden wir uns intensiver mit den Eigenschaften des Lichts beschäftigen.

Eine ganze Reihe **Quellen elektromagnetischer Strahlung** sendet Wellen verschiedener Frequenzen aus:

- Beim Übergang von Elektronen von einem höheren auf ein niedrigeres Energieniveau innerhalb von Atomen oder Molekülen wird die Energiedifferenz als elektromagnetische Welle abgegeben. Dieser Prozess begegnet uns beispielsweise bei Fluoreszenz und Phosphoreszenz.
- Ist der Energiesprung besonders groß, weil das Elektron von einer weit außen liegenden Schale auf eine der innersten Schalen fällt, erreicht die Strahlung den Bereich der Röntgenstrahlung. Die Energie hat in diesem Fall einen scharf abgegrenzten, engen Wertebereich.
- Bei einem anderen Typ von Röntgenstrahlung – der Bremsstrahlung – entsteht ein kontinuierliches Spektrum. Die Energie stammt aus der kinetischen Energie von Elektronen, die in ein Metall eindringen und dort abgebremst werden.
- Zwingt man geladene Teilchen wie Elektronen auf gebogene Bahnen oder Kreisbahnen, geben sie Synchrotronstrahlung ab. Sie kann Frequenzen vom Infrarotbereich bis zur Röntgenstrahlung annehmen.
- Heiße Körper strahlen Wellen vom infraroten bis hin zum sichtbaren Teil des Spektrums aus.
- Radiowellen entstehen, wenn elektrische Ströme in den Sendeantennen oszillieren.

Um eine Quelle herum können wir nach dem Abstand und dem Verhältnis zwischen der Ausdehnung der Quelle und der Wellenlänge **drei Zonen** unterschieden. Ist die Quelle kleiner als die Wellenlänge, sind dies:

- die Nahzone im Abstand bis zu einer Wellenlänge. In diesem Bereich ist der Wellencharakter nicht zu erkennen. Es scheint sich vielmehr um ein oszillierendes örtliches Feld zu handeln.
- die Mittelzone im Bereich weniger Wellenlängen.
- die Fernzone ab einer Distanz, die wesentlich über der Wellenlänge liegt. Erst hier sind die Welleneigenschaften gut ausgeprägt.

Die **Energiedichte einer elektromagnetischen Welle** w_{em} setzt sich zusammen aus dem elektrischen w_{el} und dem magnetischen Anteil w_{mag}. Da beide miteinander gekoppelt sind, können wir die Energiedichte auch bestimmen, wenn wir nur die Stärke eines der Felder kennen und diese quadrieren:

$$w_{em} = w_{el} + w_{mag} = \varepsilon_0\, E^2 = \frac{B^2}{\mu_0} = \frac{E\,B}{\mu_0\, c} \qquad \text{(9.12)}$$

Die **Intensität einer elektromagnetischen Welle** I_{em} ist die mittlere Leistung, die auf eine senkrecht zur Ausbreitungsrichtung stehende Flächeneinheit fällt. Da es sich um den mittleren Wert handelt, müssen wir die Effektivwerte der Feldstärken einsetzen. Durch die Multiplikation mit der Geschwindigkeit c berücksichtigen wir, wie groß der Bereich ist, der mit der Energiedichte der Welle in einer Zeiteinheit auf die Fläche trifft:

$$I_{em} = \langle w_{em} \rangle\, c = \frac{E_{eff}\, B_{eff}}{\mu_0} = \frac{1}{2}\,\frac{E_0\, B_0}{\mu_0} = \langle |S| \rangle \qquad \text{(9.13)}$$

Wir sehen, dass die Information über die Intensität auch im **Poynting-Vektor S** enthalten ist. Er ist definiert als:

$$S = \frac{E \times B}{\mu_0} \qquad \text{(9.14)}$$

Seine Richtung entspricht der Ausbreitungsrichtung der Welle und sein mittlerer Betrag deren Intensität.

Obwohl sie keine Masse hat, besitzt eine elektromagnetische Welle dennoch einen Impuls p, den sie auf Ladungen übertragen kann:

$$p = \frac{E_{em}}{c} \tag{9.15}$$

Da jede Materie über Elektronen und damit Ladungsträger verfügt, nimmt ein Körper, der eine elektromagnetische Ladung absorbiert, deren Impuls auf. Reflektiert er die Welle, erfährt er sogar einen Impuls von $2\,p$, denn die Welle trifft mit dem Impuls p auf den Körper und verlässt ihn in Gegenrichtung mit $-p$. Damit der Gesamtimpuls, der zu Anfang $+1\,p$ betragen hat, erhalten bleibt, muss der Körper nun $2\,p$ haben. Wir können uns das auch so vorstellen, dass der Körper einmal den Schwung der auftreffenden Welle übernimmt und anschließend einen zweiten Schwung, wenn sich die Welle wieder von ihm „abstößt", um in die Gegenrichtung zu verschwinden.

Den **Strahlungsdruck** P_S als Kraft pro Fläche, den die Strahlung auf einen Körper ausübt, können wir aus der Intensität oder aus den Feldstärken berechnen:

$$P_S = \frac{I_{em}}{c} = \frac{E_0\,B_0}{2\,\mu_0\,c} = \frac{E_{eff}\,B_{eff}}{\mu_0\,c} = \frac{E_0^2}{2\,\mu_0\,c^2} = \frac{B_0^2}{2\,\mu_0} \tag{9.16}$$

Beispiel
Kometen verdanken ihren Schweif dem Strahlungsdruck des Sonnenlichts, das die flüchtigen Substanzen ihrer Koma gewissermaßen „wegweht".   ◄

Verständnisfragen
25. Wie sähe der Verschiebungsstrom bei einer einfachen Schaltung mit elektrischer Gleichspannung, in der sich ein Kondensator befindet, aus?
26. Wieso widerspricht der Gauß'sche Satz für das elektrische Feld nicht der Existenz isolierter elektrischer Ladungen, ähnlich wie der Satz für das Magnetfeld der Existenz von magnetischen Monopolen widerspricht?
27. Wie verändern sich die Energiedichte, die Intensität und der Strahlungsdruck einer elektromagnetischen Welle, wenn sie sich nicht im Vakuum ausbreitet, sondern in einem anderen Medium?
28. Ein HeNe-Laser (633 nm) erzeugt einen Strahl mit der Intensität $0{,}5\,\text{W/cm}^2$.
    1. Berechnen Sie den Strahldruck auf eine schwarze bzw. verspiegelte Fläche.
    2. Berechnen Sie Frequenz und Schwingungsdauer.
    3. Wie groß sind Wellenzahl und Kreisfrequenz?
    4. Wie groß sind die Amplituden von elektrischem Feld E und magnetischem Feld B?
    5. Geben Sie die Wellenfunktion für das elektrische Feld an, wobei die z-Achse in Feldrichtung liegen soll.

Zusammenfassung

- Magnete erzeugen ein magnetisches Feld mit geschlossenen Feldlinien, die außerhalb des Magneten vom Nordpol zum Südpol weisen und im Magneten vom Südpol zum Nordpol.
- Die Einheit der Magnetfeldstärke ist das Tesla. In der Praxis ist auch das Gauß gebräuchlich, das dem zehntausendsten Teil eines Teslas entspricht.
- Bewegt sich eine elektrische Ladung durch ein Magnetfeld, wird sie von der Lorentzkraft senkrecht zu den Magnetfeldlinien und zur Bewegungsrichtung abgelenkt. Die Richtung der Lorentzkraft lässt sich mit der Rechte-Hand-Regel oder der Drei-Finger-Regel ermitteln.
- Die Lorentzkraft verändert nur die Richtung der Bewegung einer Ladung, nicht den Betrag. Sie leistet daher keine Arbeit und verändert nicht die potenzielle Energie.
- In homogenen Magnetfeldern mit hinreichender Ausdehnung kann die Ladung auf eine Kreisbahn gezwungen werden. Die Zeit für eine volle Kreisbewegung ist die Zyklotronperiode, die Zahl der Perioden pro Sekunde nennen wir Zyklotronfrequenz.
- Zyklotronperiode und -frequenz hängen auf Seite des Teilchens nur vom Masse-zu-Ladung-Verhältnis ab. In Massenspektrometern werden Proben mit Magnetfeldern nach diesem Verhältnis in ihre Komponenten zerlegt.
- Durch ein zusätzliches senkrecht stehendes elektrisches Feld kann die Wirkung der Lorentzkraft für Teilchen mit einer passenden Geschwindigkeit kompensiert werden. Eine entsprechende Schaltung agiert als Geschwindigkeitsfilter.
- Im inhomogenen Magnetfeld einer magnetischen Flasche bewegen sich die Ladungsträger spiralig um die Feldlinien, ohne die „Flasche" jemals verlassen zu können.
- Auf Permanentmagnete und Schleifen oder Spulen von elektrischen Leitern übt ein Magnetfeld ein Drehmoment aus. Die Stärke des Drehmoments ist proportional zum magnetischen Dipolmoment des Magneten und zur Stärke des Magnetfelds.
- Die Lorentzkraft sorgt in stromdurchflossenen Leitern für eine Trennung von beweglichen Ladungen und unbeweglichen Ladungsträgern. Dieser Hall-Effekt erzeugt die Hall-Spannung, die zwischen der Ober- und Unterseite des Leiters herrscht.
- Die magnetische Feldkonstante oder Permeabilität des Vakuums gibt an, wie stark die magnetische Wirkung eines Stroms ist.
- Bewegte Ladung erzeugt ein Magnetfeld, das senkrecht zur Bewegungsrichtung maximal, gerade vor und hinter der Ladung aber gleich null ist.
- Das Biot-Savart'sche Gesetz gibt an, welches Magnetfeld sich um einen stromdurchflossenen Leiter bildet.
- Aus größerer Entfernung erscheinen stromdurchflossene Schleifen wie magnetische Dipole, stromdurchflossene Spulen wie Stabmagnete.
- Zwischen zwei parallelen, stromdurchflossenen Leitern wirkt eine Kraft, die durch die Magnetfelder vermittelt wird. Verläuft der Strom in beiden Leitern in die gleiche Richtung, ist die Kraft anziehend, bei entgegengesetzter Richtung wirkt sie abstoßend.
- Die Kraft zwischen den parallelen, stromdurchflossenen Leitern ist Basis der Definition der Einheit Ampere.
- Aus dem Gauß'schen Satz für Magnetfelder geht hervor, dass es keine magnetischen Monopole gibt.
- Die Magnetisierung eines Materials gibt an, wie groß sein magnetisches Moment ist, wenn wir es in ein äußeres Magnetfeld bringen.
- Magnetismus geht vor allem auf den Bahndrehimpuls und den Spin des Elektrons zurück. Die Beiträge des Atomkerns sind vergleichsweise gering.
- Als Vergleichsgröße für Magnetismus auf atomarer Ebene bietet sich das Bohr'sche Magneton an.

- Ein Material kann durch parallele Ausrichtung aller magnetischen Momente maximal die Sättigungsmagnetisierung erreichen.
- Die magnetische Suszeptibilität gibt an, wie sehr sich ein Material durch ein äußeres Magnetfeld magnetisieren lässt.
- Die relative Permeabilität ist der Faktor, um den ein Medium ein Magnetfeld verstärkt.
- In paramagnetischen Materialien werden zufällig orientierte magnetische Dipole im Körper durch ein äußeres Magnetfeld teilweise ausgerichtet. Der Körper erzeugt dadurch ein schwaches eigenes Magnetfeld, das parallel zum externen Magnetfeld verläuft und bewirkt, dass der Körper in Bereiche mit einer größeren Feldstärke gezogen wird.
- In ferromagnetischen Materialien sind die magnetischen Momente innerhalb mikroskopischer magnetischer Domänen oder Weiß'scher Bezirke parallel zueinander ausgerichtet. Solange diese Domänen zufällig orientiert sind, ist der Körper aber nach außen nicht magnetisch. In einem schwachen externen Magnetfeld richten sich die Domänen aus und erzeugen ein großes magnetisches Moment.
- Das magnetische Moment eines ferromagnetischen Materials bleibt häufig durch Hysterese auch nach Abschalten des äußeren Magnetfelds als Remanenzfeld erhalten.
- Oberhalb der Curie-Temperatur geht Ferromagnetismus aufgrund der Wärmebewegungen in Paramagnetismus über.
- Ferrimagnetismus tritt in Materialien auf, die in jedem Zentrum zwei ungleiche, einander entgegengerichtete magnetische Momente haben.
- Alle Materialien sind diamagnetisch. Ein äußeres Magnetfeld induziert in ihnen ein schwaches, entgegengesetztes magnetisches Moment, durch welches das Objekt aus stärkeren Feldbereichen herausgedrückt wird. In paramagnetischen und ferromagnetischen Materialien fällt der schwache Diamagnetismus nicht auf.
- Der magnetische Fluss entspricht der Anzahl der Magnetfeldlinien, die durch eine Fläche treten.
- Änderungen im magnetischen Fluss erzeugen nach dem Faraday'schen Gesetz in Leitern eine Induktionsspannung.
- Nach der Lenz'schen Regel ist die Induktionsspannung stets so orientiert, dass sie ihrer Ursache entgegen wirkt.
- Selbstinduktion tritt auf, wenn der elektrische Strom durch eine Spule ein Magnetfeld erzeugt, das bei seinem Aufbau einen Ladungsfluss hervorruft, der dem Stromfluss entgegen gerichtet ist.
- Die Induktivität einer Spule gibt an, wie gut sie einen Stromfluss in einen magnetischen Fluss umsetzt.
- Benachbarte Stromkreise sind über das Magnetfeld induktiv miteinander gekoppelt. Diese Gegeninduktion wird vor allem in Transformatoren genutzt.
- Jede Bewegung eines Leiters in einem Magnetfeld, bei welcher sich der magnetische Fluss im Leiter verändert, ruft eine Induktionsspannung hervor.
- In Wechselstromgeneratoren und -motoren wird die Veränderung des magnetischen Flusses durch Drehung der Spule genutzt.
- Innerhalb von elektrisch leitenden Materialien fließen bei Induktion Wirbelströme, die eingebrachte Energie in Wärme umwandeln.
- In Magnetfeldern ist Energie gespeichert, die mit Spulen erweitert oder genutzt werden kann.
- Die effektive Spannung und die effektive Stromstärke von Wechselstrom entsprechen den Gleichstromwerten, mit welchen die gleiche Leistung umgesetzt würde.
- Bei einem sinus- oder cosinusförmigen Verlauf der Wechselspannung und des Stroms liegen die effektiven Werte um den Faktor $\sqrt{2} \approx 0{,}7$ niedriger als die Maximalwerte.

- Spulen haben in Wechselstromkreisen einen induktiven Widerstand. Die Phase der Spannung ist der Stromphase um 90° voraus.
- Kondensatoren zeigen in Wechselstromkreisen einen kapazitiven Widerstand. Die Phase des Stroms ist der Spannungsphase um 90° voraus.
- Transformatoren wandeln nahezu ohne Leistungsverlust Spannungen im Verhältnis der Windungszahlen der Spulen um.
- Neben fließenden Ladungsträgern rufen auch elektrische Felder, die sich verändern, als Verschiebungsstrom Magnetfelder hervor.
- Aus den vier Maxwell-Gleichungen lassen sich alle Eigenschaften von elektrischen und magnetischen Feldern und Strömen ableiten.
- Das erweiterte Durchflutungsgesetz sagt aus, dass ein elektrischer Strom ein Magnetfeld mit geschlossenen Feldlinien erzeugt.
- Nach dem Induktionsgesetz ruft ein sich veränderndes Magnetfeld ein elektrisches Feld hervor.
- Dem Gauß'schen Satz für das elektrische Feld zufolge sind Ladungen der Ursprung elektrischer Feldlinien.
- Der Gauß'sche Satz für das Magnetfeld beschreibt geschlossene Magnetfeldlinien, die keinen Anfang oder Ende haben. Es gibt keinen magnetischen Monopol.
- Elektromagnetische Wellen breiten sich als Kombination von elektrischen und magnetischen Feldern in einer Richtung im Raum aus. Alle drei Größen stehen senkrecht aufeinander. Die Felder oszillieren mit der gleichen Frequenz und sind in Phase miteinander.
- Die charakteristischen Größen für elektromagnetische Wellen sind ihre Frequenz und ihre Wellenlänge. Ihre Geschwindigkeit ist im Vakuum konstant.
- Eine der Quellen elektromagnetischer Wellen ist der Übergang eines Elektrons von einem höheren auf ein niedrigeres Energieniveau innerhalb eines Atoms oder Moleküls.
- Erst in einer Entfernung von mehreren Wellenlängen von der Quelle zeigen sich die Welleneigenschaften einer elektromagnetischen Welle. In größerer Nähe erscheint sie wie ein stationäres oszillierendes Feld.
- Eine elektromagnetische Welle besitzt einen Impuls, den sie bei Absorption oder Reflexion übertragen kann. Sie übt dabei einen Strahlungsdruck auf den betroffenen Körper aus.

Optik

Inhaltsverzeichnis

Kapitel 10   Eigenschaften des Lichts – 93

Kapitel 11   Geometrische Optik – 105

Kapitel 12   Interferenz und Beugung – 121

- **Lernziele**

Dieser Buchteil erarbeitet die physikalischen Gesetze, nach denen sich Licht ausbreitet und mit Materie sowie anderen Lichtstrahlen interagiert. Sie sollten nach dem Studium Effekte wie Reflexion, Brechung, Streuung, Beugung, Polarisation und Interferenz verstanden haben, ihren Einfluss auf die Ausbreitungsrichtung und die Intensität eines Lichtstrahls kennen und berechnen können. Außerdem sollten Sie die Funktionsweise optischer Instrumente wie Lupe und Mikroskop erfasst haben und ihre Auflösungs beschränkungen kennen.

Eigenschaften des Lichts

10.1   Licht ist immer gleich schnell – 94

10.2   Ungestörtes Licht breitet sich geradlinig aus – 94

10.3   Materie hält Licht auf – 95

10.4   Licht wird an Grenzflächen reflektiert – 96

10.5   Licht wird beim Übergang in ein neues Medium gebrochen – 98

10.6   Licht kann polarisiert werden – 99

10.7   Das Miteinander vieler Atome verwischt ihre scharfen Spektrallinien – 102

© Springer-Verlag GmbH Deutschland, ein Teil von Springer Nature 2020
O. Fritsche, *Physik für Chemiker II*, https://doi.org/10.1007/978-3-662-60352-9_10

Licht ist die wichtigste physikalische Größe, mit der wir Informationen über eine chemische Substanz gewinnen. Anhand der spektralen Anteile des einfallenden weißen Lichts, das ein Stoff reflektiert, können wir Aussagen über seine Zusammensetzung machen, die beim Gebrauch eines Spektrometers oftmals bis hin zur molekularen Struktur reichen. Nehmen wir die spektralen Veränderungen in der Zeit auf, lassen sich sogar chemische Reaktionen verfolgen. Um die Arbeitsweise und die Grenzen der dabei verwendeten optischen Methoden zu kennen, müssen wir wissen, welche weiteren Effekte in den verschiedenen Medien, durch welche das Licht fällt, und an deren Grenzflächen auftreten.

In diesem Kapitel werden wir die grundlegenden Gesetze kennenlernen, nach denen sich Licht ausbreitet und mit Materie interagiert.

10.1   Licht ist immer gleich schnell

Tipler

Abschn. 28.1 *Die Lichtgeschwindigkeit* und Beispiele 28.1 und 28.2

Die Geschwindigkeit des Lichts im Vakuum ist die größte Geschwindigkeit, mit der sich Informationen ausbreiten können. Als „Information" gilt in diesem Fall schon das Wissen, ob eine Lichtquelle gerade *an* oder *aus* ist. Nichts kann uns diese Nachricht schneller übermitteln als das Licht selbst. Doch auch die Lichtgeschwindigkeit ist begrenzt. Im Tipler sind verschiedene historische Experimente aufgeführt, mit denen frühere Wissenschaftler versucht haben, ihren Wert immer genauer zu bestimmen. Mittlerweile ist die **Vakuumlichtgeschwindigkeit** c per Definition festgelegt, ihr Wert ist also exakt:

$$c = 299\,792\,458\,\text{m/s} \tag{10.1}$$

Für die meisten Rechnungen reicht es aus, wenn wir den gerundeten Wert von $3 \cdot 10^8$ m/s verwenden.

> **Wichtig**
>
> Die Einheit *Meter* ist über die Sekunde und die Lichtgeschwindigkeit definiert als diejenige Strecke, die das Licht im Vakuum in $1/299\,792\,458$ s zurücklegt. Wenn es gelingt, die Ausbreitung des Lichts mit neuen Methoden genauer als bisher zu messen, wird deshalb nicht der Wert der Lichtgeschwindigkeit angepasst, sondern die Länge des Meters. Die Änderungen sind aber so winzig, dass sie für alltägliche Prozesse oder chemische Abläufe keine Bedeutung haben.   ◄

10.2   Ungestörtes Licht breitet sich geradlinig aus

Tipler

Abschn. 28.2 *Die Ausbreitung des Lichts*

Im Vakuum breiten sich alle elektromagnetischen Wellen mit Lichtgeschwindigkeit aus. Als **Licht** im engeren Sinne bezeichnen wir Wellen, die wir mit dem bloßen Auge wahrnehmen können. Dies trifft auf einen Wellenlängenbereich von etwa 400 nm bis 780 nm zu, wobei manche Menschen auch leicht kürzer- oder längerwelliges Licht sehen können.

Im Vergleich zum Maßstab von Atomen und Molekülen, die meistens einige Zehntel bis wenige Nanometer messen, ist eine Wellenlänge des Lichts recht groß. Atome und Moleküle nehmen Licht deshalb als lokales oszillierendes magnetisches und elektrisches Feld wahr und bemerken nicht dessen Ausbreitung. Stattdessen machen sich hier Eigenschaften wie die Schwingungsebene der Felder bemerkbar, die uns später begegnen werden, wenn wir die Polarisation des Lichts besprechen.

Verfolgen wir eine Lichtwelle hingegen über makroskopische Strecken von Millimetern aufwärts, ist die Wellenlänge so klein, dass wir sie vernachlässigen dürfen. Stattdessen können wir das Licht als einen **Lichtstrahl** betrachten, der sich in die Ausbreitungsrichtung erstreckt. Bewegt sich das Licht durch ein homogenes

Medium, verläuft dieser Strahl geradlinig. Erst, wenn er auf die Grenze zu einem neuen Medium stößt, ändert sich seine Richtung. Was genau mit dem Lichtstrahl passiert, hängt von der Geometrie und den Eigenschaften der Medien ab. Trifft der Strahl direkt auf ein anderes Material, treten zwei Effekte auf:

- Ein Teil des Lichts wird durch **Reflexion** zurückgeworfen.
- Der zweite Teil wird an dem Übergang durch **Brechung** geknickt und verläuft im neuen Medium in anderer Richtung weiter.

Bildet das andere Medium keinen einheitlichen Körper oder besteht es aus einem undurchlässigen Material mit kleinen Durchlässen, zeigt Licht andere Verhaltensweisen:

- An kleinen Teilchen, die etwa Ausmaße im Bereich der Wellenlänge haben, wird es durch **Streuung** in alle Richtungen abgelenkt.
- An den Kanten größerer undurchsichtiger Objekte gelangt es durch **Beugung** in den Schattenbereich, den es nicht erreichen könnte, wenn es sich rein geradlinig ausbreiten würde.

10.3 Materie hält Licht auf

Wenn Licht durch Materie fällt – sei es nun ein Gas wie Luft, eine Flüssigkeit wie Wasser oder ein Festkörper wie Glas –, reagieren die Atome auf die elektrischen und magnetischen Felder. Wir können uns das so vorstellen, dass die Teilchen das Licht absorbieren (es sozusagen „schlucken") und gleich danach wieder emittieren (es wieder aussenden). Dieser Prozess verläuft sehr schnell, braucht aber dennoch eine gewisse Zeit. Bei Flüssigkeiten und Festkörpern kommt noch hinzu, dass benachbarte Teilchen auf die Veränderung ansprechen und dadurch die Zeit zwischen Absorption und Emission beeinflussen. Zusammen bewirkt dies alles, dass die elektromagnetische Welle gebremst wird und sich das Licht in Materie langsamer ausbreitet als im Vakuum.

Tipler
Abschn. 28.3 *Reflexion und Brechung*

Das Verhältnis zwischen der Vakuumlichtgeschwindigkeit c und der verringerten Lichtgeschwindigkeit im Medium c_n nennen wir die **Brechzahl** oder den **Brechungsindex** n:

$$n = \frac{c}{c_n} \tag{10.2}$$

Je größer die Brechzahl eines Mediums ist, desto **optisch dichter** ist das jeweilige Material. Die optische Dichte muss dabei nicht unbedingt mit der mechanischen Dichte (Masse pro Volumen) übereinstimmen.

Die Brechzahl von Luft liegt bei $n = 1{,}0003$, Licht wird also in Luft kaum gebremst. Bei Wasser beträgt sie aber bereits $n = 1{,}33$, sodass Licht im Wasser ein Drittel mehr Zeit benötigt als im Vakuum oder an Luft. In Glas mit einer Brechzahl von rund 1,5 bis 1,9 ist es noch langsamer.

Neben der Ausbreitungsgeschwindigkeit ändert die Brechzahl auch die Wellenlänge des Lichts, da es mit seinem geringeren Tempo im Medium pro Zeiteinheit eine kürzere Strecke zurücklegt. Die Wellenlänge im Medium λ' erhalten wir, indem wir die Wellenlänge im Vakuum λ durch die Brechzahl teilen:

$$\lambda' = \frac{\lambda}{n} \tag{10.3}$$

Die Frequenz ν bleibt hingegen in allen Medien gleich.

Schließlich ist das Verhältnis der Brechzahlen der beteiligten Medien an einer Grenzfläche einer der Faktoren, die bestimmen, welcher Anteil des Lichts reflektiert wird und welcher in das neue Material eintritt. Die exakten Gleichungen sind kompliziert, lediglich für den Spezialfall, dass das Licht direkt von oben mit dem Einfallslot senkrecht auf die Oberfläche trifft, erhalten wir eine einigermaßen verständliche Formel:

$$I = \left(\frac{n_1 - n_2}{n_1 + n_2}\right)^2 \cdot I_0 \qquad (10.4)$$

Hierin ist I die Intensität des reflektierten Lichts, I_0 die Intensität des einfallenden Lichts und n_1 und n_2 die Brechzahlen. Setzen wir die Werte für Luft und Wasser ein, stellen wir fest, dass lediglich 2 % des senkrecht einfallenden Lichts reflektiert werden, an einer Grenzfläche von Luft zu Glas sind es rund 4 %. Je größer der Unterschied in den Brechzahlen ist, umso mehr Licht wird folglich reflektiert.

Beispiel

Für optische Messverfahren bringen wir die Probe meistens in Lösung und geben sie in einen durchsichtigen Testbehälter wie eine Küvette, die wir dann in den Strahlengang stellen. In Fotometern bestimmen wir dann beispielsweise, welchen Anteil des Lichts die Probe absorbiert. Dabei kann sich leicht ein systematischer Fehler in die Messung einschleichen, wenn wir nicht berücksichtigen, dass das Messlicht an jeder Grenzschicht zwischen Luft, Küvettenglas und Lösung teilweise reflektiert und dadurch geschwächt wird. Die einfachste Methode, die Reflexion schon während der Messung einzuplanen, besteht darin, zuvor die Küvette mit reinem Lösungsmittel ohne Probe in den Strahlengang zu stellen und den erhaltenen Wert als Nullwert zu verwenden.   ◄

Im Tipler werden Reflexion und Brechung von Licht in einem gemeinsamen Abschnitt behandelt. Das entspricht der physikalischen Realität, denn an jeder Grenzfläche zwischen zwei Medien treten beide Effekte gleichzeitig auf: Selbst das reinste Glas spiegelt einen Teil des auffallenden Lichts, und sogar in absolut undurchsichtige Metalloberflächen dringt ein wenig Licht in die oberen Atomlagen ein (Abbildung 28.5 im Tipler). Trotzdem ist es übersichtlicher, wenn wir den beiden Phänomenen eine eigene Überschrift widmen und sie uns getrennt voneinander ansehen. Deshalb besprechen wir in den folgenden Abschnitten zunächst die Reflexion und im Anschluss die Brechung von Licht.

10.4 Licht wird an Grenzflächen reflektiert

Tipler

Abschn. 28.3 *Reflexion und Brechung* und Übungen 28.1 und 28.2

In welche Richtung sich Licht ausbreitet, können wir aus dem Huygens'schen Prinzip ableiten, wonach jeder Punkt einer Welle selbst zum Ausgangspunkt einer Elementarwelle wird und die Überlagerung aller Elementarwellen die weitere Ausbreitungsrichtung festlegt. Auf diese Weise erhalten wir für einen Lichtstrahl, der im Einfallswinkel θ_1 oder $\theta_{\mathrm{Einfall}}$ zum Einfallslot auf eine Grenzfläche zwischen zwei Medien trifft, einen Reflexionswinkel θ_1 oder $\theta_{\mathrm{Reflexion}}$, in dem er seinen Weg fortsetzt (Abbildungen 28.5 und 28.6 im Tipler). Betragsmäßig sind beide Winkel gleich groß, sodass wir uns das **Reflexionsgesetz** durch den Spruch *Einfallswinkel gleich Ausfallswinkel* merken können. Mathematisch formuliert:

$$\theta_1 = \theta_1 \qquad (10.5)$$

$$\theta_{\mathrm{Einfall}} = \theta_{\mathrm{Reflexion}} \qquad (10.6)$$

Die beiden Strahlen spannen die **Einfallsebene** auf – die gedachte flache Ebene, auf der die Strahlen verlaufen.

Ist die Grenzfläche, an welcher das Licht reflektiert wird, glatt, wirkt sie wie ein Spiegel: Wir können das Objekt, von dem das Licht ausgeht, deutlich erkennen

(Abb. 28.8 im Tipler). Dementsprechend nennen wir diesen Typ **Spiegelreflexion** oder reguläre Reflexion. **Diffuse Reflexion** zerstört hingegen den bildlichen Eindruck, da die Strahlen auf der rauen Oberfläche, die diesen Typ auslöst, in verschiedene Richtungen reflektiert werden (Abb. 28.9 im Tipler). Flächen mit diffuser Reflexion erscheinen uns häufig matt.

Beispiel

Diffuse Reflexion begegnet uns bei rauem Papier, wie es in Büchern verwendet wird, und bei „entspiegelten" Monitoren. In der Chemie entsteht das Weiß vieler Pulver durch diffuse Reflexion an der zerklüfteten Oberfläche der Körnchen. Regelmäßig gewachsene Kristalle haben hingegen häufig glatte Facetten, an denen Spiegelreflexion stattfindet, die ihnen einen gewissen Glanz verleiht.   ◀

In Gl. 10.4 haben wir den Anteil des Lichts berechnet, der reflektiert wird, wenn seine Strahlen senkrecht auf eine Oberfläche treffen. Er liegt in der Regel bei wenigen Prozent. Je weiter der Einfallswinkel vom Einfallslot abweicht, desto mehr nimmt die Reflexion zu. Ihr Anteil kann theoretisch sogar 100 % betragen. Diese **Totalreflexion** findet aber nur unter bestimmten Bedingungen statt:

- Das Licht muss aus einem optisch dichteren Medium auf ein optisch dünneres Medium treffen. Dies trifft beispielsweise für einen Lichtstrahl zu, der aus einem Wasserbecken kommt und an der Oberfläche auf die Grenze zur Luft trifft (Abb. 28.10 im Tipler).
- Der Einfallswinkel muss größer sein als der **Grenzwinkel** oder **kritische Winkel** (Abb. 28.10 im Tipler). Das Licht muss also flach genug auf die Grenzschicht fallen.

Den kritischen Winkel θ_k können wir aus den Brechzahlen der Medien berechnen:

$$\sin \theta_k = \frac{n_2}{n_1} \qquad\qquad (10.7)$$

Unter diesem Winkel wird das Licht beim Versuch, in das optisch dünnere Medium zu wechseln, so stark gebrochen, dass es genau an der Grenzfläche entlang verläuft. Es kann das optisch dichtere Medium nicht wirklich verlassen. Ist der Einfallswinkel größer als der kritische Winkel, wird das Licht vollständig in das optisch dichtere Medium zurückgeworfen. In Übung 28.1 im Tipler berechnen wir den Grenzwinkel für den Übergang von Wasser zu Luft und stellen fest, dass wir beim Tauchen wegen der Totalreflexion alles außerhalb des Wassers in einem kegelförmigen Ausschnitt sehen.

Beispiel

Mit Hilfe der Totalreflexion wird Licht in optischen Geräten wie Fotometern nahezu verlustfrei umgelenkt. Dazu lässt man das Licht senkrecht in Glasprismen einfallen. Wegen des geringen Winkels liegt der Reflexionsverlust beim Eintritt nur im Prozentbereich. An der hinteren Seite des Prismas liegt der Winkel bei 45° und damit höher als der kritische Winkel für die Totalreflexion am Übergang von Glas zu Luft von 41,8° (Abb. 28.13 im Tipler). Die Lichtstrahlen werden daher – je nach Orientierung des Prismas – vollständig im Winkel von 90° oder 180° umgelenkt, bevor sie das Prisma wieder verlassen.   ◀

Beispiel

In Lichtleitern werden Lichtstrahlen, die an einem Ende eintreten, an den Seitenwänden durch Totalreflexion gespiegelt, bis sie am anderen Ende die Faser wieder verlassen können (Abb. 28.14 im Tipler). Durch ganze Bündel von parallel angeordneten Fasern kann auf diese Weise Licht zur Beleuchtung um Kurven und Biegungen gelenkt werden. Oder es werden wie bei der Endoskopie Bilder aus schwer zugänglichen Bereichen übermittelt.   ◄

10.5 Licht wird beim Übergang in ein neues Medium gebrochen

Tipler

Abschn. 28.3 *Reflexion und Brechung* und Beispiel 28.3

Licht, das an der Grenzfläche nicht reflektiert wird, tritt in das neue Medium ein und wird dabei vom geraden Weg abgelenkt oder gebrochen. Grund für die **Lichtbrechung** ist die veränderte Wellenlänge. Sie ist in einem optisch dichteren Medium kleiner als in einem optisch dünneren Stoff. Dadurch interferieren die Elementarwellen, die nach dem Huygens'schen Prinzip von jedem Punkt im Bereich der Welle ausgesandt werden, so, dass die Lichtstrahlen von der Grenzfläche weg, auf das Einfallslot zu geknickt verlaufen.

Nach dem **Snellius'schen Brechungsgesetz** ist beim Übergang von einem optisch dünneren Medium in ein optisch dichteres Medium der **Brechungswinkel** θ_2 zwischen dem gebrochenen Strahl und dem Einfallslot kleiner als der Einfallswinkel θ_1 (Abb. 28.5 im Tipler):

$$n_1 \cdot \sin \theta_1 = n_2 \cdot \sin \theta_2 \tag{10.8}$$

Fällt das Licht umgekehrt aus einem optisch dichteren in ein optisch dünneres Medium, wird es vom Einfallslot weg in Richtung der Grenzfläche gebrochen. Das Brechungsgesetz gilt auch in diese Richtung.

Die Brechzahl, die bestimmt, wie stark ein Lichtstrahl abgelenkt wird, ist keine feste Materialkonstante, sondern hängt zusätzlich von weiteren Parametern ab:

- Von der Temperatur. Wir können die Abhängigkeit bei heißem Wetter als **Luftspiegelungen** beobachten, wenn sich die Luft in Bodennähe stärker erwärmt als die darüber liegenden Schichten. Die warme Luft dehnt sich aus und wird dabei auch optisch dünner – die Brechzahl nimmt ab. Lichtstrahlen, die sich aus kühleren Lagen nach unten in den optisch dünneren Bereich ausbreiten, werden auch ohne scharfe Grenzfläche nach oben abgelenkt, und wir sehen eine Fata Morgana (Abb. 28.15 im Tipler).

- Von der Wellenlänge. Die Atome der meisten Medien halten elektromagnetische Wellen mit großen Wellenlängen weniger auf. Kurze Wellenlängen haben eine etwas höhere Brechzahl. Diese normale **Dispersion** ist im Bereich des sichtbaren Lichts gering, und die Differenzen bleiben im Bereich der zweiten Nachkommastelle (Abb. 28.16 im Tipler). Trotzdem reicht der Effekt aus, um weißes Licht an den Grenzflächen eines Prismas in seine Spektralfarben aufzufächern (Abb. 28.17 im Tipler). Je kürzer die Wellenlänge eines Lichtstrahls, desto stärker wird er gebrochen. Bei der anomalen Dispersion, wie wir sie beim Fuchsin beobachten können, ist die Wellenlängenabhängigkeit umgekehrt.

10.6 Licht kann polarisiert werden

Das elektrische Feld eines Lichtstrahls schwingt senkrecht zur Ausbreitungsrichtung des Strahls (zur Erinnerung Abb. 27.12 im Tipler). Normalerweise sind die Schwingungsebenen mehrerer Strahlen jedoch voneinander unabhängig, sodass jeder Strahl seine eigene Ebene hat. Es gibt aber vier Methoden, Strahlen zu erzeugen, deren elektrische Felder parallel zueinander in der gleichen Ebene oszillieren und damit eine **linear polarisierte Welle** bilden:

Tipler
Abschn. 28.5 *Polarisation* und Beispiel 28.4

- Absorption
- Reflexion
- Streuung
- Doppelbrechung

Polarisation durch Absorption tritt auf, wenn ein Material Licht, dessen elektrisches Feld in einer Ebene schwingt, absorbiert, aber Licht mit einer anderen Schwingungsebene durchlässt. Wie ein Sieb hält es einen Teil auf, und nur Strahlen mit der passenden Eigenschaft dürfen passieren. In der Praxis lassen sich solche **Polarisationsfilter** aus bestimmten Kristallen oder aus speziellen Kunststofffolien herstellen.

In diesen Polarisationsfolien befinden sich langkettige Kohlenwasserstoffmoleküle, die durch Streckung parallel zueinander ausgerichtet und mit Iod versetzt wurden. Fällt eine Welle, deren Polarisationsrichtung ebenfalls parallel verläuft, auf die Folie, verschiebt das oszillierende elektrische Feld die beweglichen Elektronen der Moleküle, die dabei die Energie des Lichts aufnehmen und es absorbieren. Steht das Feld einer Welle dagegen senkrecht zu den gestreckten Molekülen, können dessen Elektronen der Oszillation nicht folgen, und die Welle wird durchgelassen. Die Durchlassrichtung senkrecht zu den Molekülen wird als **Transmissionsachse** bezeichnet.

Häufig steht die Polarisationsrichtung des Lichts weder genau parallel noch genau senkrecht zu den filternden Molekülen. Dann richtet sich der Anteil des transmittierten (durchgelassenen) Lichts nach dem Winkel θ zwischen der Schwingungsebene des elektrischen Felds (der Polarisationsrichtung) und der Transmissionsachse. Fällt Licht mit der Amplitude E_{Einfall} auf den Filter, können wir dahinter noch die Amplitude E_{trans} messen:

$$E_{\text{trans}} = E_{\text{Einfall}} \cdot \cos\theta \tag{10.9}$$

Da sich die Intensitäten aus dem Quadrat der Amplituden berechnen, gilt nach dem **Malus'schen Gesetz**:

$$I_{\text{trans}} = I_{\text{Einfall}} \cdot \cos^2\theta \tag{10.10}$$

Für analytische Messungen werden meist zwei Polarisationsfilter hintereinander angeordnet, wie es in Abb. 28.32 im Tipler zu sehen ist. Der erste Filter oder **Polarisator** lässt vom ungeordnet einfallenden Licht nur den richtig orientierten Anteil durch. Die Intensität sinkt dadurch auf die Hälfte herab, aber das transmittierte Licht ist nun linear polarisiert und kann auf eine Probe treffen, die in der Abbildung im Tipler nicht gezeigt ist. Hinter der Probe befindet sich der zweite Filter oder **Analysator,** dessen Transmissionsachse bezogen auf den Polarisator gekippt ist. Wie viel Licht durch den Analysator geht, hängt von diesem Winkel ab und davon, ob die Probe zwischendrin die Polarisationsrichtung verändert hat. Im Extremfall, wenn die Transmissionsachsen der Filter senkrecht aufeinander stehen, also Polarisator und Analysator *gekreuzt* sind, kommt überhaupt kein Licht hinter dem Analysator an.

Beispiel

Mit einem Aufbau aus Polarisator und Analysator können wir die optische Aktivität chiraler Moleküle messen. Organische Verbindungen, bei denen mindestens ein Kohlenstoffatom vier verschiedenen Liganden trägt, kommen in stereoisomeren Formen vor, die sich nicht durch Drehungen miteinander in Deckung bringen lassen, sondern spiegelbildlich zueinander aufgebaut sind wie linke und rechte Hand. Fällt linear polarisiertes Licht auf eine Lösung einer chiralen Substanz, können deren bewegliche Elektronen den Oszillationen des elektrischen Felds in eine Richtung des asymmetrischen Moleküls leichter folgen als in die andere. Das hat zur Folge, dass die Moleküle die Polarisationsrichtung des Lichts drehen – je nach Konfiguration nach rechts (im Namen der Substanz durch ein (+) angezeigt) oder nach links (mit einem (−) deutlich gemacht). Der Drehwinkel hängt von der optisch aktiven Substanz ab.   ◀

Polarisation durch Reflexion findet an ebenen Grenzflächen zwischen Medien wie Luft und Glas oder Luft und Wasser statt. Der Grad der Polarisierung hängt dabei vom Einfallswinkel ab. Entspricht er dem **Brewsterwinkel** oder **Polarisationswinkel** θ_p, ist das reflektierte Licht vollständig polarisiert (Abb. 28.34 im Tipler).

$$\tan \theta_p = \frac{n_2}{n_1} \tag{10.11}$$

Die Polarisationsebene des reflektierten Lichts steht senkrecht zur Einfallsebene. Um dies zu verstehen, müssen wir uns die Abläufe an der Grenzfläche im atomaren Bereich vorstellen. Licht, das auf das neue Medium fällt, regt dessen Atome zum Schwingen an, die daraufhin das Licht wieder emittieren. Dabei geben sie es aber nicht in alle Richtungen gleichmäßig ab. Entlang der Schwingungsachse ist die Intensität des emittierten Lichts gleich null. Wellen, deren elektrisches Feld in der Einfallsebene von Einfallswinkel und Reflexionswinkel oszilliert, werden deshalb aussortiert. Sie wandern vollständig in das Material hinein und werden nicht reflektiert. Senkrecht zur Einfallsebene ist die Emission dagegen maximal. Derartig orientierte Wellen werden deshalb gut gespiegelt.

Das gebrochene Licht, das im Material weiterwandert, ist teilweise polarisiert, da ihm der kleine reflektierte Anteil fehlt.

Beispiel

In der Natur begegnet uns durch Reflexion polarisiertes Licht an Gewässern, deren Oberflächen das einfallende Licht linear polarisiert zurückwerfen. Auch ein Regenfilm auf nassen Straßen hat diesen Effekt. Insekten, die polarisiertes Licht erkennen, werden dadurch mitunter in die Irre geführt. Sie halten die Straßen für Flüsse und versuchen, ihre Eier in das Wasser abzulegen.   ◀

Bei der **Polarisation durch Streuung** stoßen wir auf den gleichen Effekt, den wir eben als Grund für die Polarisation durch Reflexion erkannt haben: Licht, das auf streuende Teilchen wie Fetttröpfchen in verdünnter Milch oder Staubteilchen in Luft trifft, wird von diesen absorbiert und ungleich in die drei Raumrichtungen wieder emittiert. Wie wir in Abb. 28.36 im Tipler sehen, werden Wellen, deren elektrisches Feld entlang der x-Achse auf und ab oszilliert, nur in y-Richtung ausgestrahlt, Wellen mit einer seitlichen Polarisationsrichtung entlang der y-Achse können nur in x-Richtung abgegeben werden.

Allgemein können wir uns merken, dass gestreutes Licht so polarisiert ist, dass sein elektrisches Feld senkrecht zur Einfallsrichtung und zur Ausbreitungsrichtung nach der Streuung oszilliert. Allerdings verliert sich der Effekt in der Realität mit zunehmender Entfernung, weil das gestreute Licht bald auf das nächste Streuzentrum trifft. Im Labormaßstab können wir die Polarisation aber nachweisen, indem wir durch einen Polarisationsfilter sehen und diesen drehen. Das gestreute Licht kann dann je nach Winkel mehr oder weniger gut durch den Filter treten.

Beispiel

Der Himmel erhält seine blaue Farbe durch Streuung des weißen Sonnenlichts an den Molekülen der Luft, die viel kleiner sind als die Wellenlänge. Blaues Licht wird dabei stärker abgelenkt als rotes. Schauen wir mit dem Rücken zur Sonne stehend an den Himmel, erreicht deshalb mehr blaues Licht, dessen Weg leichter durch Streuung zu „verbiegen" ist, unser Auge. Dieses Licht ist außerdem durch die Streuung polarisiert. Am kräftigsten ist die Polarisation senkrecht zum Einfallswinkel der Sonnenstrahlen, also bei einer seitlich stehenden Sonne. Die Augen vieler Insekten wirken wie Polarisationsfilter, und die Tiere nutzen die Ausrichtung des Lichts zur Orientierung am Sonnenstand. ◄

Polarisation durch Doppelbrechung ist ein eher seltenes Phänomen, das bei einigen besonderen Materialien wie Calcit ($Ca[CO_3]$) zu beobachten ist. Ihnen ist gemeinsam, dass die Geschwindigkeit des Lichts in dem Material von der Richtung und der Polarisation abhängt.

Doppelbrechende Stoffe haben eine besondere Richtung, in der alles ganz normal abläuft. Licht, das entlang dieser **optischen Achse** fällt, tritt ohne Auffälligkeiten durch das Material. Ist der Einfallswinkel aber gegenüber der optischen Achse geneigt, spaltet sich der Lichtstrahl auf in einen *ordentlichen Strahl* (o-Strahl), der sich auf herkömmliche Weise fortsetzt, und einen *außerordentlichen Strahl* (ao-Strahl), der häufig vom geraden Weg abknickt (Abb. 28.37 im Tipler). Beide Strahlen wandern mit unterschiedlichen Geschwindigkeiten und sind senkrecht zueinander polarisiert.

In dem speziellen Fall, dass ein Lichtstrahl senkrecht auf die Oberfläche eines doppelbrechenden Materials trifft und außerdem senkrecht zur optischen Achse einfällt, wird er zwar ebenfalls in zwei polarisierte Teilstrahlen aufgespalten, doch diese Strahlen verlaufen in die gleiche Richtung. Sie erscheinen deshalb wie ein einziger Strahl. Allerdings sind ihre Geschwindigkeiten unterschiedlich, sodass der eine Strahl dem anderen ein Stück voraus ist und eine leicht größere Wellenlänge hat. Die beiden Strahlen sind somit nicht mehr in Phase. Wie groß die Differenz ist, hängt von der Schichtdicke ab, die sie durchquert haben. Bei einem sogenannten **$\lambda/2$-Plättchen** ist die Dicke so gewählt, dass die Phasen der austretenden Strahlen gerade um eine halbe Wellenlänge gegeneinander verschoben sind. War das einfallende Licht zuvor linear polarisiert, wie es in Abb. 28.39 im Tipler vorgegeben ist, addieren sich die elektrischen Felder hinter dem doppelbrechenden Plättchen zu einer Polarisationsrichtung, die um 90° gedreht ist.

Noch erstaunlicher ist das Verhalten des rekombinierten Lichtstrahls hinter einem **λ/4-Plättchen.** Die Phasen des ordentlichen und des außerordentlichen Strahls sind hier um eine Viertel Wellenlänge versetzt. Addieren wir ihre elektrischen Felder, so oszilliert das resultierende Feld nicht mehr in einer Ebene auf und ab, sondern dreht sich mit gleichbleibender Amplitude im Kreis. Weil es sich dabei in der Ausbreitungsrichtung fortpflanzt, erscheint es wie das Gewinde einer Schraube. Das Licht ist nicht linear, sondern **zirkular polarisiert.**

Wir können zirkular polarisiertes Licht also durch zwei unterschiedlich linear polarisierte Strahlen erzeugen. Umgekehrt lässt sich auch ein linear polarisierter Strahl als Kombination zweier entgegengesetzt rotierender, zirkular polarisierter Teilstrahlen ansehen. Diese Interpretation erklärt die optische Aktivität chiraler Moleküle, die wir in einem Beispiel weiter oben angesprochen haben. Die schraubigen, asymmetrischen Bereiche der Moleküle können einen der zirkular polarisierten Strahlen besser absorbieren, weil sich dessen elektrisches Feld in etwa entlang der Molekülorbitale windet. Wir nennen diesen Effekt **Zirkulardichroismus.** Hinter der Probe ist die Intensität dieses Strahls dadurch geringer, und die Teilstrahlen addieren sich zu einem gemeinsamen Strahl mit gekippter linearer Polarisation.

> **Beispiel**
> Bringen wir eine dünne Probe eines Materials zwischen einen Polarisator und einen Analysator, drehen die doppelbrechenden Bereiche der Probe die Polarisationsrichtung des Lichts. Im Tipler (S. 1049 unten bzw. Foto nach Abb. 28.39) ist anhand eines Quarzkristalls und einer alten Eisprobe aus der Antarktis gezeigt, wie sich auf diese Weise die Zusammensetzung und Geschichte der Probe bestimmen lässt. ◄

10.7 Das Miteinander vieler Atome verwischt ihre scharfen Spektrallinien

Tipler
Abschn. 28.6 *Lichtspektren*

Die Energie des sichtbaren Lichts entspricht dem Unterschied zwischen den Energieniveaus der Elektronen in Atomen und Molekülen. Trifft eine Lichtwelle mit der passenden Energie auf ein Teilchen, nutzt eines seiner Elektronen den Schub, um von einem niedrigeren Energieniveau auf ein höheres zu springen. Die Lichtwelle wird dabei **absorbiert.** Lassen wir weißes Licht durch eine Probe mit dieser Teilchensorte fallen und fächern wir das durchgegangene Licht anschließend mit einem Prisma auf, finden wir an den Stellen der absorbierten Lichtwellen schwarze Striche. Die Lage dieser Banden im Absorptionsspektrum ist charakteristisch für die jeweilige Substanz, und wir können sie zur Stoffanalyse nutzen.

Wir können der Substanz auch auf einem anderen Weg genug Energie zuführen, indem wir sie beispielsweise erhitzen, damit die Elektronen höhere Energieniveaus erreichen. Wenn sie dann wieder auf ein niedrigeres Niveau herabfallen, geben sie die überschüssige Energie als Licht ab. Solange die Teilchen isoliert sind, haben die emittierten Lichtwellen exakte Wellenlängen, die im Spektrum scharfe Linien erzeugen. Diese **Linienspektren** sind ebenfalls stofftypisch und befinden sich an den gleichen Stellen wie die Absorptionsbanden.

Sobald die absorbierenden oder emittierenden Teilchen miteinander wechselwirken können, indem sie sich gegenseitig anstoßen oder zum Vibrieren und Rotieren anregen, braucht die Energie des Lichts nicht mehr exakt der Differenz zwischen den elektrischen Niveaus zu entsprechen. Nun kommen Translations-, Vibrations- und Rotationsenergien hinzu, die wir in beliebiger Kombination zur Elektronenenergie addieren können. Die Energiedifferenzen zwischen den Orbitalen liefern uns gewissermaßen energetische Eurobeträge, während die anderen

Energieformen das Kleingeld darstellen, mit dem wir jeden Zwischenwert erreichen können. Je mehr Wechselwirkungen möglich sind, desto breiter werden die spektralen Banden, bis sie sich schließlich überlappen und wir ein **kontinuierliches Spektrum** erhalten.

Beispiel

Die spezifischen Emissionsbanden verschiedener Elemente nutzen wir bei der Flammenfärbung zur Analyse. Bekannt sind vor allem die grüne Farbe erhitzten Kupfers, das Gelb von Natrium und das Rot von Lithium.

Mit der Beilsteinprobe testen wir organische Verbindungen auf Halogene, indem wir die Probe auf einem ausgeglühten Kupferträger in eine nicht leuchtende Gasflamme halten. Ein grünes oder blaugrünes Leuchten verrät das Halogen. ◄

Verständnisfragen

29. In einem Fotometer fällt das Licht im rechten Winkel durch eine wassergefüllte Küvette aus Quarzglas mit der Brechzahl 1,46. Welcher Anteil des Lichts tritt auf der anderen Seite der Küvette wieder aus?

30. In welche Richtung wird ein Lichtstrahl gebrochen, wenn er schräg aus Wasser in Quarzglas übergeht?

31. Glucose kann in zwei verschiedenen Konformationen mit unterschiedlichen optischen Aktivitäten auftreten: α-D-Glucose hat einen spezifischen Drehwinkel von $+112,2°$ ml/(dm $\cdot$ g), β-D-Glucose von $+17,5°$ ml/(dm $\cdot$ g). Wenn wir reine α-D-Glucose in Wasser lösen, wandelt sich ein Teil davon durch Mutarotation über die offene Aldehydform in β-D-Glucose um. Die optische Aktivität liegt im Gleichgewicht bei $+52,7°$ ml/(dm $\cdot$ g). In welchem molaren Verhältnis stehen dann α-D-Glucose und β-D-Glucose?

Geometrische Optik

11.1 Ebene Spiegel lenken Licht nur um – 106

11.2 Konkave Spiegel fokussieren und können vergrößern – 107

11.3 Konvexe Spiegel verkleinern – 110

11.4 Auch Lichtbrechung erzeugt Bilder – 111

11.5 Die Krümmung macht die Linse – 112

11.6 Die Bildgebung mit Linsen – 113

11.7 Grenzen der Perfektion – 115

11.8 Sehen mit dem Auge und Hilfsmitteln – 116

© Springer-Verlag GmbH Deutschland, ein Teil von Springer Nature 2020
O. Fritsche, *Physik für Chemiker II*, https://doi.org/10.1007/978-3-662-60352-9_11

Über Reflexion und Brechung können wir mit optischen Hilfsmitteln die Ausbreitung von Licht lenken. Mit ebenen Spiegeln geben wir ihm nur eine neue Richtung, mit gekrümmten Spiegeln und Linsen bündeln oder zerstreuen wir es. Durch geschickten Einsatz dieser Möglichkeiten entstehen Lupen, Mikroskope und Teleskope, mit denen wir Dinge sichtbar machen, die für das menschliche Auge alleine zu klein wären.

Solange die Objekte, Spiegel und Linsen viel größer sind als die Wellenlänge des Lichts, können wir dessen Ausbreitung am besten zeichnerisch im Rahmen der geometrischen Optik verfolgen.

11.1 Ebene Spiegel lenken Licht nur um

Tipler
Abschn. 29.1 *Spiegel*

Die Wirkung eines Spiegels kennen wir aus dem Alltag. Schauen wir hinein, scheinen wir uns selbst gegenüber zu stehen. Viele Tiere, wie beispielsweise Hunde und Katzen, halten das Spiegelbild tatsächlich für einen Artgenossen. Es ist tatsächlich so detailreich und dreidimensional wie ein reales Objekt. Auch wir Menschen lassen uns davon täuschen, wenn wir nicht irgendeinen Hinweis darauf haben, dass wir eine Spiegelung betrachten. Abb. 29.1 im Tipler zeigt uns, wie die Lichtstrahlen, die von einem Gegenstand in Gestalt eines Punktes P ausgehen, an der Spiegelfläche reflektiert werden und in das Auge fallen. Weil das Gehirn aber nichts von der Spiegelung weiß, verlängert es die einfallenden Strahlen in gerader Linie weiter und vermutet den Gegenstand vor sich. In Wahrheit sieht es aber nur sein **virtuelles Bild** P', von dem keine realen Strahlen ausgehen.

Das virtuelle Bild entspricht dem wirklichen Gegenstand recht genau. Allerdings gibt es einen Unterschied, den wir gerne mit der Frage *Warum vertauscht ein Spiegel links und rechts, aber nicht oben und unten?* umschreiben (Abb. 29.3 im Tipler). Stehen wir vor einem Spiegel und heben die rechte Hand, nimmt das Spiegelbild die linke Hand hoch. Tatsächlich ist es immer das genau gegenüberliegende Pendant. Der Spiegel vertauscht also keineswegs links und rechts – sondern vorn und hinten! Sehen wir in den Spiegel hinein, blicken wir uns in die eigenen Augen, nicht auf den Hinterkopf. Mit einem realen Menschen ginge das bloß, wenn wir ihn um 180° drehten. Bei dieser Drehung gelänge aber die rechte Hand aus unserer Sicht auf die linke Seite und umgekehrt. Unserer rechten Hand läge deshalb die linke Hand des Doppelgängers gegenüber. Eine Armbanduhr, die wir am linken Handgelenk tragen, würde die Wendung mitmachen, und wir würden sie auf der rechten Seite sehen. Der Spiegel erzeugt das Spiegelbild hingegen ohne Drehung, wodurch der „Fehler" entsteht. Die Armbanduhr bleibt aus unserer Perspektive auf der linken Seite, umschließt aber nun ein rechtes Handgelenk. Die Hand hat ihre Identität geändert, weil der Spiegel ohne Drehung ihre Vorder- und Rückseite vertauscht hat (Abb. 29.2). Diese **Spiegelsymmetrie** lässt sich durch keine Kombination von Drehungen und Wendungen nachstellen oder rückgängig machen. Einzig und allein ein Spiegel kann eine linke Hand in eine rechte Hand überführen.

Mathematisch ausgedrückt verändert die Spiegelung die Richtung der z-Achse. Dadurch überführt sie ein rechtshändiges Koordinatensystem in ein linkshändiges Koordinatensystem (Abb. 29.4 im Tipler).

Beispiel
In der Chemie begegnet uns Spiegelsymmetrie bei chiralen Molekülen, die in räumlichen Konformationen auftreten, die sich nicht durch Rotationen, sondern nur durch Spiegelung miteinander zur Deckung bringen lassen. Dafür muss beispielsweise ein zentrales Atom vier verschiedene Liganden gebunden haben, wie es beispielsweise bei Milchsäure, vielen Aminosäuren und Kohlenhydraten vorkommt. Der Begriff Chiralität leitet sich vom altgriechischen Wort für „Hand" ab. Die verschiedenen Stereoisomere nennen wir Enantiomere. ◄

Für die **Konstruktion des Spiegelbilds** eines Punktes reichen zwei Strahlen (Abb. 29.5 im Tipler):

- Den einen Strahl lassen wir so verlaufen, dass er senkrecht auf die Spiegelfläche trifft und in sich selbst zurückgeworfen wird.
- Den zweiten Strahl können wir beliebig setzen, solange er auf den Spiegel trifft.

Wir verlängern die reflektierten Strahlen nach hinten in den Bereich hinter dem Spiegel. An ihrem Schnittpunkt befindet sich das virtuelle Bild des Punktes. Sein Abstand zur Spiegelebene – die **Bildweite** – ist genau so groß wie der Abstand des Punktes – die **Gegenstandsweite,** und auch die Höhe ist gleich.

Mit diesem Konstruktionsverfahren können wir auch die Mehrfachbilder finden, die entstehen, wenn mehrere Spiegel verwinkelt zueinander angeordnet sind, wie es in Abb. 29.6 im Tipler dargestellt ist. In solchen Fällen werden häufig die Spiegelbilder nochmals reflektiert, manchmal auch noch die gespiegelte Spiegelung. Wir merken uns dazu, dass die oben angesprochene Spiegelsymmetrie, nach der beispielsweise eine linke Hand zu einer rechten wird, durch eine zweite Spiegelung aufgehoben wird.

❯ **Wichtig**
Eine ungerade Anzahl von Spiegelungen erzeugt spiegelsymmetrische Abbildungen, eine gerade Anzahl hebt die Spiegelsymmetrie auf. ◄

Ein besonderer Fall von Mehrfachspiegelung tritt auf, wenn Spiegel senkrecht aufeinander stehen. In Abb. 29.7 im Tipler sehen wir, dass ein solcher Aufbau jeden einfallenden Strahl parallel zur Einfallsrichtung zurücksendet, unabhängig vom Einfallswinkel. Derartige optische Bauteile sind deshalb sehr gut dafür geeignet, Licht zum Sender zurückzuschicken. Im Alltag finden wir sie in den „Katzenaugen" und Reflektoren von Fahrrädern und Autos. Physiker nutzen sie auch gerne zur Entfernungsbestimmung, indem sie einen Laserstrahl auf die Spiegel richten und die Zeit messen, bis ein reflektierter Laserpuls auf einen Detektor fällt.

11.2 Konkave Spiegel fokussieren und können vergrößern

Im Gegensatz zu ebenen Spiegeln verzerren gebogene Spiegel das Bild eines Gegenstands. Wir untersuchen die dabei auftretenden Effekte am Beispiel eines **sphärischen Spiegels**. Diese Art von Spiegel hat die Form eines Kugelabschnitts dessen Fläche reflektiert. Spiegelt die Innenseite, handelt es sich um einen Konkavspiegel.

Beim sphärischen Spiegel begegnet uns zum ersten Mal die **optische Achse.** Dabei handelt es sich um eine Gerade, die durch zwei Punkte verläuft:

Tipler
Abschn. 2.1 *Spiegel* sowie Beispiel 29.1

- Den Mittelpunkt der gedachten Kugel, von welcher der Abschnitt des sphärischen Spiegels stammt: der sogenannte Krümmungsmittelpunkt. (Bei beidseitig gekrümmten Linsen gibt es zwei Mittelpunkte, da jede Seite Abschnitt einer eigenen Kugel ist.)
- Den Mittelpunkt des Spiegels, zu dem das Gerät symmetrisch ist. (Bei Linsen ist hier ebenfalls die Mitte zu wählen.)

Lichtstrahlen, die von einem Punkt P auf der optischen Achse ausgehen und eng zu ihr verlaufen, werden so reflektiert, dass sie sich vor dem Spiegel auf der optischen Achse schneiden und dort das Bild P' erzeugen (Abb. 29.8 im Tipler). Im Alltag spiegelt sich so beispielsweise alles, was hinter uns liegt, in einem Löffel. Von dem Bild, das wir sehen, gehen dieses Mal tatsächlich Lichtstrahlen aus, sodass es sich um ein **reelles Bild** handelt. Wir können es fotografieren, filmen oder auf einer kleinen Mattscheibe sehen. Beim virtuellen Bild des ebenen Spiegels gab es an dem Punkt hinter dem Spiegel überhaupt kein Bild, und es gingen keine Lichtstrahlen von dort aus. Diese stammten von dem eigentlichen Gegenstand.

Betrachten wir Abb. 29.9 im Tipler, stellen wir fest, dass nur **achsnahe Strahlen**, die also beinahe parallel zur optischen Achse verlaufen, den Bildpunkt einigermaßen gut treffen. Achsferne Strahlen schneiden sich hingegen zwar ebenfalls auf der optischen Achse, allerdings an leicht verschobenen Punkten. Das Bild wird durch diese **sphärische Aberration** unscharf. Es gibt zwei Möglichkeiten, den Fehler auszugleichen:

- Wir können die achsfernen Strahlen mit einer Blende abfangen. Dadurch wird das Bild allerdings dunkler.
- Anstelle eines sphärischen Spiegels können wir einen Parabolspiegel verwenden. Dessen Form geht nicht auf eine Kugel zurück, sondern auf einen Rotationparaboloiden – die Form, die entsteht, wenn wir eine Parabel (wie die Kurve von $f(x) = x^2$) um die y-Achse rotieren lassen. Solche Spiegel sind teurer herzustellen.

> **Beispiel**
> Für die meisten Zwecke ist die Qualität günstiger sphärischer Spiegel ausreichend. In Spiegelteleskopen werden dagegen Parabolspiegel eingesetzt. Auch in Scheinwerfern, die besonders weit reichen sollen, richten Parabolspiegel die Strahlen der Lichtquelle parallel zueinander aus.   ◄

Nicht nur Strahlen, die von einem gemeinsamen Punkt ausgehen, kreuzen sich, nachdem sie an der Spiegelfläche reflektiert wurden. Auch Lichtstrahlen, die parallel zueinander einfallen, treffen sich in einem Punkt (Abb. 29.12 im Tipler). Je nach Winkel, den diese Strahlen zur optischen Achse einnehmen, liegt der Schnittpunkt an verschiedenen Stellen, aber er befindet sich immer im gleichen Abstand zum Spiegel. Als **Referenz für die Distanz zu einem sphärischen Spiegel** gilt dabei die Ebene, die durch den Scheitelpunkt des Spiegels geht und senkrecht auf dessen optischer Achse steht. Grob gesprochen ist es die Ebene, die entstünde, wenn wir den Spiegel flach klopften.

Die Schnittpunkte der reflektierten parallelen Strahlen befinden sich alle auf einer Ebene, die auf halbem Weg zwischen dem Scheitelpunkt des Spiegels und seinem Krümmungsmittelpunkt liegt. Wir bezeichnen diese Ebene als **Brennebene** und ihren Abstand zum Spiegel als **Brennweite** f. Sie ist halb so groß wie der Krümmungsradius des Spiegels r:

$$f = \frac{1}{2}r \qquad\qquad (11.1)$$

Ein besonderer Punkt auf der Brennebene ist der **Brennpunkt.** Er liegt auf der optischen Achse und ist der Kreuzungspunkt aller Strahlen, die achsenparallel einfallen.

Statt parallele Lichtstrahlen auf der Brennebene zu fokussieren, können wir den Weg des Lichts auch umkehren. Weil das Reflexionsgesetz unabhängig von der Richtung des Lichtstrahls ist, gilt die **Umkehrbarkeit des Lichtwegs,** und das Licht einer Quelle, die sich im Brennpunkt oder einer anderen Stelle auf der Brennebene befindet, wird durch die Spiegelung parallel ausgerichtet. Aus diesem Grund haben Taschenlampen sphärische Spiegel als Reflektoren.

Beispiel

Im Sonnenofen wird das Sonnenlicht mit Spiegeln auf einen Punkt konzentriert, an dem Material ohne Zufuhr elektrischer Energie erhitzt wird. Neben Solarkochern für die Essensbereitung in abgelegenen Regionen wird das Prinzip in Frankreich und Spanien auch für Sonnenkraftwerke genutzt.   ◄

Die **Konstruktion des Spiegelbilds an einem sphärischen Spiegel** für Punkte, die sich nicht auf der optischen Achse befinden, ist im Prinzip mit jeder Kombination von zwei beliebigen Strahlen möglich. Das Einfallslot als Referenz für den Reflexionswinkel verläuft dabei durch den Auftreffpunkt des Lichtstrahls und durch den Krümmungsmittelpunkt des Spiegels (Abb. 29.10 im Tipler). Am einfachsten ist die Konstruktion jedoch, wenn wir mindestens zwei der drei **Hauptstrahlen** benutzen (Abb. 29.16 im Tipler):

- Der **achsenparallele Strahl** verläuft parallel zur optischen Achse und wird durch den Brennpunkt reflektiert.
- Der **Brennpunktstrahl** führt durch den Brennpunkt und wird so reflektiert, dass er anschließend parallel zur optischen Achse liegt.
- Der **Mittelpunktsstrahl** geht durch den Krümmungsmittelpunkt. Er wird in sich selbst reflektiert.

Welche Art von Bild entsteht, hängt von der Position des Gegenstands ab:

- Ist die Gegenstandsweite größer als die Brennweite ($g > f$), erhalten wir ein verkleinertes reelles Bild, das auf dem Kopf steht (Abb. 29.16 im Tipler).
- Befindet sich der Gegenstand zwischen dem Spiegel und seiner Brennebene ($g < f$), bekommen wir ein aufrechtes, vergrößertes virtuelles Bild (Abb. 29.18 im Tipler). Die reflektierten Strahlen schneiden sich nicht, sondern streben auseinander. Stattdessen kreuzen sich ihre rückwärtigen Verlängerungen hinter dem Spiegel.

Um das Hin und Her von reellen und virtuellen Bildern vor bzw. hinter dem Spiegel mathematisch beschreiben zu können, müssen wir eine **Vorzeichenkonvention** festlegen:

❯ Wichtig

Die Gegenstandsweite g, die Bildweite b, der Krümmungsradius r und die Brennweite f erhalten ein positives Vorzeichen, wenn sie auf der Seite liegen, von welcher das Licht einfällt. Eine Größe auf der anderen Seite erhält ein negatives Vorzeichen.   ◄

Diese Regel gilt für konkave und konvexe Spiegel, wobei die Brennweite eines konvexen Spiegels negativ ist, sein Brennpunkt befindet sich somit hinter dem Spiegel, wo sich die Verlängerungen der reflektierten Strahlen parallel einfallenden

Lichts treffen. Die Bildweite eines reellen Bilds ist positiv, die eines virtuellen Bilds ist negativ.

Den Zusammenhang von Bildweite, Gegenstandsweite und Brennweite fasst die **Abbildungsgleichung für sphärische Spiegel** zusammen:

$$\frac{1}{g} + \frac{1}{b} = \frac{1}{f} \tag{11.2}$$

Wie groß das Bild im Vergleich zum Gegenstand ausfällt, verrät uns die **Vergrößerung** oder der **Abbildungsmaßstab** V. Er gibt uns das Verhältnis der Bildhöhe B zur Gegenstandshöhe G an und hängt direkt von dem Verhältnis der Bildweite b zur Gegenstandsweite g ab:

$$V = \frac{B}{G} = -\frac{b}{g} \tag{11.3}$$

Das negative Vorzeichen zeigt an, dass ein reelles Bild auf dem Kopf steht. Bei einem aufrechten virtuellen Bild hat die Bildweite b nach unserer Konvention ein negatives Vorzeichen, sodass der rechte Teil der Gleichung insgesamt positiv wird. Ist das Bild weiter vom Spiegel entfernt als der Gegenstand ($b > g$), erscheint es größer als dieser. Ist die Entfernung des Gegenstands größer ($g > b$), wird er verkleinert abgebildet.

> **Beispiel**
> Vergrößernde Hohlspiegel verwenden wir im Alltag als Kosmetik- oder Rasierspiegel. Je stärker der Spiegel vergrößert, desto dichter müssen wir an ihn heran, damit die Gegenstandsweite kleiner ist als die Brennweite und wir ein vergrößertes virtuelles Bild erhalten.   ◀

11.3 Konvexe Spiegel verkleinern

Tipler
Abschn. 29.1 *Spiegel* und Beispiel 29.2

Die Reflexion an konvexen Spiegeln verläuft grundsätzlich wie an ihren konkaven Pendants, und es gelten die selben Gleichungen. Allerdings gibt es aufgrund der Spiegelung an der Außenseite eines Kugelabschnitts einige Unterschiede.

So werden parallel einfallende Lichtstrahlen nicht auf einen Punkt vereinigt, sondern sie laufen nach der Reflexion auseinander. Der Brennpunkt und die Brennebene liegen hinter dem Spiegel. Wir finden sie, indem wir die reflektierten Strahlen nach hinten verlängern, wie es in Abb. 29.14 im Tipler gezeigt ist.

Auch bei der Konstruktion des Spiegelbilds müssen wir die reflektierten Strahlen hinter den Spiegel verlängern (Abb. 29.20 im Tipler). Wir bekommen ein aufrechtes, verkleinertes virtuelles Bild.

> **Beispiel**
> Weil Konvexspiegel ein größeres Blickfeld bieten als ebene Spiegel, werden sie an Stellen eingesetzt, an denen ein guter Überblick wichtig ist, beispielsweise als Verkehrsspiegel an unübersichtlichen Einmündungen oder als Überwachungsspiegel in Ladengeschäften.   ◀

11.4 Auch Lichtbrechung erzeugt Bilder

Wenn es darum geht, vergrößerte oder verkleinerte Abbildungen von Gegenständen zu erzeugen, werden nur in wenigen speziellen Fällen – wie beispielsweise großen Teleskopen – gewölbte Spiegel eingesetzt. Viel häufiger übernehmen Linsen diese Aufgabe. Sie lenken die Lichtstrahlen nicht durch Reflexion an Oberflächen um, sondern durch Brechung beim Übergang von einem Medium in ein anderes. Das können wir bereits **an einer einzelnen gewölbten Grenzfläche** zwischen zwei Medien unterschiedlicher optischer Dichte beobachten, beispielsweise an einer großen Glaskugel oder einem Zylinder, bei denen die Abbildung noch innerhalb des Glases entsteht.

Das **durch Brechung erzeugte Bild** eines Gegenstands können wir auf ähnliche Weise geometrisch konstruieren, wie wir es bereits bei den Spiegelungen getan haben. Dazu zeichnen wir zwei Lichtstrahlen ein und führen ihren Weg entsprechend dem Brechungsgesetz (Gl. 10.8) im neuen Medium fort wie in den Abb. 29.23 und 29.24 im Tipler gezeigt. Das Bild eines Punktes entsteht erneut dort, wo sich die Strahlen kreuzen. Da es von den Brechzahlen n_1 und n_2 der beiden Medien abhängt, wie sehr die Strahlen geknickt werden, fließen diese in den Zusammenhang von Gegenstandsweite g, Bildweite b und Krümmungsradius r des optisch dichteren Mediums ein:

$$\frac{n_1}{g} + \frac{n_2}{b} = \frac{n_2 - n_1}{r} \tag{11.4}$$

Das Bild ist reell, verkleinert und befindet sich hinter der Grenzfläche zwischen den Medien. Wir nennen diese Seite die **Transmissionsseite.** Der Gegenstand befindet sich hingegen auf der **Einfallsseite** vor der Grenzfläche.

Der **Vergrößerungsmaßstab durch eine brechende Fläche** V berechnet sich ähnlich wie bei sphärischen Spiegeln (Gl. 11.3) unter Berücksichtigung der Brechzahlen:

$$V = \frac{B}{G} = -\frac{n_1 \, b}{n_2 \, g} \tag{11.5}$$

Weil das Bild auf der Transmissionsseite und damit hinter der Grenzfläche reell ist, unterscheidet sich die **Vorzeichenkonvention für Brechung** etwas von der Regel, die wir für Spiegelungen kennengelernt haben:

> **Wichtig**
> Die Gegenstandsweite g ist positiv für Gegenstände auf der Einfallsseite. Die Bildweite b und der Krümmungsradius r sind dagegen positiv, wenn sie sich auf der Transmissionsseite befinden. ◀

Das Bild ist reell, wenn alle drei Größen positiv sind. Die Orte von reellen und virtuellen Bildern sind wegen der unterschiedlichen Vorzeichen deshalb bei Spiegelung und Brechung vertauscht (◘ Tab. 11.1).

◘ Tab. 11.1 Lokalisation virtueller und reeller Bilder bei Spiegeln und Linsen

	Spiegel	Linse
Vor der Grenzfläche	Reelles Bild	Virtuelles Bild
Hinter der Grenzfläche	Virtuelles Bild	Reelles Bild

Tipler
Abschn. 29.2 *Linsen* sowie Beispiele 29.3 und 29.4

> **Beispiel**
> Bei der Stereolithografie wird ein Laserstrahl in einen flüssigen Kunststoff geleitet, dessen Monomere bei hohen Lichtenergien polymerisieren. Durch gezielte Steuerung des Lichtstrahls entstehen dreidimensionale Figuren. Damit das Licht an den richtigen Stellen fokussiert wird, muss der Computer die Brechung an den Übergängen zwischen Luft, Behälterwand und Kunststoff berücksichtigen. ◄

11.5 Die Krümmung macht die Linse

Tipler
Abschn. 29.2 *Linsen* und Beispiele 29.5 und 29.6

Linsen sind von zwei brechenden Flächen begrenzt, und das Licht tritt durch beide hindurch. Bei **dünnen Linsen** liegen die beiden gekrümmten Flächen so dicht beieinander, dass wir als Referenz für die Gegenstandsweite und die Bildweite einfach die Mittelebene nehmen können, die in der Mitte der Linse liegt und senkrecht auf deren optischer Achse steht. In den Abbildungen im Tipler ist sie als schwarze Linie dargestellt.

Lichtstrahlen, die von einem Punkt P ausgehend auf die Linse treffen, werden wie in Abb. 29.28 im Tipler gezeigt an der ersten Grenzfläche auf das jeweilige Einfallslot zu gebrochen. Sind die Knicke nicht groß genug, damit die Strahlen aufeinander zu laufen, können wir die einfach gebrochenen Strahlen nach hinten verlängern und bekommen an der Schnittstelle P_1' ein virtuelles Bild. Von ihm gehen keine eigenen Lichtstrahlen aus, aber die einfach gebrochenen Strahlen setzen ihren Weg durch das Glas so fort, als stammten sie vom Punkt P_1' und könnten ohne Ablenkung durch die erste Grenzschicht bis zur zweiten vordringen. Der Punkt P_1' ist somit ein Hilfskonstrukt, mit der wir die Brechung der echten Lichtstrahlen an der zweiten Grenzfläche nachvollziehen können, wie es der Tipler vorrechnet. Diese zweite Brechung lenkt das Licht schließlich zum Punkt P', an dem wir das reelle Bild finden.

Wie schon bei den Spiegeln (Gl. 11.2) können wir auch bei Linsen die Bildweite aus der Gegenstandsweite und der Brennweite nach der **Abbildungsgleichung für dünne Linsen** oder kurz **Linsengleichung** berechnen:

$$\frac{1}{g} + \frac{1}{b} = \frac{1}{f} \tag{11.6}$$

Die Brennweite hängt bei Linsen jedoch nicht nur von einem Krümmungsradius ab, sondern von zweien: dem Krümmungsradius r_1 für die linke Seite und r_2 für die rechte Seite. Wir erhalten die **Brennweite dünner Linsen** damit nach:

$$\frac{1}{f} = \left(\frac{n}{n_{\mathrm{Luft}}} - 1 \right) \left(\frac{1}{r_1} - \frac{1}{r_2} \right) \tag{11.7}$$

$$\approx (n - 1) \left(\frac{1}{r_1} - \frac{1}{r_2} \right) \tag{11.8}$$

Die untere Gleichung ist die sogenannte *Linsenschleiferformel.* Da die Brechzahl der Luft nur sehr wenig größer als 1 ist, stellt sie eine gute Näherung dar. Kommt das Licht aus einem anderen Medium als Luft, müssen wir anstelle der Brechzahl für Luft n_{Luft} den Wert des tatsächlichen Mediums einsetzen.

Anstelle der Brennweite begegnet uns auch häufig deren Kehrwert, die **Brechkraft** D:

$$D = \frac{1}{f} \tag{11.9}$$

Die Einheit der Brechkraft ist die **Dioptrie** mit dem Einheitensymbol dpt. Je kürzer die Brennweite ist, umso größer ist ihre Brechkraft und desto stärker lenkt die Linse das Licht ab.

Weil Licht sowohl von links als auch von rechts durch eine Linse fallen kann, hat sie nicht nur einen, sondern zwei **Brennpunkte.** Der erste Brennpunkt F liegt links von der Linse. Befindet sich an dieser Stelle eine Lichtquelle, verlaufen ihre Strahlen hinter der Linse parallel zur optischen Achse (Abb. 29.32 im Tipler). Der zweite Brennpunkt F' liegt rechts von der Linse. In ihm vereinigen sich Lichtstrahlen, die parallel zur optischen Achse von links auf die Linse fallen. Wegen der Umkehrbarkeit des Lichtwegs treffen die Aussagen natürlich auch entsprechend auf den jeweils anderen Brennpunkt zu. Wie bei den Spiegel gibt es auch eine **Brennebene,** in der sich Strahlen kreuzen, die vor der Brechung zwar parallel zueinander verlaufen sind, aber nicht parallel zur optischen Achse (Abb. 29.33 im Tipler).

Beispiel

Die Stärken von Brillengläsern werden in Dioptrien angegeben. Weitsichtige benötigen Sammellinsen mit positiver Brechkraft, Kurzsichtige brauchen Zerstreuungslinsen, deren Brechkraft negative Werte hat.   ◄

Die Krümmung der Linse muss nicht zwangsläufig so gestaltet sein, dass sich eine bauchige bikonvexe Linse ergibt. Es gibt eine Reihe **verschiedener Linsentypen:** Plankonvexe Linsen haben eine ebene und eine konvexe Seite, konkavkonvexe Linsen eine eingewölbte konkave und eine konvexe Seite. Bei bikonkaven Linsen sind beide Grenzflächen nach innen gewölbt, bei plankonkaven Linsen nur eine, die andere ist eben. Konvexkonkave Linsen haben schließlich eine konvexe und eine konkave Seite und unterscheiden sich von konkavkonvexen Linsen in der Richtung des Lichtdurchtritts.

Bei der Brechung an konvexen Flächen werden die Lichtstrahlen in Richtung auf die optische Achse umgelenkt und achsenparallele Strahlen schneiden sich im Brennpunkt, wie in Abb. 29.29b im Tipler gezeigt. Konkave Flächen knicken den Lichtstrahl dagegen von der Achse weg. Wollen wir ihren Brennpunkt finden, müssen wir wie in Abb. 29.30 im Tipler die gebrochenen Strahlen nach hinten verlängern. Bei Linsen mit unterschiedlich geformten Flächen hängt das Verhalten der gesamten Linse davon ab, welche Wölbung stärker ausgeprägt ist. Bikonvexe Linsen und solche, die vorwiegend konvex sind, bezeichnen wir als **Sammellinsen** oder *positive Linse,* weil sie das Licht bündeln. Wir erkennen sie daran, dass sie in der Mitte dicker sind als am Rand, selbst wenn eine der Seiten konkav ist. Bikonkave oder vorwiegend konkave Linsen nennen wir **Zerstreuungslinsen** oder *negative Linse,* da sie die Lichtstrahlen auseinander bringen. In der Mitte sind sie dünner als am Rand. Die Brennweite von Zerstreuungslinsen ist negativ!

11.6 Die Bildgebung mit Linsen

Für die Bildkonstruktion bei Linsen brauchen wir nicht so kompliziert vorzugehen wie im vorigen Abschnitt. Statt jede Brechung einzeln zu verfolgen, können wir einfach so tun, als gäbe es nur eine Brechung, die dann an der Mittelebene stattfindet. Wie bei der Bildgebung bei Spiegeln verfolgen wir zwei von drei **Hauptstrahlen,** die bei Linsen wie folgt aussehen:

Tipler
Abschn. 29.2 *Linsen* und Beispiele 29.7 bis 29.8

◻ Tab. 11.2   Eigenschaften der Abbildungen von Linsen

Linsentyp	Gegenstandsweite	Art des Bilds	Orientierung	Größe
Sammellinse	$g > f$	Reell	Umgekehrt	Vergrößert, gleich oder verkleinert
Sammellinse	$g < f$	Virtuell	Aufrecht	Vergößert
Zerstreuungslinse	Beliebig	Virtuell	Aufrecht	Verkleinert

- Der **achsenparallele Strahl** führt parallel zur optischen Achse und wird an der Mittelebene so gebrochen, dass er durch den zweiten Brennpunkt der Linse geht.
- Der **Mittelpunktsstrahl** verläuft gerade ohne Knick durch den Mittelpunkt der Linse.
- Der **Brennpunktstrahl** geht durch den ersten Brennpunkt und verläuft nach der Brechung parallel zur optischen Achse.

Je nach Linsentyp und Gegenstandsweite erhalten wir unterschiedliche Bilder (**◻ Tab. 11.2**):

- Bei einer Sammellinse, die einen Gegenstand jenseits ihrer Brennweite ($g > f$) abbildet, bezeichnet der Schnittpunkt der Strahlen die Stelle, an welcher das Bild entsteht (Abb. 29.35 im Tipler). Es ist reell und steht auf dem Kopf.
- Befindet sich der Gegenstand innerhalb der Brennweite einer Sammellinse ($g < f$), müssen wir die gebrochenen Strahlen rückwärts verlängern wie in Abb. 29.39 im Tipler gezeigt. Das Bild ist virtuell und aufrecht.
- Auch bei einer Zerstreuungslinse müssen wir die gebrochenen Strahlen nach hinten verlängern (Abb. 29.36 im Tipler). Das virtuelle Bild ist aufrecht, unabhängig davon, ob die Gegenstandsweite größer oder kleiner als die Brennweite ist.

Die Formel für die **Vergrößerung einer Sammellinse** kennen wir bereits von den Spiegeln (Gl. 11.3):

$$V = \frac{B}{G} = -\frac{b}{g} \tag{11.10}$$

> **Beispiel**
> Bei der Lupe erfolgt die Vergrößerung durch eine einfache Sammellinse. Das Objekt muss sich innerhalb der Brennweite oder im Brennpunkt befinden, und wir betrachten das vergrößerte virtuelle Bild.   ◀

Bei **dicken Linsen** dürfen wir nicht die Stärke des Glases vernachlässigen, indem wir die Brechung vollständig auf die Mittelebene beziehen. Stattdessen müssen wir mit zwei **Hauptebenen** arbeiten, die jeweils stellvertretend für eine der beiden gewölbten Seiten stehen. Wie in Abb. 29.40 im Tipler dargestellt, ist die eine Hauptebene die Bezugslinie für die Gegenstandsweite und den ersten Brennpunkt, die andere Hauptebene für die Bildweite und den zweiten Brennpunkt. Bei einer dicken Glaslinse liegen die Hauptebenen etwa so, dass sie den Glaskörper auf Höhe der optischen Achse in drei gleich lange Abschnitte teilen.

Für die zeichnerische Bildkonstruktion bei dicken Linsen benutzen wir wieder unsere Hauptstrahlen, die wir im Bereich zwischen den Hauptebenen ein wenig modifizieren:

- Der achsenparallele Strahl knickt erst an der hinteren Hauptebene ab.
- Der Mittelpunktsstrahl wird zwischen den Hauptebenen ohne Veränderung seiner Höhe versetzt.
- Der Brennpunktstrahl bricht an der vorderen Hauptebene.

Alle drei Strahlen verlaufen zwischen den Hauptebenen parallel zur optischen Achse.

Die Linsengleichung und die Formel für die Vergrößerung gelten wie bei dünnen Linsen.

Beispiel

Gerade bei großen Linsen kann der Glaskörper zur Mitte hin sehr dick werden. Weil die Brechung nur an den Grenzflächen stattfindet, ist so viel Material für die optische Wirkung gar nicht nötig. Bei Fresnel'schen Linsen wird der Glaskörper deshalb in Ringe zerlegt und das überflüssige Glas aus den Bereichen zwischen den Grenzflächen weitgehend entfernt. Das Ergebnis ist eine dünne Linse, die aus stufigen Ringen aufgebaut ist, wie das Foto im Tipler zeigt. Durch die Mitte des innersten Bereichs verläuft die optische Achse. Der innerste Ring übernimmt die Brechung der achsnahen Strahlen, was in unseren zweidimensionalen Zeichnungen den Bereichen knapp oberhalb und unterhalb der optischen Achse entspricht. Die weiteren Ringe brechen zunehmend achsfernere Strahlen.   ◄

Bei der **Kombination mehrerer dünner Linsen** addieren sich ihre Brechkräfte:

$$D = D_1 + D_2 + \ldots = \sum_i D_i \qquad\qquad \text{(11.11)}$$

Da die Brechkraft der Kehrwert der Brennweite ist, gilt für die Gesamtbrennweite zweier Linsen:

$$\frac{1}{f} = \frac{1}{f_1} + \frac{1}{f_2} \qquad\qquad \text{(11.12)}$$

Für die Bildkonstruktion tun wir zunächst so, als gäbe es nur die erste Linse und erzeugen deren reelles oder virtuelles Bild (Abb. 29.41 und 29.43 im Tipler). Dieses nehmen wir anschließend als Gegenstand für die Brechung an der zweiten Linse (Abb. 29.42 und 29.44 im Tipler). Das dabei gefundene Bild ist die Abbildung der Linsenkombination.

11.7 Grenzen der Perfektion

Wirkliche Linsen erzeugen meistens keine perfekten Bilder. Unter anderem treten folgende Abbildungsfehler auf:

Tipler
Abschn. 29.3 *Abbildungsfehler*

Sphärische Aberration kommt bei Linsen und Spiegeln vor, deren Oberflächen Kreisabschnitte sind. Die Strahlen werden dann je nach Abstand von der optischen Achse unterschiedlich stark abgelenkt und schneiden sich nicht in einem Punkt. Stattdessen sind sie auf einen **Unschärfekreis** verteilt, den wir verkleinern können, wenn wir achsferne Strahlen ausblenden wie in Abb. 29.45 im Tipler gezeigt. Eine andere Korrekturmöglichkeit besteht darin, parabolisch gewölbte Flächen einzusetzen, die parallele Strahlen auch dann auf einen gemeinsamen Punkt bringen, wenn diese Strahlen weit entfernt voneinander einfallen (Abb. 29.46 im Tipler).

Beim **Astigmatismus schiefer Bündel** wird Licht, das nicht parallel zur optischen Achse einfällt, nicht als punktförmig, sondern als Linie abgebildet. Punktförmige Objekte erscheinen dadurch elliptisch. Der Fehler ist umso größer, je schräger das Licht einfällt und je dicker und stärker die Linse ist.

Weil die Brechzahl eines Materials nicht für alle Wellenlängen gleich ist (Dispersion, siehe ▶ Abschn. 10.5), wird weißes Licht bei der Transmission durch Linsen in ein kontinuierliches Spektrum aufgespalten. Die Brennweite von blauem Licht ist daher kürzer als von rotem. Diese **chromatische Aberration** verursacht leichte Farbsäume. Durch Kombinationen von Sammel- und Zerstreuungslinsen lässt sich der Effekt minimieren.

11.8 Sehen mit dem Auge und Hilfsmitteln

Tipler
Abschn. 29.4 *Optische Instrumente* und
Beispiele 29.9 bis 29.10

Abb. 29.47 im Tipler zeigt uns den Aufbau des **menschlichen Auges** im Längsschnitt. Überraschenderweise findet die stärkste Brechung des Lichts nicht an der Linse statt, sondern an der Hornhaut. Hier wechseln die Strahlen aus der Luft mit der Brechzahl $n = 1,000$ in das wässrige Geflecht aus Zellen und Proteinen der Hornhaut, dessen Brechzahl bei $n = 1,376$ liegt. Das nachfolgende Kammerwasser und der Glaskörper haben fast exakt die gleiche Brechzahl, während die Linse mit $n \approx 1,4$ nur wenig stärker brechend ist. Der Unterschied ist also nicht groß, trotzdem reicht er aus, um die Brennweite des Auges so weit zu modifizieren, dass wir schließlich auf der Netzhaut ein scharfes Bild bekommen. Diese **Akkommodation** erfolgt durch winzige Muskeln, die an der Linse ziehen und damit ihre Form ändern. Die Gesamtbrechkraft des Auges liegt bei etwa 58 dpt, wovon rund 42 dpt auf die Hornhaut entfallen und 16 dpt auf die Linse.

Den kürzesten Abstand, in dem wir einen Gegenstand noch scharf sehen können, bezeichnen wir als die deutliche Sehweite oder den **Nahpunkt.** Bei Kindern, die ihre Linse mithilfe der Ziliarmuskeln und -fasern auf eine Brechkraft von bis zu 32 dpt bringen können, liegt er nur rund 7 cm vor dem Auge, bei alten Menschen kann er bis zu 2 m entfernt sein. Für Rechnungen gehen wir von 25 cm aus. Aus diesem Abstand kann ein durchschnittliches Auge noch Details wahrnehmen, die nur 0,073 mm messen. Das entspricht einem kleinsten Sehwinkel von etwa 1 Bogenminute oder einem Punkt von 1 mm Durchmesser auf 3,5 m Entfernung.

Für den Zusammenhang zwischen Sehwinkel ε, Gegenstandsgröße G, Bildgröße B, Gegenstandsweite g und Bildweite b gilt näherungsweise:

$$\varepsilon \approx \frac{G}{g} \approx n \, \frac{B}{2,5 \, \text{cm}} \tag{11.13}$$

$$B \approx \frac{2,5 \, \text{cm}}{n} \, \frac{G}{g} \tag{11.14}$$

Die 2,5 cm in diesen Gleichungen sind die ungefähre Brennweite des Auges. Seine Brechzahl n bewegt sich zwischen 1,34 und 1,4.

Ist der Glaskörper des Auges zu kurz, entsteht das Bild erst hinter der Netzhaut (Abb. 29.48 im Tipler). Die **Weitsichtigkeit** oder Hyperopie lässt es zwar zu, entfernte Objekte scharf zu sehen, nahe Gegenstände erscheinen jedoch unscharf. Eine Brille mit Sammellinsen unterstützt die Brechung und korrigiert die Fehlsichtigkeit.

Ein zu langer Glaskörper ruft **Kurzsichtigkeit** oder Myopie hervor, bei welcher sich die Strahlen vor der Netzhaut schneiden (Abb. 29.49 im Tipler). Auf nahe Objekte kann sich das Auge noch durch Akkommodation einstellen, aber entfernte Gegenstände bleiben unscharf. Zerstreuungslinsen fächern das Licht kurz vor dem Auge auf und verschieben den Schnittpunkt dadurch weiter nach hinten auf die Netzhaut.

Bei **Astigmatimus** ist eine der Grenzflächen im Auge – häufig die äußere Hornhaut – nicht gleichmäßig gekrümmt. Anstelle eines Brennpunkts gibt es eine Brennlinie, die zudem verzerrt sein kann. Bei schwachen Verformungen gleicht die Tränenflüssigkeit alle Unebenheiten aus. Bei stärkeren Verkrümmungen müssen entsprechend geschliffene Gläser korrigierend in den Strahlengang vor dem Auge eingreifen.

> **Beispiel**
> Manche nachtaktiven Tierarten haben neben der Linse zusätzlich einen Spiegel im Auge. Hinter ihrer Netzhaut liegt eine dünne reflektierende Schicht mit stark brechenden Kristallen oder Fasern, die einfallende Lichtstrahlen zurückwirft und damit ein zweites Mal durch die lichtempfindlichen Zellen leitet. Licht, das auch dann nicht absorbiert wurde, tritt wieder nach vorne durch die Pupille aus und erzeugt das unheimliche Leuchten der Augen von Katzen und Hunden im Dunkeln.   ◄

Das einfachste technische Hilfsmittel in der Optik ist die **Lupe**. Sie besteht aus einer einzelnen Sammellinse, durch die wir einen Gegenstand betrachten. Der Winkel ε, unter dem sein Bild auf das Auge fällt, ist dann genauso groß wie ohne Linse. Trotzdem erscheint uns das Bild mit Lupe größer. Der Trick liegt darin, dass wir den Gegenstand mit Lupe viel dichter an das Auge bringen können als ohne sie. Wie Abb. 29.52 im Tipler zeigt, liegt das virtuelle Bild, das wir betrachten, weit hinter dem Gegenstand, wo wir es über Akkommodation scharf stellen können. In der geringeren Gegenstandsweite wäre das nicht möglich gewesen. Ein Objekt erzeugt aber ein größeres Bild auf der Netzhaut, wenn es näher am Auge ist (Abb. 29.51 im Tipler).

Abb. 29.53 im Tipler macht dies noch auf eine andere Weise deutlich. In Teilabbildung a) befindet sich der Gegenstand am Nahpunkt im Abstand s_0, also der kürzesten Distanz, die wir noch scharf sehen können. Das Bild fällt unter dem Winkel ε_0 auf das Auge. Bringen wir eine Lupe in den Strahlengang, deren Brennweite f geringer ist als s_0, können wir den Gegenstand sehr viel dichter an das Auge führen, und der Winkel ε wird deutlich größer, wie in Teilabbildung b) zu sehen ist. Sein Maximum erreicht er, wenn der Gegenstand im Brennpunkt liegt. Dann treffen die Strahlen parallel aus der Lupe aus, als befände sich das Objekt unendlich weit entfernt. Die **Winkelvergrößerung** oder **Vergrößerung der Lupe** V_L ist das Verhältnis der Winkel mit und ohne Lupe zueinander und hängt davon ab, um welchen Faktor wir den Gegenstand dichter ans Auge holen können:

$$V_L = \frac{\varepsilon}{\varepsilon_0} = \frac{s_0}{f} \tag{11.15}$$

> **Beispiel**
> Klassische Leselupen am Stiel vergrößern nur schwach, meistens um einen Faktor von 2 bis 6. Für stärkere Vergrößerungen bis 20-fach gibt es Detaillupen, deren Linsen nur wenige Zentimeter Durchmesser haben, damit sie nicht zu dick geraten. Solche Lupen hält man möglichst dicht vor das Auge, um ein etwas größeres Sehfeld zu gewinnen. Anschließend führt man das Objekt heran, bis es scharf erscheint.   ◄

Um Gegenstände stärker zu vergrößern als mit einer Lupe, benötigen wir ein **Mikroskop.** Es besteht aus zwei Linsensystemen, die wir zur Vereinfachung auf zwei einzelne Linsen reduzieren können (Abb. 29.54 im Tipler). Das **Objektiv** erzeugt ein vergrößertes reelles Bild des Gegenstands, das wir mit dem **Okular** wie mit einer Lupe betrachten. Dafür stellen wir den Abstand zwischen den Linsen so ein, dass das Zwischenbild im ersten Brennpunkt des Okulars liegt. Die Lichtstrahlen fallen dann parallel aufs Auge, und wir betrachten das Bild im „Unendlichen" mit entspannten Augen.

Die **Vergrößerung eines Mikroskops** $V_{\mathrm{Mikroskop}}$ hängt neben den Brennweiten von Objektiv f_{Objektiv} und Okular f_{Okular} auch von der Tubuslänge l als dem Abstand zwischen dem zweiten Brennpunkt des Objektivs und dem ersten Brennpunkt des Okulars (normalerweise 16 cm) und der Nahsehweite des Auges s_0 ab:

$$V_{\mathrm{Objektiv}} = -\frac{l}{f_{\mathrm{Objektiv}}} \tag{11.16}$$

$$V_{\mathrm{Okular}} = \frac{s_0}{f_{\mathrm{Okular}}} \tag{11.17}$$

$$V_{\mathrm{Mikroskop}} = V_{\mathrm{Objektiv}} \cdot V_{\mathrm{Okular}} = -\frac{l}{f_{\mathrm{Objektiv}}} \cdot \frac{s_0}{f_{\mathrm{Okular}}} \tag{11.18}$$

> **Beispiel**
> Im Prinzip ließe sich das Zwischenbild des Objektivs auf einer Mattscheibe abbilden, in der Praxis ist es dafür zu lichtschwach. Stattdessen leitet häufig ein Strahlteiler einen Teil des Endbilds hinter dem Okular in eine Kamera, deren Aufnahme auf einem Bildschirm zu sehen ist.   ◀

Das **Fernrohr,** auch als *Refraktor* bezeichnet, besteht wie das Mikroskop aus zwei Sammellinsen, von denen die erste ein reelles Zwischenbild erzeugt, das mit der zweiten als Lupe vergrößert betrachtet wird (Abb. 29.55 im Tipler). Weil astronomische Objekte jedoch extrem weit weg sind, fällt ihr Licht praktisch parallel durch das Objektiv, und die Strahlen schneiden sich in der Brennebene. Das Bild ist verkleinert, dafür aber sehr viel dichter am Auge als das echte Objekt. Beim Blick durch das Okular erhalten wir deshalb trotzdem eine Vergrößerung V_{Teleskop}, die sich nach den Brennweiten der Linsen richtet:

$$V_{\mathrm{Teleskop}} = -\frac{f_{\mathrm{Objektiv}}}{f_{\mathrm{Okular}}} \tag{11.19}$$

Für eine starke Vergrößerung benötigen wir demnach eine lange Objektivbrennweite und eine kurze Okularbrennweite. In vergangenen Jahrhunderten wurden Fernrohre daher immer länger (bis fast 20 m) und wegen der dicken Linsen zunehmend schwerer. Darum ging man schließlich dazu über, das Objektiv durch einen konkaven Spiegel zu ersetzen (Abb. 29.56). Die Objektivdurchmesser dieser **Spiegelteleskope** oder *Reflektoren* erreichen inzwischen Durchmesser von über 15 m und fangen dementsprechend viel lichtschwächere Objekte ein als traditionelle Fernrohre. Außerdem gibt es bei der Reflexion keine Farbränder durch chromatische Aberration. Und sie sind billiger herzustellen als Linsenfernrohre mit dem gleichen Objektivdurchmesser – weshalb sie besonders auch bei Amateurastronomen beliebt sind.

Beispiel

Wir können mit Teleskopen auch chemische Analysen von Monden, Sternen, Nebeln und anderen Himmelsobjekten durchführen, ohne aufwändig eine Raumsonde zu starten. Dazu fächern wir das Licht zu einem Spektrum auf, indem wir beispielsweise ein Prisma hinter dem Okular in den Strahlengang bringen. Die Lage der Absorptions- und Emissionslinien im Spektrum vergleichen wir mit den Mustern bekannter Elemente, die wir im Labor gewinnen. Auf diese Weise konnten Astronomen beispielsweise nachweisen, dass in der Atmosphäre des 129 Lichtjahre entfernten Planeten HR 8799c Kohlenmonoxid und Wasserdampf vorkommen, es aber kein Methan gibt.   ◄

Verständnisfragen

32. Wie groß muss ein Spiegel mindestens sein, damit wir uns vollständig in ihm sehen können?

33. Mit welchem optischen Bauteil können wir einen Wassertropfen vergleichen? Wie ist es bei einem Tropfen aus Quecksilber?

34. Wer profitiert mehr von einer Lupe – ein junger oder ein alter Mensch? Und wer sieht damit das größere Bild?

Interferenz und Beugung

12.1   Reflexion kann Wellen aus dem Gleichschritt bringen – 122

12.2   Geteiltes Licht erzeugt bei Überlagerung ein Helldunkel-Muster – 123

12.3   Doppelspalte rufen Interferenzstreifen hervor – 124

12.4   Gitter zerlegen Licht in seine Spektralfarben – 125

12.5   Durch Beugung gelangt Licht auch in verbotene Schattenzonen – 127

12.6   Beugung lässt getrennte Punkte optisch verschmelzen – 128

© Springer-Verlag GmbH Deutschland, ein Teil von Springer Nature 2020
O. Fritsche, *Physik für Chemiker II*, https://doi.org/10.1007/978-3-662-60352-9_12

Betrachten wie Lichtstrahlen aus nächster Nähe, wird ihr Wellencharakter deutlich, und wir beobachten neue Phänomene wie die Interferenz genannte Überlagerung von Lichtwellen, die ein charakteristisches Muster von hellen und dunklen Linien erzeugt, sowie die Beugung, mit welcher sich Licht in den Schattenbereich hinter einem undurchlässigen Objekt ausbreitet.

12.1 Reflexion kann Wellen aus dem Gleichschritt bringen

Tipler

Abschn. 30.1 *Phasendifferenz und Kohärenz* und Beispiel 30.1

Im Kapitel zur Mechanik im ersten Band haben wir bereits die Eigenschaften von Wellen, zu denen auch das Licht als elektromagnetische Welle gehört, ausführlich besprochen. Wir haben gesehen, dass das elektrische Feld einer Lichtwelle sinusförmig schwingt. Messen wir seinen Wert an einem festen Ort, erleben wir, wie es mit der Zeit periodisch zwischen den positiven und negativen Extremen – der Amplitude der Welle – oszilliert. Könnten wir die Welle „einfrieren" und ihre elektrische Feldstärke entlang der Ausbreitungsrichtung messen, würden wir das gleiche Muster finden. Den aktuellen Zustand bezeichnen wir als **Phase** der Welle. Sie wiederholt sich räumlich mit der Wellenlänge λ und zeitlich mit der Frequenz ν.

Zwei Wellen mit der gleichen Wellenlänge, die synchron miteinander schwingen, sind *in Phase* miteinander. Voraussetzung dafür ist, dass die Phasendifferenz zwischen ihnen gleich null oder ein ganzzahliges Vielfaches von 360° bzw. 2π ist. Überlagern sich die Wellen fallen ihre Maxima und Minima genau aufeinander, und **die Wellen interferieren konstruktiv.** Ihre elektrischen Felder verstärken sich gegenseitig, und die Amplitude der resultierenden Welle ist so groß wie die Summe der Einzelamplituden. Waren die Amplituden gleich, verdoppelt sich also ihr Wert. Da die Amplitude quadratisch in die Intensität eingeht, vervierfacht sich die Intensität des Lichts sogar.

Liegt die Phasendifferenz hingegen bei 180° oder einem ungeradzahligem Vielfachen von π, überlagern sich die Wellen in **destruktiver Interferenz.** Wellenberge stoßen auf Wellentäler und schwächen sich gegenseitig ab. Die Gesamtamplitude entspricht nur noch dem Unterschied der Einzelamplituden. Wellen mit zuvor gleichen Amplituden löschen sich für den Bereich, in dem sie interferieren, sogar gegenseitig aus.

Eine Phasendifferenz zwischen zwei Wellen kann durch verschiedene Gründe auftreten:

— Die Wellen können unterschiedlich lange Wege zurückgelegt haben, bevor sie aufeinandertreffen. Solch einen **Gangunterschied** können wir beispielsweise beobachten, wenn Licht an einer durchsichtigen Schicht wie einer Glasscheibe reflektiert wird. Ein Teil des Lichts wird an der vorderen Grenzschicht zwischen Luft und Glas zurückgeworfen, ein anderer Teil am hinteren Übergang von Glas in Luft. Bevor sich die beiden reflektierten Anteile wieder miteinander vereinigen können, muss das hinten gespiegelte Licht zweimal die Glasscheibe durchqueren. Durch den zusätzlichen Weg von Δr – dem Gangunterschied – besteht zwischen den Wellen eine Phasendifferenz von δ:

$$\delta = \frac{\Delta r}{\lambda} 2\pi = \frac{\Delta r}{\lambda} \cdot 360° \tag{12.1}$$

Hier ist λ die Wellenlänge in dem Medium, in welchem das Licht seinen Extraweg zurücklegt.

— Eine Lichtwelle erlebt außerdem einen **Phasensprung** von 180°, wenn sie an der Grenzfläche zu einem optisch dichteren Medium reflektiert wird. In unserem Beispiel von oben wird demnach der Teil des Lichts, der an der Vorderseite der Scheibe gespiegelt wird, einen Phasensprung vollziehen. Der andere Teil wird dagegen am Übergang vom optisch dichteren Medium Glas zum optisch dünneren Medium Luft zwar seine Richtung ändern, aber nicht seine Phase verschieben.

Mit Tageslicht oder herkömmlichem künstlichen Licht können wir meist schlecht die Phasensprünge an Grenzflächen und die Folgen der Interferenz der Wellen beobachten. Dafür benötigen wir **kohärente Wellen,** also Licht mit gleicher Wellenlänge und einer zeitlich konstanten Phasendifferenz zwischen den Wellen. Am einfachsten erhalten wir kohärentes Licht, wenn wir das Licht aus einer einzigen Quelle in mehrere Strahlen aufteilen, beispielsweise durch Teilreflexion an einer Grenzfläche (Abb. 30.1 im Tipler). Die geeignetste Lichtquelle hierfür ist ein Laser, dessen einzelne Wellen so gut synchronisiert sind, dass sie über Strecken von Kilometern miteinander kohärent sind. Wir bezeichnen diese Strecke als **Kohärenzlänge,** beziehen wir uns auf die Zeit, sprechen wir von der **Kohärenzzeit.** Bei anderen Lichtquellen wie etwa Gasentladungslampen, zu denen die Neonröhren gehören, sind die Wellen weitaus weniger gut abgestimmt. Ihre Kohärenzlängen betragen nur einige Millimeter, dann verlaufen die Wellen asynchron.

12.2 Geteiltes Licht erzeugt bei Überlagerung ein Helldunkel-Muster

Wir haben eben gesehen, dass ein Lichtstrahl kohärenten Lichts, der auf ein optisch dichteres Medium fällt, an der Grenzfläche in zwei Teilstrahlen zerfällt, von denen der eine reflektiert wird, und der andere gebrochen in dem Medium weiterläuft. Weil es sich um einen Übergang von einem optisch dünneren zu einem optisch dichteren Medium handelt, erfährt der reflektierte Teilstrahl (1) einen Phasensprung um 180°.

Tipler

Abschn. 30.2 *Interferenz an dünnen Schichten* und Beispiel 30.2

Bei der **Reflexion an einer dünnen Schicht** wird auch der Teilstrahl, der sich in dem neuen Medium fortsetzt, gespiegelt. Ob er dabei ebenfalls einen Phasensprung macht, hängt von den Eigenschaften des nächsten Mediums ab:

- Folgt ein optisch dünneres Medium wie in Abb. 30.1 im Tipler, behält der reflektierte Strahl (2) seine Phase. Überlagert er sich mit dem gespiegelten Strahl (1) von der ersten Grenzfläche, ergibt sich die Phasendifferenz aus dem 180°-Phasensprung des zuerst reflektierten Strahls (1) plus dem Gangunterschied aufgrund des zusätzlichen Wegs des zweiten Strahls (2) durch das dichte Medium.
- Folgt ein optisch noch dichteres Medium wie bei der Abfolge Luft → Wasser → Glas in Abb. 30.2 im Tipler, gibt es auch bei der Reflexion an der zweiten Grenzschicht einen Phasensprung. Bei der Interferenz der reflektierten Strahlen addieren sich die beiden Phasensprünge zu 360°, sodass sie die Strahlen nicht aus der gemeinsamen Phase bringen. Die Phasendifferenz geht deshalb vollständig auf den Gangunterschied zurück.

Die reflektierten Strahlen (1) und (2) sind weiterhin kohärent zueinander, da sie aus der gleichen Quelle stammen. Sie können deshalb konstruktiv oder destruktiv miteinander interferieren, und die dünne Schicht aus dem Fremdmaterial erscheint uns dadurch umso heller oder dunkler. Ändert sich jedoch die Stärke der Schicht und damit der Gangunterschied, variiert auch die Phasendifferenz. Mal ist die zusätzliche Weglänge gerade so groß, dass die reflektierten Strahlen einander verstärken und ihr Licht hell erscheint, gleich daneben tritt der zweite reflektierte Strahl um eine halbe Wellenlänge verschoben aus dem Material, und es gibt eine destruktive Interferenz mit verminderter Helligkeit. Es bildet sich ein Muster aus **Interferenzstreifen,** die abwechselnd hell und dunkel sind. Abb. 30.3 im Tipler zeigt dies für eine dünne Luftschicht zwischen zwei Glasplatten, die sogenannte

Newton'sche Ringe erzeugt. In Abb. 30.5 im Tipler sehen wir die Interferenzstreifen eines keilförmigen Luftspalts zwischen zwei Glasplatten, die wie in Abb. 30.4 im Tipler dargestellt an einer Seite auf Abstand voneinander gehalten werden. Sind beide Platten absolut eben oder **planparallel,** verlaufen die Interferenzstreifen gerade. Ist eine der Platten ein wenig unregelmäßig, erscheinen die Streifen verzerrt. Schon Abweichungen von kleinen Bruchteilen der Wellenlänge fallen so auf.

Beispiel

Weil der Gangunterschied von der Wellenlänge des Lichts abhängt, reagiert jede Farbe ein wenig anders bei der Interferenz an dünnen Schichten. Je nach der Phasenverschiebung, die sie erfährt, leuchtet eine Farbe durch konstruktive Interferenz heller, während eine andere an der gleichen Stelle durch destruktive Interferenz verblasst. Die dünne Haut von Seifenblasen, die aus zwei Lipidschichten und einem eingeschlossenen Wasserfilm besteht, erhält dadurch ihren bunten Schimmer.   ◄

12.3 Doppelspalte rufen Interferenzstreifen hervor

Tipler

Abschn. 30.3 *Interferenzmuster beim Doppelspalt* und Übung 30.1

Bei Interferenz an dünnen Schichten überlagern sich zwei Strahlen, die an hintereinander liegenden Grenzflächen reflektiert wurden. Wir können ein Interferenzmuster aber auch dann erzeugen, wenn die Strahlen ihren Ursprung dicht nebeneinander haben. Im Experiment lässt sich das am besten mit einer undurchlässigen Blende realisieren, in der sich zwei enge Spalte im Abstand d voneinander befinden – ein sogenannter **Doppelspalt.** Fällt kohärentes Licht auf die Blende, kann es nur an den Spalten hindurch. Sind diese sehr schmal, fungiert jeder von ihnen nach dem Huygens'schen Prinzip als neue Lichtquelle, die eine zylinderförmige Welle aussendet. Abb. 30.6 im Tipler zeigt den Vorgang am analogen Beispiel einer ebenen Wasserwelle, die auf eine Wand mit einer kleinen Öffnung fällt. Von der Öffnung gehen hinter der Wand kreisförmige Wellen aus.

Die Lichtstrahlen hinter den Spalten überlagern sich und interferieren je nach Phasendifferenz konstruktiv oder destruktiv. Lassen wir das Licht auf einen Schirm fallen, wie es in Abb. 30.7a im Tipler gezeigt ist, entsteht darauf ein **Interferenzmuster** aus Streifen mit Maxima und Minima (Abb. 30.9a im Tipler). Den Unterschied in der Phase macht dabei der unterschiedlich lange Weg aus, den die Strahlen von den beiden Spalten zurücklegen müssen. Er hängt vom Abstand der Spalten d ab sowie vom Winkel θ, unter dem der Strahl die Blende verlässt. Abb. 30.7b im Tipler verdeutlicht den Zusammenhang mit einer Skizze.

Die **Interferenzmaxima** finden wir unter Winkeln, für die gilt:

$$\sin \theta_{\max} = \frac{m \cdot \lambda}{d} \quad \text{mit } m = 0, \ 1, \ 2, \ \dots \tag{12.2}$$

Hier ist m die **Ordnung** des jeweiligen Maximums, die in der Mitte des Musters bei $m = 0$ beginnt und nach außen ansteigt.

Für die Winkel der **Interferenzminima** gilt:

$$\sin \theta_{\min} = \frac{(m - 1/2) \cdot \lambda}{d} \quad \text{mit } m = 1, \ 2, \ 3, \ \dots \tag{12.3}$$

Die Abstände der Streifen auf dem Schirm sind im Bereich um die Mitte herum gleich. Die **Intensitäten** I reichen von null in den Minima bis zum Vierfachen der Intensität I_0, den das Licht eines einzelnen Spalts auf die betreffende Stelle wirft. Der genaue Wert hängt von der Phasendifferenz δ am Schirm ab:

$$I = 4\,I_0\,\cos^2\left(\frac{1}{2}\delta\right) \tag{12.4}$$

Abb. 30.9 im Tipler zeigt das Interferenzmuster hinter einem Doppelspalt und den Verlauf der Intensität. Es entsteht jedoch nur, wenn das Licht, das auf die Blende mit den Spalten fällt, kohärent ist. Bei inkohärentem Licht ergäbe sich über die gesamte Fläche eine mittlere Intensität von $2\,I_0$.

Statt mit einer Blende mit Doppelspalten könnten wir das Interferenzmuster auch mit einem **Lloyd'schen Spiegel** erzeugen, wie er in Abb. 30.10 im Tipler schematisch dargestellt ist. Bei diesem Aufbau fällt das Licht einmal direkt auf den Schirm und einmal über einen senkrecht zum Schirm angebrachten Spiegel. Der Abstand zwischen der tatsächlichen Lichtquelle und ihrem virtuellen Bild entspricht dann dem Abstand zwischen den Spalten. Allerdings erhalten wir wegen des Phasensprungs von 180° bei der Reflexion als Interferenzmuster das Negativ des Musters am Doppelspalt.

> ❯ **Wichtig**
>
> Die Bedeutung des Doppelspaltexperiments liegt im Nachweis der Wellennatur des Lichts. Bestünde das Licht aus Teilchen – wofür es ebenfalls Anzeichen gibt, wie wir im nächsten Teil zur Quantenphysik sehen werden –, könnte sich auf dem Schirm kein Interferenzmuster ausbilden. Physiker konnten jedoch in Experimenten mit extrem schwachem Licht zeigen, dass sogar ein einzelnes Licht „teilchen" oder Photon hinter dem Doppelspalt mit sich selbst interferiert und ein Streifenmuster hervorruft.   ◄

12.4 Gitter zerlegen Licht in seine Spektralfarben

Wir können das Prinzip der Beugung am Doppelspalt steigern, indem wir in die undurchlässige Blende nicht nur zwei, sondern sehr viele schmale Spalte schneiden. Auf diese Weise entsteht ein **Beugungsgitter** oder genauer: ein Transmissionsgitter, da das Licht wie in Abb. 30.11 im Tipler gezeigt durch die Spalte hindurch tritt und auf der Transmissionsseite interferiert.

Tipler
Abschn. 30.4 *Beugungsgitter*

Monochromatisches Licht, das auf ein Beugungsgitter fällt, erzeugt wie beim Doppelspalt Interferenzmaxima unter einem Winkel θ, der von der Wellenlänge λ und dem Abstand zwischen den Linien g, der sogenannten **Gitterkonstanten** abhängt:

$$\sin\theta_{\mathrm{max}} = \frac{m\cdot\lambda}{g}\quad\text{mit } m = 0,\ 1,\ 2,\ \dots \tag{12.5}$$

Die Formel entspricht genau Gl. 12.2 für die Beugung am Doppelspalt.

Die Linien auf dem Gitter liegen extrem eng beieinander. Selbst bei günstigen Kunststoffgittern beträgt ihr Abstand nur rund einen Mikrometer. Dementsprechend viele Linien tragen zur Interferenz bei. Bezeichnen wir die Amplitude der Welle aus einem einzelnen Spalt als A_0 und die Zahl der Spalten als N, erreicht das Interferenzmaximum in gerader Linie ($\theta = 0$) eine Amplitude von:

$$A = N\cdot A_0 \tag{12.6}$$

Da die Intensität proportional zum Quadrat der Amplitude ist, liegt sie bei:

$$I = N^2 \cdot I_0 \tag{12.7}$$

Je mehr Linien ein Gitter hat, desto intensiver und schärfer wird das Interferenzmuster daher.

Weil die Winkel, unter denen das Licht besonders hell erscheint, von der Wellenlänge abhängt, können wir das Beugungsgitter auch dazu verwenden, Licht in seine **Spektralfarben** aufzufächern. Dazu lassen wir es auf das Gitter fallen und filtern mit einer Blende oder einem Mikroskop, wie es in Abb. 30.12 im Tipler gezeigt ist, nur einen engen Winkelbereich heraus. Bei weißem Licht erhalten wir ein volles Regenbogenspektrum. Rotes Licht wird wegen der größeren Wellenlänge stärker gebeugt als blaues Licht.

Licht aus Gasentladungslampen, in denen ein Element in einen angeregten Zustand versetzt wird und bei der Relaxation die überschüssige Energie als Licht abgibt, zeigt sein Emissionsspektrum. Da die Energiedifferenzen zwischen dem Grundzustand der Atome des jeweiligen Elements und seinen angeregten Zuständen innerhalb äußerst enger Grenzen liegen, sind auch die Wellenlängenbereiche des emittierten Lichts sehr schmal, und wir sehen für jeden Übergang eine **Spektrallinie** hinter dem Gitter. Jede Ordnung m aus Gl. 12.5 präsentiert das volle Emissionsspektrum, sodass wir ein Spektrum 1. Ordnung, eines 2. Ordnung usw. bekommen. Kennen wir die Gitterkonstante des Beugungsgitters, können wir aus den Winkeln, unter denen wir die Spektrallinien finden, deren Wellenlängen bestimmen und daraus die Abstände der Energieniveaus im emittierenden Atom berechnen.

Beispiel

In vielen Spektrometern werden Beugungsgitter eingesetzt, um das einfallende Licht aufzufächern. Die Analyse von Elementen mit Hilfe der Flammenfärbung (Abschn. 10.7) und die Fernuntersuchung der Zusammensetzung von Sternen und Planetenatmosphären (Abschn. 11.8) ist beispielsweise mit Gittern exakter als mit Prismen.   ◄

Beispiel

Neben dem Transmissionsgitter mit seinen zahlreichen Spalten gibt es auch Reflexionsgitter, bei denen die parallelen Linien das Material nicht durchdringen, sondern lediglich Vertiefungen darstellen. Das einfallende Licht wird an den Stegen zwischen den Furchen reflektiert und interferiert somit auf der Einfallsseite. Der Effekt ist der gleiche wie beim Transmissionsgitter: Monochromatisches Licht erzeugt ein Interferenzmuster, weißes Licht wird in seine Spektralfarben aufgespalten.

Die Oberflächen von CDs und DVDs wirken als Reflexionsgitter. Auf ihnen sind die Daten in den Wechseln von Vertiefungen und Erhöhungen fixiert. Die Spuren fungieren als Linien, an denen das Licht reflektiert wird. Halten wir eine CD oder DVD schräg in einen Lichtstrahl, schimmert die Scheibe in seinen Spektral-farben.   ◄

12.5 Durch Beugung gelangt Licht auch in verbotene Schattenzonen

Bislang sind wir stillschweigend davon ausgegangen, dass die Spalten in den Blenden und Gittern sehr schmal sind. Nun wollen wir untersuchen, wie sich das Interferenzmuster ändert, wenn der **Durchlass breiter als eine Wellenlänge** ist und damit zwei oder noch mehr Wellen nebeneinander passieren lässt. In diesem Fall hätten wir am Ort jedes Spalts nicht mehr eine einzelne Huygens'sche Welle, sondern mehrere, die sich gegenseitig überlagern. Schon ein einzelner Spalt ruft damit ein Interferenzmuster hervor.

Das Aussehen des Musters ist bei breiten Öffnungen deutlich komplizierter als hinter schmalen Spalten und hängt vom Abstand des Schirms zum Hindernis ab. Abb. 30.14 im Tipler zeigt, wie sich die Intensitätsverteilung nach der **Beugung an einem Einzelspalt** mit der Distanz verändert. Die Blende befindet sich in dem Schema unterhalb der untersten Kurve, und das Licht breitet sich nach oben aus. Ganz nahe an der Öffnung erhalten wir eine Abfolge von helleren und dunkleren Banden. Dieses **Fresnel'sche Beugungsmuster** entsteht, weil sich die Wellen noch fächerförmig ausbreiten und ähnlich wie beim Doppelspalt interferieren. Je weiter wir uns vom breiten Spalt entfernen, umso stärker müssen die Strahlen parallel verlaufen, um den Schirm zu erreichen, und desto mehr geht das Helldunkel-Muster in ein einfacheres **Fraunhofer'sches Beugungsmuster** über, das einfacher strukturiert ist und ein starkes zentrales Maximum aufweist. Statt uns von der Öffnung zu entfernen, könnten wir die Strahlen auch mit einer Sammellinse parallel ausrichten, wenn wir den Schirm in ihrer Brennebene aufstellen.

Da wir nun keine obere Grenze für die Breite des Spalts mehr setzen, dürfen wir ihn sogar als unendlich weit ansehen. In diesem Fall findet **Beugung auch an den Kanten von Gegenständen** statt. Abb. 30.15a im Tipler zeigt das Beugungsmuster nach Fresnel hinter einer undurchsichtigen Scheibe. Neben den ringförmigen hellen und dunklen Streifen erkennen wir im Zentrum des Schattens einen hellen Fleck, den *Poisson'schen Fleck*, der durch die konstruktive Interferenz gebeugter Strahlen entstanden ist. Er stellt einen weiteren Beweis für die Wellennatur des Lichts dar, denn hätte das Licht ausschließlich Teilchencharakter, müsste es im Mittelpunkt des Schattens dunkel sein. Durch Beugung gelangt Licht aber auch in den „verbotenen" Schatten hinter einem Gegenstand (Abb. 30.16 im Tipler).

Vergleichen wir die Interferenzmuster für Beugung an einer Kreisscheibe (Abb. 30.15a im Tipler) mit dem Muster hinter einer gleich großen kreisrunden Öffnung in einer Blende (Abb. 30.15b im Tipler), sehen, wir, dass die beiden sich zueinander verhalten wie Positiv und Negativ – sie sind komplementär. Die Maxima und Minima der Helligkeit befinden sich an den gleichen Stellen, sind aber gegeneinander vertauscht.

> **Beispiel**
>
> Fällt weißes Licht an einer scharfen Kante vorbei, wird sein roter Anteil stärker gebeugt als der kürzerwellige blaue Spektralanteil. Es entsteht ein Farbsaum, den wir unter günstigen Umständen beobachten können, wenn wir die Augenlider so weit schließen, dass das Licht durch die Wimpern fällt. Sogar die Fäden von Spinnennetzen erscheinen farbig, wenn das Licht schräg von hinten kommt. ◄

Während die Intensität der hellen und dunklen Streifen im Interferenzmuster hinter einem schmalen Doppelspalt gleich bleibt, verläuft die **Intensitätsverteilung im Fresnel'schen Beugungsmuster** weit hinter einem breiten Einzelspalt je nach Winkel unterschiedlich (Abb. 30.17 im Tipler). Das absolute Maximum finden wir in gerader Verlängerung der Einfallsrichtung im **zentralen Beugungsmaximum.**

Tipler

Abschn. 30.5 *Fraunhofer'sche und Fresnel'sche Beugung* sowie *30.6 Beugungsmuster beim Einzelspalt* und Beispiel 30.4

Je breiter der Spalt ist, desto schmaler fällt dieses Maximum aus. Es wird von zwei Minima flankiert, die wir unter dem Winkel θ_1 finden:

$$\sin\theta_1 = \frac{\lambda}{a} \tag{12.8}$$

a ist hier die Breite des Spalts.

Auf die Minima folgen nach außen hin weitere Nebenmaxima mit sehr viel geringeren Intensitäten als beim zentralen Beugungsmaximum:

$$\sin\theta_{\mathrm{max}} = \frac{(m+1/2)\cdot\lambda}{a} \quad \text{mit } m = 1,\ 2,\ 3,\ \ldots \tag{12.9}$$

Die Winkel für die Intensitätsminima liegen bei:

$$\sin\theta_{\mathrm{min}} = \frac{m\cdot\lambda}{a} \quad \text{mit } m = 1,\ 2,\ 3,\ \ldots \tag{12.10}$$

In der Regel beachten wir nur das zentrale Beugungsmaximum und die begrenzenden Minima, weil sich der Großteil der Lichtenergie auf diesen Bereich konzentriert.

Bei der **Beugung an zwei breiten Spalten** ergibt sich eine Mischung aus dem streifigen Interferenzmuster, wie wir es für Beugung an engen Doppelspalten kennengelernt haben, und der mittenbetonten Intensitätsverteilung der Fraunhofer'schen Beugung. In Abb. 30.20 im Tipler sehen wir, dass die Helligkeit im Zentrum am größten ist und nach außen hin die Streifenhelligkeit abnimmt. Außerdem fällt das von der Mitte gezählte 10. Interferenzmaximum vollständig aus. Im Prinzip müssten die einzelnen Lichtwellen an dieser Stelle in Phase sein und sich durch konstruktive Interferenz verstärken. Bei Spalten, deren Abstand d voneinander 10-mal so groß ist wie die Spaltbreite a, wird nach Gl. 12.10 aber überhaupt kein Licht in diese Richtung gebeugt. Das Interferenzmaximum fällt hier also mit einem Beugungsminimum zusammen, sodass im Ergebnis kein Licht diesen Punkt erreicht. Allgemein geschieht dies für jedes $M = d/a$-te Intensitätsmaximum. Der helle Zentralbereich umfasst dann N helle Streifen mit:

$$N = 2\cdot m - 1 \tag{12.11}$$

> **Beispiel**
> Nicht nur Licht, sondern auch andere elektromagnetische Wellen werden an Kanten und Hindernissen gebeugt. Röntgenstrahlen werden beispielsweise von den Elektronenhüllen der Atome in einem Kristallgitter gebeugt und interferieren anschließend miteinander. Indem wir die Ausbreitung der Wellen rechnerisch rückwärts verlaufen lassen, können wir aus dem Beugungsmuster auf die Anordnung der Atome und damit die Kristall- oder Molekülstruktur schließen. Unter anderem wurde auf diese Weise die Struktur des Erbmoleküls DNA bestimmt. ◀

12.6 Beugung lässt getrennte Punkte optisch verschmelzen

Tipler
Abschn. 30.8 *Beugung und Auflösung*
sowie Beispiel 30.5

Die Beugungsmuster, die entstehen, wenn Licht durch eine Öffnung fällt, haben große Bedeutung dafür, ob zwei getrennte Punkte auch tatsächlich einzeln erscheinen oder miteinander zu einem ovalen Klecks verschwimmen. Abb. 30.36 im Tipler demonstriert den Unterschied am Beispiel zweier punktförmiger Lichtquellen, deren Licht an einer kreisförmigen Öffnung gebeugt wird. Im oberen Teilbild (a) liegt zwischen den zentralen Beugungsmaxima ein Minimum, sodass wir deutlich zwei Punkte unterscheiden können. Das ist bei den miteinander verschmolzenen Maxima in Teilbild (b) nicht möglich. Bei ihm liegen die beiden Lichtquellen so nahe beieinander, dass die zentralen Beugungsmaxima einander überlappen.

Den kleinsten Abstand, den die Punkte voneinander haben müssen, damit wir sie als isolierte Objekte sehen können, bezeichnen wir als die **Auflösung.** Sie hängt bei optischen Instrumenten vom Öffnungsdurchmesser D ab und liegt beim Winkel θ, bei dem das erste Beugungsminimum als Begrenzung eines Lichtpunkts zu finden ist:

$$\sin\theta = 1{,}22\,\frac{\lambda}{D} \tag{12.12}$$

Die Formel entspricht Gl. 12.8 für die flankierenden Minima des zentralen Beugungsmaximums. Lediglich der Faktor 1,22 ist hinzugekommen. Er bringt die Besonderheiten an einer kreisrunden Öffnung in die Rechnung ein.

Für kleine Winkel, wie wir sie an optischen Instrumenten wie Mikroskopen und Teleskopen haben, können wir die Gleichung mithilfe der Näherung $\sin\theta \approx \theta$ vereinfachen zu:

$$\theta \approx 1{,}22\,\frac{\lambda}{D} = \alpha_k \tag{12.13}$$

Dieser Winkel wird auch als kritischer Winkel α_k bezeichnet. An ihm findet der Übergang zwischen zwei getrennten Bildern zweier Punkte und einem verschmolzenen Flecken statt, wie wir ihn in Abb. 30.36b im Tipler sehen. Nach dem **Rayleigh'schen Kriterium der Auflösung** fallen im kritischen Winkel das zentrale Beugungsmaximum des einen Punktes und das erste Beugungsminimum des zweiten Punktes gerade zusammen.

Die Beugung an der Öffnung begrenzt somit das **Auflösungsvermögen optischer Instrumente:**

- Beim **menschlichen Auge** liegt der kritische Winkel bei $1{,}5 \cdot 10^{-4}$ rad, was auf der Netzhaut einem Abstand von 3,8 µm entspricht. Die Sehzellen in der Fovea centralis als dem Bereich des schärfsten Sehens liegen etwa 1 µm auseinander. Damit befinden sich zwischen zwei angeregten Zellen nur ein bis zwei nicht angeregte Zellen. Die Netzhaut ist also so dicht mit Rezeptorzellen besetzt, dass sie das optische Auflösungsvermögen des Auges vollständig ausschöpft.

- Bei **Lichtmikroskopen** wird das Auflösungsvermögen nicht als Winkel angegeben, sondern als der kleinstmögliche Abstand d_{min} zwischen zwei Punkten, die noch getrennt wahrgenommen werden können. Er hängt entscheidend vom Brechungsindex n des Mediums zwischen dem Deckgläschen, das auf der Probe liegt, und der ersten Linse des Objektivs ab:

$$d_{min} = \frac{\lambda}{n\,\sin\alpha} \tag{12.14}$$

α ist hier der halbe Einfallswinkel. Indem wir den Zwischenraum mit einem Immersionsöl auffüllen, dessen Brechzahl ($n = 1{,}5$) nahe an der Brechzahl des Glases ($n = 1{,}55$) liegt, wird die effektive Wellenlänge kleiner ($\lambda_n = \lambda/n$) und Totalreflexion an der Oberseite des Deckgläschens verhindert.

- Das Auflösungsvermögen A von **Beugungsgitter in Spektroskopen** steigt mit der Anzahl N der Spalte:

$$A = \frac{\lambda}{|\Delta\lambda|} = m\,N \tag{12.15}$$

$\Delta\lambda$ gibt an, welchen Unterschied zwischen zwei Wellenlängen das Spektroskop noch erkennen kann, m ist die Ordnung des Intensitätsmaximums. In der Praxis wirkt sich nur das Maximum erster Ordnung ($m = 1$) aus, sodass Gitter mit 1000 Strichen noch Spektrallinien mit weniger als 1 nm Unterschied auseinanderhalten können.

Verständnisfragen

35. Licht fällt durch eine wässrige Lösung, die sich in einer Glasküvette befindet. An welchen Grenzflächen erfährt das reflektierte Licht einen Phasensprung um $180°$?

36. Warum schimmert ein Ölfilm auf einer Wasserpfütze bunt?

37. Wenn wir annehmen, dass sich sichtbares Licht über einen Wellenlängenbereich von 380 nm bis 780 nm erstreckt, unter welchem Winkelbereich finden wir dann das Spektrum erster Ordnung, das ein Beugungsgitter mit einer Gitterkonstanten von 1 μm erzeugt?

38. Licht mit der Intensität $I_0 = 100\,\text{W/m}^2$ fällt von Luft kommend (Brechzahl $n_1 = 1$) senkrecht auf verschiedene durchsichtige Materialien.

    1. Eine auffällig stark reflektierende Probe reflektiert 17,2 W/cm. Berechnen Sie die Brechzahl. Um welches Material handelt es sich?

    2. Berechnen Sie für Glas die reflektierte und die ins Glas eintretende Intensität (Brechzahl von Glas: $n_2 = 1,5$).

    3. Wie groß ist die ins Glas eintretende Intensität, wenn das Glas beschichtet wird (n_i der Schicht: 1,3), wie viel wird insgesamt reflektiert (Rechnung ohne Mehrfachreflexionen)?

    4. Berechnen Sie für Glas den Einfallswinkel θ_1, für welchen der reflektierte Strahl θ_1' senkrecht auf dem gebrochenem Strahl θ_2 steht (Brechzahl von Glas: $n_2 = 1,5$). Welche besondere Eigenschaft hat dann der reflektierte Strahl?

Quanten- und Atomphysik

Inhaltsverzeichnis

Kapitel 13   Einführung in die Quantenphysik – 133

Kapitel 14   Atome – 145

Kapitel 15   Moleküle – 161

Kapitel 16   Kernphysik und Radioaktivität – 169

■ **Lernziele**

Die Atom- und Quantenphysik beschreibt die Eigenschaften von Energie und Materie auf subatomarer Ebene, wo sie oft deutlich vom Verhalten abweichen, das wir im Alltag erleben.

Am Ende dieses Teils sollten Sie den Aufbau von Materie sowie deren Welleneigenschaften und die Abläufe bei der Interaktion mit Licht kennen. Konzepte wie Welle-Teilchen-Dualismus sowie die Schrödinger-Gleichung sollten Ihnen ebenso geläufig sein wie die Heisenberg'sche Unschärferelation. Das Wissen sollten Sie anwenden können, um Reaktionsabläufe und gängige Labormethoden wie die Spektroskopie zu erklären.

Einführung in die Quantenphysik

13.1 Licht hat manchmal auch Teilchencharakter – 134

13.2 Materie kann wie eine Welle sein – 136

13.3 Weder ganz Teilchen noch ganz Welle – 138

13.4 Die Schrödinger-Gleichung beschreibt wellige Materie – 139

13.5 Teilchen haben keinen festen Ort – 140

13.6 Simple Modelle für Elektronen und Atome – 141

13.7 Teilchen können durch Wände tunneln – 143

© Springer-Verlag GmbH Deutschland, ein Teil von Springer Nature 2020
O. Fritsche, *Physik für Chemiker II*, https://doi.org/10.1007/978-3-662-60352-9_13

Um die Wende vom 19. zum 20. Jahrhundert brach das Weltbild der klassischen Physik in sich zusammen. Max Planck stellte fest, dass die Energie des Lichts keineswegs kontinuierlich ist und jeden beliebigen Wert annehmen kann, sondern in kleinen Paketen mit diskreten Werten verpackt ist, den sogenannten Quanten. Wenig später wies Albert Einstein nach, dass Licht sich manchmal sogar wie ein festes Teilchen verhält, das mit anderen, klassischen Teilchen wie Elektronen Energie durch Zusammenstöße austauscht. Die dadurch ausgelöste Krise führte zur Entwicklung einer neuen Teildisziplin der Physik: der Quantenmechanik. Sie beschreibt mit ihren Modellen und Gleichungen sehr genau die Abläufe auf atomarer und subatomarer Ebene. Selbst ihre eigentlich unglaublichen Aussagen, wie Teilchen, die an zwei Stellen gleichzeitig sind, oder solche, die durch Wände gehen können, haben sich in Experimenten schließlich als zutreffend herausgestellt.

In diesem Kapitel erarbeiten wir uns ein Grundverständnis für die Quantenmechanik, bevor wir unser Wissen in den folgenden Kapiteln auf Atome und Moleküle anwenden.

13.1 Licht hat manchmal auch Teilchencharakter

Tipler
Abschn. 32.2 *Licht als Teilchen: Photonen* und Beispiele 32.1 bis 32.2

Wenn Licht auf eine Metalloberfläche fällt, kann es unter bestimmten Voraussetzungen Elektronen aus dem Material lösen. Dafür muss die zugeführte Energie ausreichen, um die Bindungskräfte der Atomrümpfe zu überwinden. Bleibt danach noch Energie übrig, kann das Elektron diese als kinetische Energie in Bewegung umsetzen, mit der es in eine zufällige Richtung von der Metallfläche flieht. Diesen **photoelektrischen Effekt** können wir mit einer Versuchsanordnung wie in Abb. 32.1 im Tipler verfolgen und vermessen. Die Physik kannte ihn bereits im 19. Jahrhundert – doch erklären konnte sie ihn lange Zeit nicht.

Nach der klassischen Vorstellung vom Licht hängt dessen Energie nämlich von der Intensität der Strahlung ab. Lassen wir also genügend Licht auf die metallene Kathode C in Abb. 32.1 fallen, sollten dort Elektronen aus dem Gitter treten, von denen einige zur Anode A fliegen, sodass ein elektrischer Strom fließt, der umso größer ist, je heller das Licht ist. In der Praxis zeigte sich jedoch, dass auch extrem intensives rotes Licht nicht den kleinsten Stromfluss antreiben konnte. Ultraviolettes Licht brachte das Amperemeter dagegen auch dann zum Ausschlagen, wenn seine Intensität ziemlich niedrig blieb. Anscheinend gibt es eine untere kritische Frequenz oder **Grenzfrequenz** ν_k – und eine entsprechende obere **Grenzwellenlänge** λ_k –, die das einfallende Licht überschreiten muss, um Elektronen aus dem Metall zu schlagen. Nach der klassischen Vorstellung hätte aber alles Licht gleichwertig sein müssen.

Die Experimente zum photoelektrischen Effekt setzten dem Licht aber nicht nur eine untere Grenze, sondern beschränkten es auch nach oben. Legen wir an die Elektroden in Abb. 32.1 eine elektrische Spannung, bei der die Anode im Vergleich zur Kathode ein negatives Potenzial hat, müssen die Photoelektronen gegen dieses elektrische Feld ankämpfen, um die Anode zu erreichen. Je größer die Spannung ist, umso weniger Elektronen haben dafür ausreichend kinetische Energie und desto kleiner wird der Strom. Im klassischen Weltbild müsste die obere Schwelle, ab welcher überhaupt keine Elektronen mehr zur Anode gelangen, wiederum von der Lichtintensität abhängen. Erneut zeigte sich jedoch, dass die Wellenlänge des einfallenden Lichts entscheidend ist. Auch dieses Mal konnte kurzwelliges Licht einer größeren Gegenspannung trotzen als langwelliges. Irgend etwas stimmte nicht mit der Vorstellung vom Licht und seiner Energie.

Erst Albert Einstein konnte das Rätsel lösen. Dafür löste er sich von der Vorstellung, dass Licht eine elektromagnetische Welle und nichts anderes sei und behandelte es wie Teilchen. Diese **Photonen** besitzen eine Energie E, deren Wert nach der **Einstein'schen Gleichung** von der Wellenlänge λ des Lichts bzw. seiner Frequenz ν abhängt:

$$E = h\,\nu = \frac{h\,c}{\lambda} \tag{13.1}$$

Neben der Lichtgeschwindigkeit c finden wir in dieser Gleichung das **Planck'sche Wirkungsquantum** h, das den Zusammenhang zwischen der Energie und der Frequenz herstellt. Sein Wert liegt bei:

$$h = 6{,}626 \cdot 10^{-34}\,\text{J s} = 4{,}136 \cdot 10^{-15}\,\text{eV s} \tag{13.2}$$

Stößt ein Photon mit einem Elektron zusammen, schluckt es in diesem Fall dessen gesamte Energie. Das Photon hört damit auf zu existieren. Um das Metallgitter zu verlassen, muss die Energie mindestens so groß sein wie die Austrittsarbeit oder Ablösearbeit W_{Abl}. Photonen mit der Grenzfrequenz oder Grenzwellenlänge liefern gerade so viel Energie:

$$W_{\text{Abl}} = h\,\nu_k = \frac{h\,c}{\lambda_k} \tag{13.3}$$

Wie groß die Ablösearbeit ist, hängt von der Art des Metalls ab. Sie liegt im Bereich einiger Elektronenvolt (e V). Die Energie eines Photons in e V können wir berechnen, wenn wir die Konstanten $h\,c$ in Gl. 13.1 zusammenfassen:

$$E = \frac{1240\,\text{eV nm}}{\lambda} \tag{13.4}$$

Für Zink mit einer Ablösearbeit von etwa 4,3 e V muss das Licht daher eine Wellenlänge haben, die gleich oder kürzer als die Grenzwellenlänge von rund 290 nm ist.

Damit war erklärt, dass langwelliges Licht aus energiearmen Photonen trotz hoher Intensität keine Elektronen aus dem Metall herauslösen kann. Nicht die Intensität bestimmt den Energiegehalt des Lichts, sondern seine Wellenlänge. Nur kurzwelliges Licht konnte die Ablösearbeit aufbringen.

In monochromatischem Licht haben alle Wellen die gleiche Wellenlänge und die Photonen deshalb auch den gleichen Energiegehalt. Die losgelösten Elektronen starten alle mit der gleichen kinetischen Energie E_{kin}, die sich aus der Differenz zwischen der Photonenenergie $h\,\nu$ und der Ablösearbeit ergibt die **Einstein'sche photoelektrische Gleichung:**

$$E_{\text{kin}} = \left(\frac{1}{2}\,m\,v^2\right) = h\,\nu - W_{\text{Abl}} \tag{13.5}$$

Abb. 32.2 im Tipler zeigt für Licht verschiedener Frequenz die zugehörigen kinetischen Energien. Die experimentell ermittelten Daten lassen sich durch eine Gerade verbinden, deren Steigung gerade dem Planck'schen Wirkungsquantum entspricht, wie es Gl. 13.5 vorgibt.

Einige Elektronen verlieren durch Zusammenstöße innerhalb des Metalls einen Teil dieser Bewegungsenergie, aber mehr kinetische Energie kann kein Elektron aufbringen, um gegen ein elektrisches Gegenfeld anzufliegen. Der elektrische Stromfluss kommt darum unabhängig von der Intensität des Lichts abrupt zum Erliegen, sobald die Gegenspannung zu groß wird.

Einsteins Modell der Photonen als Lichtteilchen konnte erstmals den photoelektrischen Effekt erklären, wofür der Physiker 1922 den Nobelpreis erhielt. Offensichtlich ist Licht nicht nur eine elektromagnetische Welle, sondern zeigt gelegentlich auch Eigenschaften eines Teilchens.

> **Beispiel**
> Wir nutzen den photoelektrischen Effekt in einigen Laborapparaten. In einem Photomultiplier oder Photoelektronenvervielfacher löst schwaches Licht aus einer metallischen Photokathode Elektronen heraus, die in einem elektrischen Feld beschleunigt werden und nach dem Lawinenprinzip beim Auftreffen auf weitere Elektroden ein Vielfaches an Sekundärelektronen freisetzen. Empfindliche optische Spektroskope enthalten Photomultiplier als Detektoren.
>
> Bei der Photoelektronenspektroskopie werden Festkörper mit Elektronen analysiert, die durch ultraviolette oder Röntgen-Photonen aus dem Material gelöst werden. Die gesuchte Information steckt in der Ablösearbeit, die vom jeweiligen Element und in geringerem Maße von dessen chemischen Bindungen abhängt.   ◄

Der photoelektrische Effekt ist nicht das einzige Phänomen, das den Teilchencharakter von Licht beweist. Lassen wir Photonen mit hoher Energie auf freie Elektronen fallen, können wir die **Compton-Streuung** beobachten, die abläuft wie der Zusammenstoß fester Teilchen.

Genau genommen sind die freie Elektronen in dem Experiment nicht wirklich frei. Allerdings ist ihre Bindungsenergie von wenigen e V, mit denen sie an ihre Atomrümpfe gefesselt sind, sehr viel kleiner als die Röntgenstrahlung, deren Photonen mehrere tausend e V mitbringen. Innerhalb der Messgenauigkeit verhalten sich die Elektronen daher, als wären sie ungebunden.

Trifft ein energiereiches Röntgen-Photon ein Elektron, stößt es mit dem **Impuls eines Photons** p auf das Teilchen:

$$p = \frac{h}{\lambda} \tag{13.6}$$

Wie bei einem klassischen mechanischen elastischen Stoß überträgt das Photon einen Teil seiner Energie auf das Elektron, das dadurch beschleunigt wird. Das Photon wird abgelenkt und setzt seinen Weg mit verminderter Energie in eine andere Richtung fort. Nach der **Compton-Gleichung** ist seine Wellenlänge nach dem Zusammenstoß λ_2 geringer als die Wellenlänge vor der Streuung λ_1:

$$\lambda_2 - \lambda_1 = \frac{h}{m_e\, c}\,(1 - \cos\theta) = \lambda_{\text{Compton}}\,(1 - \cos\theta) \tag{13.7}$$

Hier ist m_e die Masse des Elektrons und θ der Winkel, um den das Photon abgelenkt wird. Der Bruch $h/(m_e\, c)$ wird als **Compton-Wellenlänge** λ_{Compton} bezeichnet. Da all ihre Komponenten Konstanten sind, hat sie einen festen Wert:

$$\lambda_{\text{Compton}} = 2{,}426 \cdot 10^{-12}\,\text{m} = 2{,}426\,\text{pm} \tag{13.8}$$

Compton-Streuung tritt nicht nur auf, wenn Photonen auf Elektronen treffen, sondern auch bei Zusammenstößen mit Protonen und Neutronen. Die Photonen verhalten sich in solchen Fällen also wie typische Teilchen.

13.2 Materie kann wie eine Welle sein

Tipler
Abschn. 32.3 *Teilchen als Materiewelle* und Übung 32.2

Außer Wellen, die sich unter bestimmten Umständen wie Teilchen verhalten, finden wir in der Welt der subatomaren Teilchen, Atome und Moleküle auch den umgekehrten Fall: Materie, die sich wie eine Welle verhält!

Zwei der **typischen Eigenschaften, die nur Wellen zeigen,** aber nicht bei Teilchen beobachtet werden, sind energieabhängige Streuung und Beugung mit anschließender Interferenz. Die Abläufe bei der **Streuung** einer Welle an einem Objekt können wir uns so vorstellen, dass das Objekt die Welle absorbiert und anschließend gleich wieder emittiert. Dabei sendet es die Welle bevorzugt in bestimmte Richtungen aus, die von der Wellenlänge abhängen. Hierin liegt der Unterschied zum elastischen Stoß zweier Teilchen: Die Richtung, in welche ein Teilchen von einem Objekt abprallt, ändert sich mit dem Aufprallwinkel, aber nicht mit seiner kinetischen Energie. Im Davisson-Germer-Experiment, das in Abb. 32.5 im Tipler gezeigt ist, wurden Elektronen, die auf einen Nickelkristall trafen, genau in dem Winkel abgelenkt, der typisch für eine gestreute Welle mit der Energie der Elektronen ist. Obendrein hatte jede Energie die passenden Winkelmaxima und -minima.

Einen weiteren Beleg für die Wellennatur der Materie erhalten wir, wenn wir Teilchen auf dünne Metallfolien schießen. Beim Durchgang durch die Lücken zwischen den Metallatomen werden die Teilchenstrahlen gebeugt wie Licht an einem Spalt und erzeugen auf einem Schirm das gleiche **Beugungsmuster** wie Licht (Abb. 32.6 im Tipler). Hätte Materie ausschließlich Teilchencharakter, wären einige Teilchen zwar durch Stöße mit den Atomen vom geraden Weg abgelenkt worden. Aber als Teilchen hätten sie nicht durch Interferenz die typische Abfolge von Intensitätsmaxima und – minima produzieren können.

Die beiden Experimente zeigen also, dass sich Materie in manchen Fällen wie eine Welle verhält. Außer bei Elektronen konnten Wissenschaftler solche **Materiewellen** auch für Protonen, Neutronen und ganzen Atomen nachweisen. Die **De-Broglie-Wellenlänge** eines Elektrons, die der französische Physiker Louis de Broglie 1924 berechnete, liegt bei:

$$\lambda = \frac{h}{p} \tag{13.9}$$

Die Formel entspricht genau Gl. 13.6 für den Impuls eines Photons.

Auch die **De-Broglie-Gleichung für die Frequenz von Elektronenwellen** kennen wir vom Zusammenhang zwischen der Energie und der Frequenz eines Photons (Gl. 13.1):

$$\nu = \frac{E}{h} \tag{13.10}$$

Verallgemeinert auf beliebige Materie gilt für die **Wellenlänge eines Teilchens** mit der Masse m:

$$\lambda = \frac{h\,c}{\sqrt{2\,m\,c^2\,E_{\mathrm{kin}}}} = \frac{1240\,\mathrm{eV} \cdot \mathrm{nm}}{\sqrt{2\,m\,c^2\,E_{\mathrm{kin}}}} \tag{13.11}$$

Speziell für Elektronen, deren kinetische Energie wir in der Einheit Elektronenvolt kennen, erhalten wir damit:

$$\lambda = \frac{1{,}226\,\mathrm{nm}}{\sqrt{E_{\mathrm{kin}}}} \tag{13.12}$$

Obwohl im Prinzip auch makroskopische Objekte Wellencharakter haben, können wir ihn bereits bei Staubkörnchen nicht mehr feststellen. Ihre Masse ist so groß, dass die Wellenlänge zu kurz ist, um noch Phänomene wie Beugung oder Interferenz nachweisen zu können. Die Alltagswelt um uns herum erscheint uns deshalb fest und solide.

Beispiel

In Elektronenmikroskopen nutzen wir die kurzen Wellenlängen der Teilchen, um damit Objekte zu durchleuchten, die kleiner sind als das Auflösungsvermögen von Lichtmikroskopen. Während ein Lichtmikroskop wegen der großen Wellenlänge des Lichts nur Punkte mit wenigstens 200 nm Abstand als getrennt zeigen kann, reicht die Auflösung eines Elektronenmikroskops bis hinab zu Abständen von 0,1 nm.

Weil optische Linsen keine Elektronen umlenken können, fokussieren in Elektronenmikroskopen magnetische Linsen die Teilchenstrahlen. Absorbierend wirken vor allem Elemente mit hohen Ordnungszahlen, weshalb die Objekte manchmal vor der Untersuchung mit schweren Atomen versetzt werden müssen, um den Kontrast zu steigern.   ◄

13.3 Weder ganz Teilchen noch ganz Welle

Tipler
Abschn. 32.5 *Der Welle-Teilchen-Dualismus*

Licht ist nicht nur Welle, sondern auch Teilchen, und Materie besteht nicht nur aus Teilchen, sondern ist zugleich eine Welle. Der **Welle-Teilchen-Dualismus** lässt sich nicht mit unseren klassischen Vorstellungen von Teilchen und Wellen vereinbaren. In der Quantenwelt des Mikrokosmos stellt er eine Eigenschaft dar, für die wir keine Vergleiche haben. Am besten hat sich bewährt, so zu tun, als sei ein Objekt mal eine Welle und mal ein Teilchen – welches von beiden, hängt davon ab, was gerade geschieht.

Das wird besonders deutlich, wenn wir **Elektronen durch einen Doppelspalt** schicken. Im Teil zur Optik haben wir gesehen, dass eine klassische Welle auf einem Schirm hinter dem Spalt ein kontinuierliches Interferenzmuster aus hellen und dunklen Streifen erzeugt. Ein klassisches Teilchen könnte dagegen nur durch den einen oder den anderen Spalt fliegen und würde so in der geraden Verlängerung zwei helle Streifen produzieren. Tatsächlich bekommen wir dieses Ergebnis, wenn wir abwechselnd je einen der Spalte abdecken und die Elektronen nur durch eine Öffnung schicken. Konfrontieren wir sie jedoch mit einem Doppelspalt, erhalten wir ein eindeutiges Weder-noch-Ergebnis, wie es im Tipler als Eingangsbild für das Kapitel gezeigt ist. Die Elektronen erzeugen auf dem Schirm scharf begrenzte Punkte, wie wir sie von einem auftreffenden Teilchen erwarten. Je mehr Elektronen den Schirm erreichen, umso deutlicher wird aber, dass nicht nur zwei helle Streifen entstehen, sondern mehrere. Es entwickelt sich ein Interferenzmuster, das nicht glatt ist wie beim Doppelspaltexperiment mit Licht, sondern körnig. Dennoch weist die Elektronenverteilung Maxima und Minima auf in Bereichen, an denen wir sie nur erklären können, wenn die Elektronen zwischenzeitlich als Wellen vorlagen und interferiert haben.

An solchen Ergebnissen sehen wir, dass sich Elektronen – und auch andere Teilchen und Wellen – stets situationsangepasst verhalten. Als grobe Grundregel können wir uns merken:

- „Teilchen" breiten sich als Welle aus und können dabei gebeugt werden und sich überlagern.
- Beim Zusammentreffen mit anderen Teilchen agieren sie wie feste Körper und tauschen Energie durch Stöße aus.

Beispiel

Sogenannte thermische Neutronen haben eine De-Broglie-Wellenlänge im Bereich der Größe ganzer Atome. Bei der Neutronenbeugung oder Neutronendiffraktometrie schießen wir einen Strahl solcher Neutronen auf einen Festkörper. Die Neutronen werden gestreut und bilden ein Interferenzmuster aus, das Informationen zum Aufbau des Festkörpers enthält, die wir mit dem Computer aus den Beugungsbildern errechnen können. Im Gegensatz zur Röntgenbeugung, die vor allem an den Elektronenhüllen abläuft, reagiert die Neutronenbeugung in erster Linie auf die Atomkerne der Probe. Sie kann daher zwischen verschiedenen Isotopen unterscheiden und auch Wasserstoff abbilden. ◄

13.4 Die Schrödinger-Gleichung beschreibt wellige Materie

Wenn Materie eine Welle ist, brauchen wir eine passende Funktion, mit der wir den Verlauf der Schwingungen berechnen können, und wir sollten wissen, welche Größe eigentlich bei einem Teilchen oszilliert.

Die mathematische Beschreibung der Materiewellen geht von der **Schrödinger-Gleichung** aus. Es gibt sie in verschiedenen Versionen:

- Die zeitabhängige Schrödinger-Gleichung beschreibt die Welle und ihre Ausbreitung. Sie hängt vom Ort und von der Zeit ab und ist daher ziemlich komplex. In der Chemie benötigen wir sie vor allem, wenn wir die Übergänge zwischen verschiedenen Energieniveaus eines Teilchens genau verfolgen wollen. In der Regel reicht es aber, wenn wir diese Wechsel vernachlässigen und einfach nur den Anfangs- und den Endzustand betrachten.

- Für diese Zwecke genügt die zeitunabhängige Schrödinger-Gleichung. Sie behandelt nur Wellen, die sich im Laufe der Zeit nicht verändern, also stehende Wellen. Damit beschreiben sie sehr gut die Zustände von Elektronen im Atom, denn nur eine stehende Welle kann in einem eingeschränkten Raum auf Dauer existieren. Eine zeitlich veränderliche Welle würde mit sich selbst interferieren und sich dabei auslöschen.

Die **zeitunabhängige Schrödinger-Gleichung** lautet für eine Dimension:

$$-\frac{\hbar}{2\,m}\,\frac{\mathrm{d}^2\psi(x)}{\mathrm{d}x^2} + E_{\mathrm{pot}}(x)\,\psi(x) = E\,\psi(x) \tag{13.13}$$

Und für drei Dimensionen:

$$-\frac{\hbar}{2\,m}\left(\frac{\mathrm{d}^2\psi}{\mathrm{d}x^2} + \frac{\mathrm{d}^2\psi}{\mathrm{d}y^2} + \frac{\mathrm{d}^2\psi}{\mathrm{d}z^2}\right) + E_{\mathrm{pot}}(x,\ y,\ z)\,\psi(x,\ y,\ z) = E\,\psi \tag{13.14}$$

Darin ist $\hbar$ das sogenannte reduzierte Planck'sche Wirkungsquantum:

$$\hbar = \frac{h}{2\,\pi} \tag{13.15}$$

Der Faktor $2\,\pi$ stammt vom Wechsel von der normalen Frequenz ν, bei der mit dem gewöhnlichen Planck'schen Wirkungsquantum h gerechnet wird, zur Kreisfrequenz $\omega = 2\,\pi\,\nu$, die das reduzierte Wirkungsquantum $\hbar$ erfordert.

Der griechische Buchstabe ψ *(psi)* steht für eine Funktion, mit der die Differenzialgleichungen 13.13 und 13.14 gelöst werden können. Der Funktionswert ist in der Regel eine komplexe Zahl. Es gibt mehrere dieser sogenannten **Wellenfunktionen.** Ihnen ist gemeinsam, dass sie so gestaltet sind, dass wir sowohl ihre zweite

Tipler

Abschn. 32.4 *Die Schrödinger-Gleichung* und Beispiel 32.3

Ableitung als auch die eigentliche Funktion in die Gleichung einsetzen können und diese dann tatsächlich „aufgeht".

Während der vordere Term mit den Brüchen in der Schrödinger-Gleichung uns die kinetische Energie des Elektrons angibt, fügt der zweite Term die potenzielle Energie hinzu. Ihr Wert hängt von der Umgebung ab, beispielsweise von der Entfernung des Elektrons vom Atomkern. Zusammen ergeben die beiden Teilenergien die **Gesamtenergie des Elektrons,** die wir auf der rechten Seite der Gleichung finden.

Für Chemiker ist deshalb weniger die Schrödinger-Gleichung selbst von Interesse, als vielmehr die Wellenfunktion. Sie verrät uns nämlich die Wahrscheinlichkeit, mit der sich ein Elektron in einem bestimmten Bereich aufhält. Diese **Aufenthaltswahrscheinlichkeitdichte** P ist mathematisch gesehen das Quadrat des Betrags der Wellenfunktion für diesen Bereich:

$$P = |\psi|^2 \tag{13.16}$$

Die **Wahrscheinlichkeit,** das Elektron in einem Abschnitt auf der x-Achse (bei einer Dimension) oder in einem Volumenelement (bei drei Dimensionen) anzutreffen, erhalten wir, indem wir die betreffende Wahrscheinlichkeitsdichte mit dem Abschnitt bzw. dem Volumen multiplizieren. Teilen wir den Raum um den Atomkern lückenlos in winzige Volumenelemente auf, können wir so mit der Funktion für die Materiewelle die Orbitale bestimmen, in denen das Elektron als Teilchen vorkommen kann. Wir werden uns später ansehen, welche Formen und Energiewerte wir dabei für das Wasserstoffatom erhalten.

Bei der Suche nach der geeigneten Wellenfunktion dürfen wir jedoch nicht jede mathematisch mögliche Lösung der Schrödinger-Gleichung verwenden. Sie muss zusätzlich die **Normierungsbedingung** erfüllen, dass sich das Elektron nach ihrer Rechnung überhaupt irgendwo im Universum befindet. Die Wahrscheinlichkeit, es zwischen den Grenzen von minus bis plus Unendlich in allen drei Raumrichtungen anzutreffen, muss also gleich 1 sein. Für eine Dimension lautet die Normierungsbedingung damit:

$$\int_{-\infty}^{\infty} |\psi|^2 \, \mathrm{d}x = 1 \tag{13.17}$$

Wenn wir für drei Dimensionen die x-, y- und z-Richtungen mit einem Vektor r abtasten, erhalten wir als Normierungsbedingung der Wellenfunktion in drei Dimensionen:

$$\int |\psi(r)|^2 \, \mathrm{d}^3 r = 1 \tag{13.18}$$

Neben Elektronen können wir auch alle anderen Teilchen und sogar die Photonen des Lichts mit der Schrödinger-Gleichung beschreiben.

13.5 Teilchen haben keinen festen Ort

Tipler
Abschn. 32.5 *Der Welle-Teilchen-Dualismus* und *32.6 Erwartungswerte und klassischer Grenzfall*

Die Wellennatur der Materie hat Konsequenzen, die unserem gesunden makroskopischen Menschenverstand widersprechen. Nach der **Heisenberg'schen Unschärferelation**, die auch häufig als **Heisenberg'sches Unbestimmtheitsprinzip** bezeichnet wird, können wir bestimmte, miteinander gekoppelte Eigenschaften eines Teilchens nicht beliebig genau messen. Nicht etwa, weil unsere Messinstrumente zu primitiv und ungenau dafür sind, sondern, weil es grundsätzlich nicht möglich ist.

Das bedeutendste Paar von Eigenschaften, die unter die Unschärferelation fallen, sind der Ort und der Impuls eines Teilchens. Um den Ort festzustellen, müssen wir irgendwie die Information erhalten, wo es ist und wo nicht. Dazu schicken wir eine Art „Sonde", die alle in Frage kommenden Stellen im Raum prüft. Diese Sonde könnte beispielsweise aus einem Photon bestehen, das den Raum Punkt für Punkt mustert. Überall, wo das gesuchte Teilchen nicht ist, fliegt das Photon ungehindert weiter. Trifft das Photon aber auf das Teilchen, wissen wir zwar, wo es sich befindet, allerdings nur ungefähr, denn das Photon selbst hat eine gewisse Ausdehnung und misst deshalb nicht beliebig genau. Außerdem stößt es das Teilchen an und verschiebt es durch diese Wechselwirkung. Ähnliche Probleme erwarten uns, wenn wir den Impuls ermitteln wollen. Durch die Messung interagiert die Sonde stets mit dem Teilchen und beeinflusst dessen Impuls. Wenn wir die Abläufe analytisch durchrechnen, kommen wir zu dem Ergebnis, dass das Produkt aus der Ungenauigkeit des Ortes Δx und der Ungenauigkeit des Impulses Δp eines Teilchens mindestens immer halb so groß wie das reduzierte Planck'sche Wirkungsquantum ist:

$$\Delta x \cdot \Delta p \geq \frac{1}{2}\,\hbar \qquad\qquad (13.19)$$

Wir können die Aufgabe, den Ort und den Impuls eines Teilchens gleichzeitig zu bestimmen, mit dem Versuch vergleichen, einen Ball zu fotografieren und aus dem Bild auf seinen Ort und seine Geschwindigkeit zu schließen. Wählen wir eine sehr kurze Verschlusszeit, erhalten wir ein scharfes Foto, aus dem wir recht genau den Ort des Balls ersehen können. Dafür lässt sich nicht einmal annähernd sagen, in welche Richtung er fliegt. Bei einer längeren Belichtungszeit zeigt das Bild eine verwischte Spur, aus der wir die Richtung sehen und die Geschwindigkeit berechnen können. Dafür gibt es keine klare Antwort, wo der Ball sich befindet. Die Genauigkeit der einen Größe geht zwangsläufig immer auf Kosten der Exaktheit der anderen Größe.

Im Alltag und bei den allermeisten Arbeiten im Labor fällt uns die Unschärfe quantenphysikalischer Eigenschaften nicht auf, da sie um viele Größenordnungen geringer sind als die Genauigkeiten unserer Messinstrumente.

Trotzdem wüssten wir manchmal gerne, an welcher Stelle sich ein Teilchen höchstwahrscheinlich gerade aufhält. Wir wählen zu diesem Zweck den **Erwartungswert** $\langle x \rangle$, der den Mittelwert aller Orte angibt, an denen wir das Teilchen bei einer extrem großen Zahl von Messungen finden würden. Weil wir in der Praxis keine so genauen Messungen durchführen können, berechnen wir ihn stattdessen aus den Wahrscheinlichkeiten, die uns die Wellenfunktion ψ liefert.

Mit den Erwartungswerten können wir anschließend gemäß **Ehrenfest-Theorem** die Bewegungen von Teilchen nach den klassischen Regeln berechnen.

» Die Erwartungswerte von quantenmechanischen Größen erfüllen näherungsweise die gleichen Bewegungsgleichungen wie die äquivalenten klassischen Größen. (Ehrenfest-Theorem nach Tipler)

Der dänische Physiker Nils Bohr erkannte, dass sich die klassische und die Quantenphysik auch bei sehr hohen Energieniveaus des Wasserstoffatoms einander annähern, wie er im **Bohr'schen Korrespondenzprinzip** formulierte:

» Im Grenzfall sehr hoher Quantenzahlen müssen die klassische und die quantenmechanische Berechnung das gleiche Resultat ergeben. (Tipler)

Es zeigte sich immer mehr, dass die klassische Physik eigentlich nur ein Spezialfall der Quantenphysik mit vielen Teilchen und hohen Energien ist.

13.6 Simple Modelle für Elektronen und Atome

Mit der Schrödinger-Gleichung können wir die Eigenschaften der Materiewellen von Atomen in Raum und Zeit beschreiben. Viele Aussagen lassen sich aber bequemer mit Hilfe einfacherer Modelle treffen. Physiker untersuchen daher das

Tipler
Kapitel *33 Anwendungen der Schrödinger-Gleichung*

Verhalten von Materiewellen und der zugehörigen Teilchen an idealisierten Systemen wie beispielsweise einem „Kasten mit unendlich hohem Potenzial". Kap. 33 im Tipler behandelt mehrere solche Modelle. Wir fassen hier nur kurz die wesentlichen Punkte und Ergebnisse zusammen, die mitunter wichtig sind, um den Hintergrund chemischer Prozesse zu verstehen.

Bei allen Rechnungen mit der Schrödinger-Gleichung und der Wellenfunktion müssen wir bestimmte **Randbedingungen** aufstellen. Darunter verstehen wir Annahmen, mit denen die Funktionen eingeschränkt werden. Beispielsweise erstreckt sich die Materiewelle nach den Formeln in alle Richtungen bis ins Unendliche, wobei die Wahrscheinlichkeit, ein Teilchen anzutreffen, mit der Entfernung vom Mittelpunkt dramatisch abnimmt. Wollen wir die Welle absichtlich auf einen engen Raum eingrenzen – wie einen „Kasten" oder ein Atom –, müssen wir als Randbedingung das Teilchen in diesem Raum einsperren, indem wir etwa die potenzielle Energie für alle Bereiche außerhalb auf Unendlich setzen. Physiker bezeichnen dies als *Kasten mit unendlich hohem Potenzial*. Weil kein Teilchen unendlich viel Energie für die Flucht beschaffen kann, wird es wie gewünscht innerhalb des Kastens bleiben.

Je nach Fragestellung verwenden Physiker **verschiedene Modelle** zur Berechnung der Verteilung, des Verhaltens und der Energien von Materiewellen, die mit zunehmender Komplexität der Realität eines echten Atoms immer näher kommen:

- Im Kasten mit unendlich hohem Potenzial darf das Teilchen nur auf engem Raum, den es nicht verlassen kann, existieren (Abschn. 33.1 im Tipler). Das Modell veranschaulicht grob ein Elektron, das an ein Atom gebunden ist.
- Aus dem Kasten mit endlich hohem Potenzial kann das Teilchen ausbrechen, wenn es ausreichend Energie aufbringt (Abschn. 33.2 im Tipler). Das Elektron kann dadurch an das Atom gebunden oder frei ohne Atom existieren.
- Der harmonische Oszillator hat keine Kastenform, sondern folgt der Parabel x^2 (Abschn. 33.3 im Tipler). Dadurch ändert sich wie bei den Elektronen eines Atoms die Energie mit dem Abstand vom Zentrum bzw. Kern.

Als wichtige Ergebnisse aus den Berechnungen an den stark vereinfachenden Modellen erhalten wir:

- Die Energie eines eingesperrten Quanten-Teilchens sinkt niemals auf null ab. Es besitzt immer wenigstens die **Nullpunktsenergie.** Ein klassisches Teilchen könnte dagegen den energetischen Nullpunkt erreichen. Je enger der Bereich ist, in den das Teilchen eingeschlossen ist, desto höher liegt die Nullpunktsenergie. Diese Aussage gilt auch für Elektronen, die an Atome gebunden sind.
- Innerhalb des beschränkten Raumes gibt es mehrere erlaubte Energiezustände für stabile Teilchenwellen. Nummerieren wir sie von unten nach oben durch, bekommen wir die **Quantenzahlen.** Eine Quantenzahl gibt somit einen der möglichen Zustände an, die ein Teilchen annehmen kann. Eingesetzt in die Wellenfunktion verrät sie uns die Energie dieses Zustands. Im Atom bestimmen die Quantenzahlen die Schale, das Orbital und den Spin eines Elektrons.
- Den energetisch niedrigsten Zustand bezeichnen wir als **Grundzustand.** Alle darüber liegenden Zustände sind **angeregte Zustände.**
- Indem das Teilchen die passende Menge Energie aufnimmt oder abgibt, kann es zwischen den Quantenzuständen wechseln, wir sagen: Es führt einen **Quantensprung** aus. So kann ein Elektron ein Photon absorbieren und mit dessen Energie auf ein höheres Niveau springen. Anschließend kann es die Energie wieder durch Emission eines neuen Photons abgeben.
- Kann ein Teilchen sein Gefängnis verlassen, darf es jeden beliebigen Energiewert annehmen. Die Quantisierung der Energie, die innerhalb des eingeschränkten Raumes galt, ist außerhalb aufgehoben. Freie Elektronen können deshalb alle denkbaren Energiezustände einnehmen und Photonen jeglicher Wellenlänge absorbieren oder emittieren.
- Trotz der Randbedingungen, mit denen wir das Teilchen eingesperrt haben, reichen die Wellenfunktionen über den Rand hinaus, wenn die Energien au-

ßerhalb nicht unendlich hoch liegen. Da das Quadrat der Wellenfunktion ein Maß für die Wahrscheinlichkeit ist, ein Teilchen an einem bestimmten Ort anzutreffen, sieht es rechnerisch so aus, als könne das Teilchen mit einer sehr kleinen, aber immerhin vorhandenen Wahrscheinlichkeit aus seinem Gefängnis ausbrechen.

13.7 Teilchen können durch Wände tunneln

Stößt ein klassisches Teilchen gegen eine Wand, wird es von ihr zurückgeworfen. Eine Materiewelle fällt dagegen nicht sofort auf null ab. Sie erstreckt sich ein Stückchen weit in den klassisch verbotenen Bereich und wird dann reflektiert. Besitzt die Welle aber ausreichend Energie, splittet sie sich an der Grenze auf wie ein Lichtstrahl an einer Oberfläche. Ein Teil der Welle wird reflektiert, ein Teil tritt in Transmission in die Wand ein.

Für das Schicksal des Teilchen hat der Verlauf seiner Materiewelle an einer sogenannten Potenzialbarriere wichtige und aus Sicht der klassischen Physik nahezu unglaubliche Folgen. Wie wir oben erfahren haben, gibt das Quadrat des Betrags der Wellenfunktion multipliziert mit einem kleinen Volumenelement die Wahrscheinlichkeit an, das Teilchen innerhalb dieses Volumenelements zu finden. Überall dort, wo die Wellenfunktion ungleich null ist, könnten wir das Teilchen folglich als kleine Kugel finden. Ist der Wert der Wellenfunktion groß, stehen die Chancen, es anzutreffen, sehr gut. Bei kleinen Werten des Betragsquadrats ist die Wahrscheinlichkeit gering, aber eben nicht ganz null. Dringt eine Materiewelle also, wie in Abb. 33.15 im Tipler gezeigt, teilweise in eine wandartige Potenzialbarriere ein und auf der anderen Seite wieder aus, sodass jenseits der Wand noch ein wenig von der Welle übrig ist, finden wir das zugehörige Teilchen in den allermeisten Fällen vor der Barriere. Ab und zu können wir es jedoch stattdessen in dem Bereich hinter der Wand antreffen. Dann ist es so, als hätte das Teilchen einen geheimen Tunnel gefunden und wäre hindurch gekrochen – es ist durch die Barriere „getunnelt". Der **Tunneleffekt** oder das **Quantentunneln** erlauben es also Teilchen, mit einer geringen Wahrscheinlichkeit, Hindernisse zu überwinden, an denen klassische Teilchen immer wieder und wieder scheitern würden.

Wie groß die Chance für ein Quantenteilchen ist, als Welle durch eine eigentlich viel zu hohe Barriere zu tunneln, hängt von der Energie ab, die das Teilchen mitbringt, sowie von der Dicke der Barriere und der Energiehürde, die es überschreiten müsste, um auf konventionelle Weise auf die andere Seite zu gelangen. Je größer die Hürde im Vergleich zur Teilchenenergie ist und je mächtiger die Wandschicht ist, desto geringer ist die Wahrscheinlichkeit, mit dem Tunneleffekt auf die andere Seite zu gelangen, denn innerhalb der Barriere fällt die Teilchenwelle exponentiell ab wie in Abb. 33.15 im Tipler gezeigt.

Dass der **quantenmechanische Tunneleffekt in der Realität** durchaus von Bedeutung ist, zeigen einige Beispiele:

- Beim radioaktiven α-Zerfall sorgt der Tunneleffekt dafür, dass die Heliumkerne den Atomkern überhaupt verlassen können. Grundsätzlich sind die Nukleonen durch die starke Wechselwirkung im Kern gefangen. Weil sich aber ihre Wellenfunktion über die Grenzen des Kerns hinaus erstreckt, erscheint gelegentlich ein α-Teilchen außerhalb der Barriere und wird dann wegen seiner doppelten positiven elektrischen Ladung sofort vom Kern abgestoßen.
- Die Kernfusion im Inneren der Sonne wäre ohne Tunneleffekt unmöglich. Die hohen Temperaturen und der gewaltige Druck in unserem Stern reichen alleine nicht aus, um die Abstoßungskräfte zwischen den Protonen zu überwinden. Die Wellenfunktion erstreckt sich mit einem geringen Teil durch die Coulomb'sche Potenzialbarriere und schmuggelt auf diese Weise die Kerne für eine Fusion zusammen.

Tipler

Abschn. 33.4 *Reflexion und Transmission von Elektronenwellen an Potenzialbarrieren* und Beispiel 33.3

— Beim Rastertunnelmikroskop tunneln Elektronen über den schmalen Spalt zwischen der Probe und der Abtastsonde (Abb. 33.21 im Tipler). Den dadurch entstehenden Tunnelstrom verarbeitet ein Computer zu einem Bild, das die Probe mit atomarer Auflösung zeigt.

Quantenteilchen können also dank ihrer Wellennatur mitunter im wörtlichen Sinne durch Wände gehen. Dass sie dieses Kunststück wirklich dem Wellencharakter zu verdanken haben, sehen wir an einigen **Beispielen für tunnelnde klassische Wellen,** die ebenfalls ein eigentlich unüberwindbares Hindernis hinter sich lassen und plötzlich auf der anderen Seite wieder auftauchen. So können Lichtwellen, die an einem Übergang vom optisch dichteren Medium wie Glas zu einem optisch dünneren Medium wie Luft total reflektiert werden, den Sprung durch die Luft in ein zweites Stück Glas schaffen (Abb. 33.18 im Tipler). Sogar Wasserwellen trotzen Barrieren aus tieferem Wasser, an denen sie vollständig zurückgeworfen werden müssten, wenn sich kurz dahinter wieder flaches Wasser erstreckt (Abb. 33.19 im Tipler).

Beispiel

In der Chemie bringt der Tunneleffekt einige Reaktionen in Schwung, die ohne ihn nur langsam oder gar nicht ablaufen könnten. Häufig sind daran Protonen beteiligt, die ohne Zwischenstufe von einem Ort zum anderen tunneln, beispielsweise bei der Umwandlung von Methylammonium zu Ammoniak. Gelegentlich verändert der Tunneleffekt auch das Ergebnis einer chemischen Reaktion. So zerfällt Methylhydroxycarben ($H_3C–C–OH$) üblicherweise zu Ethenol ($H_2C=CH–OH$), bei tiefen Temperaturen dagegen mit dem Tunneleffekt zu Acetaldehyd ($H_3C–CHO$). ◄

Verständnisfragen

39. Die Austrittsarbeit, um ein Elektron aus Natrium zu lösen, beträgt 2,28 e V. Reicht sichtbares Licht mit einer Wellenlänge von 400 nm aus, um Elektronen aus einem Natriumblock zu schlagen?

40. Welche kinetische Energie müssen die Elektronen in einem Elektronenmikroskop haben, damit ihre Wellenlänge bei 0,1 nm liegt?

41. Im Jahr 2010 testete die japanische Raumsonde IKAROS ein Sonnensegel, mit dem sie innerhalb eines Monats um 100 m/s beschleunigte. Woher stammt die Kraft für diese Beschleunigung?

Atome

14.1   Atome funktionieren nicht nach klassischen Regeln – 146

14.2   Bohr schafft Postulate ohne Begründung – 147

14.3   Die Schrödinger-Gleichung liefert Räume mit drei Quantenzahlen – 149

14.4   Die Hauptquantenzahl bestimmt die Energieniveaus des Wasserstoffs – 150

14.5   Orbitale schaffen Aufenthaltsräume für Elektronen – 152

14.6   Elektronen haben einen Spin – 153

14.7   Näherungen für Atome mit mehr als zwei Elektronen – 155

14.8   Atome absorbieren und emittieren Photonen – 156

14.9   Bei optischen Spektren kommt es auf die Elektronenspins an – 157

14.10   Röntgenspektren haben charakteristische Spitzen – 159

14.11   In Lasern synchronisiert Licht die Quantensprünge – 159

© Springer-Verlag GmbH Deutschland, ein Teil von Springer Nature 2020
O. Fritsche, *Physik für Chemiker II*, https://doi.org/10.1007/978-3-662-60352-9_14

Die Schrödinger-Gleichung und die Wellenfunktionen sind die Grundlage für unser heutiges Bild vom Bau der Atome. Allerdings liefern die Formeln nur für Wasserstoff mit seinem einzelnen Atom exakte Lösungen. Schon ab zwei Teilchen müssen wir uns mit Näherungen begnügen. Dennoch verraten uns die Quantenzahlen einigermaßen genau, welche Energiezustände in einem Atom möglich sind, so dass wir anhand seiner Elektronenstruktur und Spektren sicher bestimmen können, zu welchem Element es gehört.

In diesem Kapitel sehen wir uns zunächst das Bohr'sche Atommodell an, das sich bereits von der klassischen Beschreibung der Atome gelöst hat, aber noch nicht auf den Vorstellungen der Quantenphysik beruht. Anschließend verfeinern wir das Modell mit der Schrödinger-Gleichung und gelangen so zum Orbitalmodell. Mit diesem können wir recht genau das Absorptions- und Emissionsverhalten der Elemente beschreiben. Zum Abschluss sehen wir uns die synchronisierte Emission von Photonen an, die dem Laser sein energiereiches Licht verleiht.

14.1 Atome funktionieren nicht nach klassischen Regeln

Tipler

Abschn. 34.1 *Das Atom und die Atomspektren* sowie *34.2 Das Bohr'sche Modell des Wasserstoffatoms*

Im Wesentlichen bestehen Atome aus nichts: Ein winziger Atomkern ist umgeben von noch winzigeren Elektronen. Schon früh ahnten Wissenschaftler, dass viele Eigenschaften der Atome auf die Energiewerte der Elektronen zurückzuführen waren. Beispielsweise hingen die Orte der Linien in den Atomspektren, wie sie in Abb. 34.1 im Tipler für Wasserstoff und Quecksilber zu sehen sind, vom jeweiligen Element ab. Dessen Elektronen absorbierten oder emittierten Licht mit der entsprechenden Wellenlänge, wenn sie ihren energetischen Zustand änderten.

Mit den Gesetzen der klassischen Physik waren diese Zustände aber nicht zu erklären. Danach wird das Elektron eines Atoms von der Coulomb-Kraft zwischen der negativen Ladung des Elektrons $-e$ und der positiven Ladung des Kerns $+Z\,e$ angezogen, sodass wir für seine potenzielle Energie E_{pot} im Abstand r erhalten:

$$E_{\text{pot}} = \frac{1}{4\,\pi\,\varepsilon_0} \frac{Z\,e \cdot (-e)}{r} = -\frac{1}{4\,\pi\,\varepsilon_0} \frac{Z\,e^2}{r} \tag{14.1}$$

Die elektrische Feldkonstante ε_0 steht für die Durchlässigkeit des Vakuums zwischen Elektron und Kern für das elektrische Feld, mit dem die beiden einander anziehen.

Die Anziehungskraft wird von einer entgegengesetzten Fliehkraft aufgewogen, wenn das Elektron auf einer Kreisbahn um den Kern fliegt. Als Antrieb für die Beschleunigung dient erneut die Coulomb'sche Anziehungskraft. Die kinetische Energie des Elektrons E_{kin} ist damit:

$$E_{\text{kin}} = \frac{1}{2}\,m\,v^2 = \frac{1}{2} \frac{1}{4\,\pi\,\varepsilon_0} \frac{Z\,e^2}{r} \tag{14.2}$$

Die potenzielle Energie ist demnach betragsmäßig doppelt so groß wie die kinetische Energie:

$$E_{\text{pot}} = -2\,E_{\text{kin}} \tag{14.3}$$

Die **Gesamtenergie eines Teilchens auf einer Kreisbahn** wäre folglich nach den klassischen Gesetzen der Physik:

$$E = E_{\text{kin}} + E_{\text{pot}} = -\frac{1}{2} \frac{1}{4\,\pi\,\varepsilon_0} \frac{Z\,e^2}{r} \tag{14.4}$$

Diese Anordnung mit dem kreisenden Elektron ist allerdings nicht stabil, da das Elektron auf einer Kreisbahn ständig seine Richtung wechselt und dadurch nach den Gesetzen der klassischen Elektrodynamik ein oszillierendes elektrisches Feld aufbaut. Innerhalb kürzester Zeit würde es seine Energie als elektromagnetische Strahlung abgeben und auf einer Spiralbahn in den Atomkern stürzen. Als Ergebnis würde alle Materie aus Neutronenansammlungen ohne elektrische Ladung und ohne Elektronenhülle bestehen. Weil die Welt zum Glück nicht so aussieht, können unsere Berechnungen, die für ein makroskopisches System vollkommen zutreffend wären, im Mikrokosmos der Atome nicht gelten. Offensichtlich folgen Atome und Elektronen anderen Gesetzen als den Lehrsätzen der klassischen Physik.

14.2 Bohr schafft Postulate ohne Begründung

Um den endgültigen Kollaps der Materie auch theoretisch zu vermeiden, führte der dänische Physiker Niels Bohr einen Satz von Regeln ein, an die sich Elektronen halten müssen. Bohr vermochte nicht, diese Forderungen herzuleiten oder auf der Basis anderer physikalischer Gesetze zu begründen. Ihm reichte zunächst, dass seine **Bohr'schen Postulate** die Elektronen davon abhielten, sich in das Verderben zu stürzen. Die Frage, warum die Elektronen solche recht willkürlichen Bedingungen erfüllen sollten, konnte er nicht beantworten.

- Das **erste Bohr'sche Postulat** erlaubt dem Elektron, sich auf bestimmten kreisförmigen Umlaufbahnen (den stationären Zuständen) um den Kern zu bewegen, ohne dabei Energie abzustrahlen. Zu jeder dieser Bahnen gehört ein fester Energiezustand.
- Das **zweite Bohr'sche Postulat** ermöglicht es dem Elektron, zwischen stationären Zuständen zu wechseln, indem es Energie in Form eines Photons aufnimmt oder abstrahlt. Eine Mittelposition zwischen zwei stationären Zuständen oder ein kontinuierlicher Übergang sind nicht erlaubt.
- Das **dritte Bohr'sche Postulat** gehörte für Bohr später nicht mehr zu seinen Postulaten dazu. Ursprünglich wollte er damit die Verbindung zur klassischen Physik erhalten und legte fest, dass der Bahndrehimpuls L des Elektrons ein ganzzahliges Vielfaches des reduzierten Planck'schen Wirkungsquantum sein muss:

$$L = m\,v_n\,r_n = \frac{n\,h}{2\,\pi} = n\,\hbar \tag{14.5}$$

Im Widerspruch zur klassischen Physik strahlen Bohrs Elektronen trotz ihrer Kreisbahnen keine Energie ab, und sie verändern ihre Bahnen sprunghaft statt stetig.

Wenden wir die Postulate auf die Gleichungen zur Coulomb'schen Anziehung, zum Drehimpuls und zu den Newton'schen Axiomen an, ergibt sich das **Bohr'sche Atommodell** für Atome mit einem einzelnen Elektron. Es reicht, wenn wir die Herleitungen der folgenden Gleichungen im Tipler nachvollziehen und uns hier auf die zentralen Aussagen konzentrieren.

Danach hängen die **Radien der Bohr'schen Elektronenbahnen** von einer ganzen Zahl n ab, die uns später als Hauptquantenzahl erneut begegnen wird:

$$r_n = n^2\,(4\,\pi\,\varepsilon_0)\,\frac{\hbar^2}{m\,Z\,e^2} = n^2 \cdot \frac{a_0}{Z} \tag{14.6}$$

Für die innerste Bahn im Wasserstoffatom mit $n = 1$, $e = -1$, $Z = 1$ und der Elektronenmasse m bekommen wir den **ersten Bohr'schen Radius** a_0, der auch für alle weiteren stationären Zustände die wichtigsten Komponenten zusammenfasst:

$$a_0 = (4\,\pi\,\varepsilon_0)\,\frac{\hbar^2}{m\,e^2} = \frac{\varepsilon_0\,h^2}{\pi\,m\,e^2} = 0{,}0529\,\text{nm} \tag{14.7}$$

Tipler
Abschn. 34.1 *Das Atom und die Atomspektren* sowie *34.2 Das Bohr'sche Modell des Wasserstoffatoms* und Beispiel 34.2

An Gl. 14.6 können wir erkennen, dass der Abstand zum Kern nach außen hin quadratisch ansteigt und die Entfernungen zwischen den stationären Zuständen deshalb immer größer wird. Je höher die Ordnungszahl Z liegt, desto enger verlaufen die Bahnen jedoch.

Setzen wir die Bahnradien aus Gl. 14.6 in Gl. 14.4 ein, können wir eine Formel für die **Energieniveaus des Wasserstoffatoms** herleiten:

$$E_n = -Z^2 \frac{E_0}{n^2} \tag{14.8}$$

Erneut sammeln wir mit E_0 alle Konstanten ein, die zusammen das Energieniveau der innersten Bahn um den Kern ($n = 1$) angeben:

$$E_0 = \frac{1}{(4\pi\,\varepsilon_0)^2} \frac{m\,e^4}{2\,\hbar^2} = 13{,}6\,\text{eV} \tag{14.9}$$

Nach Gl. 14.8 nimmt die Energie mit steigender Quantenzahl n quadratisch ab. Je weiter außen sich ein Elektron befindet, desto geringer ist folglich seine Energie, bis sie bei einem „unendlichen" Abstand (einem „freien" Elektron) gleich null ist. In einem **Termschema**, wie es in Abb. 34.4 im Tipler gezeigt ist, sind die Energieniveaus und die Abstände zwischen ihnen grafisch dargestellt. Die zugehörigen Energien haben negative Werte, die der Energie entsprechen, die ein freies Elektron abstrahlen würde, wenn es sich vom Atomkern einfangen ließe und auf die jeweilige Bahn fallen würde. Umgekehrt müssten wir diese Energie aufbringen, um das Elektron aus dem Atom herauszulösen. Weil danach ein elektrisch geladenes Ion zurückbliebe, sprechen wir von der **Ionisierungsenergie.**

Die Übergänge innerhalb des Atoms sind mit geringeren Energiesprüngen verbunden. Weil keine Zwischenstufen erlaubt sind, muss das Elektron für den Wechsel von einem Energieniveau E_A auf ein anderes Niveau E_E exakt die passende Energiemenge aufnehmen oder abgeben. Dazu absorbiert bzw. emittiert es ein Photon mit der richtigen Frequenz ν oder Wellenlänge λ:

$$\nu = \frac{|E_A - E_E|}{h} \tag{14.10}$$

$$\lambda = \frac{h\,c}{|E_A - E_E|} \tag{14.11}$$

Die Photonen, die diese Bedingung erfüllen, entsprechen genau den Farben im **Linienspektrum des Wasserstoffs.** Wenn wir nachrechnen, stellen wir fest, dass die Linien im sichtbaren Teil des Spektrums energetisch zu Übergängen passen, die von der zweiten Bahn von innen ($n = 2$) starten oder dort enden. So entspricht die rote Linie im Emissionsspektrum in Abb. 34.1a im Tipler dem Übergang eines Elektrons von der dritten ($n = 3$) auf die zweite Bahn, die blaue dem Quantensprung von $n = 4$ auf $n = 2$ und die violetten Linien $n = 5$ auf $n = 2$ bzw. $n = 6$ auf $n = 2$. Wir bezeichnen diese Gruppe von Spektrallinien nach ihrem Entdecker als Balmer-Serie. Später fanden andere Wissenschaftler weitere Liniengruppen:

- Lyman-Serie: Als unteres Energieniveau ist die innerste Bahn mit $n = 1$ beteiligt. Die Sprünge sind so groß, dass nur Photonen aus dem ultravioletten Bereich des Spektrums ausreichend Energie mitbringen.
- Balmer-Serie: Das untere Energieniveau von $n = 2$ ergibt Übergänge im sichtbaren Bereich des Lichts.
- Paschen-Serie: Mit der Untergrenze von $n = 3$ beginnen die Serien aus dem Infrarotteil des Spektrums.
- Brackett-Serie: Das niedrigste Niveau ist $n = 4$.
- Pfund-Serie: Die Untergrenze liegt bei $n = 5$.

Damit kann das Bohr'sche Atommodell erfolgreich erklären, warum die Spektren der Elemente nur dünne Linien zeigen anstelle kontinuierlicher Verläufe und wieso diese Linien bei den jeweiligen Wellenlängen zu finden sind. Gleichzeitig sind die **Schwächen des Bohr'schen Atommodells** so gravierend, dass es auf Dauer keine befriedigende Beschreibung des Atoms erlaubt:

— Es begründet nicht, warum nur bestimmte Radien und Energieniveaus erlaubt sind.

— Es liefert keine Erklärung für das Fehlen einer Strahlung, obwohl sich das Elektron auf einer Kreisbahn bewegt.

— Es liefert lediglich für das Wasserstoffatom (und Ionen mit nur einem Elektron) exakte Lösungen. Auf größere Atome lässt es sich nur näherungsweise übertragen.

— Mit den postulierten Kreisbahnen wäre das Atom eine flache Scheibe.

Erst die Entdeckung, dass Elektronen auch Welleneigenschaften haben, und die darauf basierende Schrödinger-Gleichung ermöglichten ein besseres Bild vom Aufbau des Atoms.

14.3 Die Schrödinger-Gleichung liefert Räume mit drei Quantenzahlen

Im Abschn. ▶ 13.4 haben wir die zeitunabhängige Schrödinger-Gleichung kennengelernt, mit der wir die räumliche Verteilung der Materiewelle eines Elektrons in einem Atom beschreiben können:

Tipler
Abschn. 34.3 *Quantentheorie der Atome*

$$-\frac{\hbar}{2\,m}\left(\frac{\mathrm{d}^2\psi}{\mathrm{d}x^2} + \frac{\mathrm{d}^2\psi}{\mathrm{d}y^2} + \frac{\mathrm{d}^2\psi}{\mathrm{d}z^2}\right) + E_{\mathrm{pot}}(x,\,y,\,z)\,\psi(x,\,y,\,z) = E\,\psi \qquad \textbf{(14.12)}$$

Bevor sich Physiker an diese Aufgabe wagen, erleichtern sie sich die Arbeit durch ein paar mathematische Kunstgriffe:

— Umwandlung in Polarkoordinaten. In Gl. 14.12 ist jeder Punkt im Raum durch seine Koordinaten in x-, y- und z-Richtung festgelegt. Bei einem Atom, bei dem der Kern in der Mitte von Elektronen umgeben ist, fallen die Rechnungen aber weniger kompliziert aus, wenn wir die Punkte im Raum auf eine andere Weise lokalisieren. Dazu geben wir, wie in Abb. 34.5 im Tipler gezeigt, für jeden Punkt seinen Abstand r vom Kern an sowie den Winkel ϕ, den wir seitlich einschlagen müssen (den Azimutwinkel), und den Winkel θ, den wir für die richtige Höhe benötigen (den Polarwinkel). Diese **Polarkoordinaten** hängen mit den kartesischen Koordinaten x, y, und z zusammen und lassen sich ineinander umrechnen:

$$x = r\,\sin\theta\,\cos\phi$$
$$y = r\,\sin\theta\,\sin\phi$$
$$z = r\,\cos\theta$$

Wenn wir die Schrödinger-Gleichung in Polarkoordinaten umschreiben, erhalten wir auch Wellenfunktionen in diesen Koordinaten:

$$\psi(x, y, z) \longrightarrow \psi(r, \theta, \phi)$$

— Trennung der Variablen. Der nächste Trick besteht darin, die Wellenfunktion $\psi(r, \theta, \phi)$ in drei neue Funktionen $R(r)$, $f(\theta)$ und $g(\phi)$ zu zerlegen, die jeweils nur von einer einzigen Variablen abhängig sind und miteinander multipliziert wieder die vollständige Wellenfunktion ergeben.

$$\psi(x, y, z) \longrightarrow \psi(r, \theta, \phi) = R(r)\,f(\theta)\,g(\phi)$$

Nur in der sogenannten Radialgleichung $R(r)$ kommt ein Term mit der potenziellen Energie des Elektrons E_{pot} vor. Daran sehen wir, dass nur der Abstand, aber nicht die Winkel die potenzielle Energie des Elektrons bestimmen.

Wir verzichten darauf, die Wellenfunktionen in Polarkoordinaten zu suchen und zu analysieren. Für unsere Zwecke genügt es, wenn wir uns die Resultate der Rechnungen ansehen.

Jede modifizierte Wellenfunktion hängt von drei **Quantenzahlen** ab, die jeweils mit einer der Variablen assoziiert ist:

- Die **Hauptquantenzahl** n bestimmt den Radialanteil $R(r)$ und damit die Wahrscheinlichkeit, das Elektron in einem bestimmten Abstand zum Kern anzutreffen. Sie nimmt als Wert ganze Zahlen ab 1 an:

$$n = 1, 2, 3, \cdots.$$

In der Chemie bezeichnen wir die Hauptquantenzahl manchmal auch als „Schale" und versehen sie mit einem Großbuchstaben: K für $n = 1$, L für „n=2", M für $n = 3$ usw.

- Die **Drehimpulsquantenzahl** oder **Bahndrehimpulsquantenzahl** l ist mit dem Winkel θ assoziiert. Sie legt den Bahndrehimpuls L des Elektrons fest:

$$|\boldsymbol{L}| = \sqrt{l(l + 1)} \cdot \hbar \tag{14.13}$$

Für jede Hauptquantenzahl n gibt es n unterschiedliche Drehimpulsquantenzahlen, deren Nummerierung bei 0 startet und bis $n - 1$ reicht:

$$l = 0, 1, 2, 3, \cdots, n - 1$$

Im Atom verleiht die Drehimpulsquantenzahl dem Orbital genannten Raumbereich, in dem sich ein Elektron aufhalten darf, eine charakteristische Form, die wir in der Chemie mit den Kleinbuchstaben s, p, d und f kennzeichnen.

- Die **magnetische Quantenzahl** m_l ist der Partner zum Winkel ϕ. Sie bestimmt die räumliche Ausrichtung des Drehimpulses und damit des Orbitals. Ihre Werte reichen von $-l$ bis $+l$:

$$m_l = -l, (-l + 1), \cdots, 0, \cdots, (l - 1), l$$

Alle Quantenzahlen können nur diskrete Werte annehmen, damit die Materiewelle eine zeitlich konstante stehende Welle wird. Alle anderen Wellenformen, die mit Zwischenwerten entstehen könnten, löschen sich selbst aus. Die willkürlichen Postulate, die Bohr noch bei seinem Atommodell vorgeben musste, ergeben sich bei einem Modell auf Basis der Schrödinger-Gleichung also von selbst.

14.4 Die Hauptquantenzahl bestimmt die Energieniveaus des Wasserstoffs

Tipler

Abschn. 34.4 *Quantentheorie des Wasserstoffatoms*

Wir wenden nun die Quantenzahlen auf das Wasserstoffatom an. Es besitzt nur ein einziges Elektron, sodass wir lediglich die Wechselwirkungen zwischen diesem Elektron und dem Kern berücksichtigen müssen, aber keine Einflüsse eines weiteren Elektrons, das sich im gleichen Atom befindet.

Für die **Energieniveaus des Wasserstoffatoms** ergibt sich aus der Wellenfunktion die gleiche Formel wie aus dem Bohr'schen Atommodell (Gl. 14.8):

$$E_n = -Z^2 \frac{E_0}{n^2} \tag{14.14}$$

Auch hier ist E_0 die niedrigste Energiestufe, der sogenannte Grundzustand, in dem $n = 1, l = 1$ und $m_l = 0$ sind:

$$E_0 = \frac{1}{(4\,\pi\,\varepsilon_0)^2}\,\frac{m\,e^4}{2\,\hbar^2} = 13{,}6\,\text{eV} \qquad \textbf{(14.15)}$$

Weil E_n die Energie bezeichnet, mit welcher das Elektron an den Atomkern gebunden ist, sprechen wir von *gebundenen Zuständen*.

Beim Wasserstoffatom hängt die Energie E_n einzig und allein von der Hauptquantenzahl n ab. Die Drehimpulsquantenzahl l wirkt sich nicht aus, und auch die magnetische Quantenzahl m_l hat keine Bedeutung für die Energie. Zustände, die den gleichen Energiewert haben, nennen wir *entartet*.

Unter bestimmten Bedingungen beeinflussen diese beiden Quantenzahlen aber doch die Lage der Energieniveaus:

- Die Drehimpulsquantenzahl l fließt in die Rechnung ein, wenn das Atom mehr als ein Elektron besitzt. Je höher l ist, desto größer ist die Energie. Für die Reihenfolge in Richtung aufsteigender Energie gilt darum:

$$E_{l=0} \text{ (s-Orbital)} < E_{l=1} \text{ (p-Orbital)} < E_{l=2} \text{ (d-Orbital)} < E_{l=3} \text{ (f-Orbital)}$$

- Die magnetische Quantenzahl m_l tritt dann in Erscheinung, wenn sich das Atom in einem äußeren Magnetfeld befindet und sich dadurch die Achse parallel zu den Feldlinien von den anderen Richtungen unterscheidet.

Wir können die Lage der Energieniveaus wieder mit einem **Termschema** (manchmal auch nach seinem Erfinder **Grotrian-Diagramm** genannt) grafisch darstellen, wie in Abb. 34.7 im Tipler. Bei den „Termen" handelt es sich um die verschiedenen Energiezustände. Jeder Term wird durch einen waagerechten Strich symbolisiert. Dabei werden die Energiezustände nach der **Termsymbolik** mit unterschiedlichen Drehimpulsquantenzahlen l nebeneinander angeordnet und mit einem Buchstaben gekennzeichnet. Der Buchstabe wird klein geschrieben, wenn es um den Bahndrehimpuls eines einzelnen Elektrons geht (dann entspricht er einem Orbitaltyp), ist der Bahndrehimpuls des gesamten Atoms gemeint, nutzen wir Großbuchstaben:

- $l = 0$: S für *sharp*.
- $l = 1$: P für *principal*.
- $l = 2$: D für *diffuse*.
- $l = 3$: F für *fundamental*.

Die Namen gehen auf Eigenschaften der Spektrallinien zurück, die mit den zugehörigen Energieniveaus verknüpft sind.

Für den **Übergang von einem Energiezustand in einen anderen** muss das Elektron ebenso wie im Bohr'schen Atommodell ein Photon mit der passenden Energie absorbieren oder emittieren:

$$\Delta E = h\,\nu \qquad \textbf{(14.16)}$$

Außerdem muss es aber wegen der Drehimpulserhaltung die **Auswahlregeln** beachten. Seine Drehimpulsquantenzahl l muss um 1 steigen oder fallen und die magnetische Quantenzahl m_l wird ebenfalls um 1 größer oder kleiner oder bleibt gleich:

$$\Delta l = -1,\ +1 \qquad \textbf{(14.17)}$$
$$\Delta m_l = -1,\ 0,\ +1 \qquad \textbf{(14.18)}$$

Wegen dieser Auswahlregeln verlaufen die Linien für die Übergänge in Abb. 34.7 im Tipler schräg. Das Elektron des Wasserstoffatoms darf also nicht aus dem 1 s-Orbital in das 2 s-Orbital springen (dann wäre $\Delta l = 0$), sondern muss in das

2p-Orbital wechseln. Von dort kann es zurück in das 1 s-Orbital oder weiter in eines der höheren s-Orbitale oder d-Orbitale. Ein seitlicher Wechsel von 2p in 2 s ist ebenso verboten wie der gerade Aufstieg in eines der höheren p-Orbitale.

14.5 Orbitale schaffen Aufenthaltsräume für Elektronen

Tipler

Abschn. 34.4 *Quantentheorie des Wasserstoffatoms*

Neben den Energiezuständen verraten uns die Quantenzahlen auch die räumliche Verteilung der Materiewellen, die das Elektron darstellen. Dafür benötigen wir für alle erlaubten Kombinationen von Quantenzahlen die zugehörigen Wellenfunktionen ψ. Deren Betrag zum Quadrat liefert uns die Wahrscheinlichkeitsdichte, die wir anschließend mit den einzelnen Volumenelementen im Raum multiplizieren müssen, um die Wahrscheinlichkeit zu bestimmen, mit welcher wir das Elektron in dem betreffenden Volumen antreffen. Abb. 34.8 im Tipler zeigt uns, wie ein solches Volumenelement in Polarkoordinaten aussieht.

Im **Grundzustand,** wenn das einzige Elektron des Wasserstoffatoms die Quantenzahlen $n = 1, l = 0$ und $m_l = 0$ und damit die Wellenfunktion $\psi_{1,0,0}$ aufweist, bekommen wir als normierte Wellenfunktion:

$$\psi_{1,0,0} = \frac{1}{\sqrt{\pi}} \left(\frac{Z}{a_0} \right)^{3/2} e^{-Z r/a_0} \tag{14.19}$$

Wir nennen diese Wellenfunktion auch **Atomorbital** oder kurz **Orbital.**

Wir sehen, dass die Wahrscheinlichkeit, das Elektron als Teilchen anzutreffen, nur vom Abstand r zum Kern abhängt. Sie verläuft somit kugelförmig. Weil das Volumen einer Kugelschale der Dicke dr durch $4\pi r^2 dr$ gegeben ist, gilt für die **radiale Wahrscheinlichkeitsdichte** $P(r)$:

$$P(r) = 4\pi r^2 |\psi|^2 \tag{14.20}$$

Kombinieren wir die beiden Gleichungen, erhalten wir für die Wahrscheinlichkeitsdichte beim Wasserstoff im Grundzustand:

$$P(r) = 4 \left(\frac{Z}{a_0} \right)^3 r^2 e^{-2 Z r/a_0} \tag{14.21}$$

Abb. 34.9 im Tipler gibt uns einen Eindruck davon, wie die Wahrscheinlichkeitsdichte aussieht, wenn wir sie am Computer in unterschiedlich hell leuchtende Punkte umsetzen. Sie erscheint wie eine nach außen diffus auslaufende Kugel. Der Kurvenverlauf in Abb. 34.10 im Tipler zeigt an, dass die Dichte im Kern bei null liegt, sehr steil auf ein Maximum zusteuert und dann exponentiell abfällt. Das Maximum befindet sich beim ersten Bohr'schen Radius a_0. In diesem Abstand haben wir die größten Chancen, das Elektron anzutreffen. Im Gegensatz zum Bohr'schen Atommodell, bei dem das Elektron ausschließlich bei exakt diesem Radius seine Bahn ziehen durfte, erlaubt ihm das Quantenmodell, sich praktisch überall aufzuhalten, denn die Wahrscheinlichkeitsdichte erreicht auch bei großen Abständen niemals ganz die Nulllinie. Allerdings nimmt die Wahrscheinlichkeit mit der Entfernung sehr schnell ab.

◘ Tab. 14.1   Die Quantenzahlen im Überblick

Bezeichnung	Symbol	Wertebereich	Bedeutung
Hauptquantenzahl	n	$1, 2, 3, \cdots$	Hauptschale
(Bahn-)Drehimpulsquantenzahl	l	$0, 1, 2, \cdots, (n-1)$	Orbitalform
Magnetische Quantenzahl	m_l	$-l, (-l+1), \cdots, -1, 0, 1, \cdots, (l-1), l$	Raumrichtung
Spinquantenzahl	m_s	$-1/2, +1/2$	Spin des Elektrons

In den angeregten Zuständen, in denen das Elektron Orbitale mit höheren Hauptquantenzahlen $n \geq 2$ erreicht, steht ihm mehr als ein Orbital zur Verfügung, da nun auch die Drehimpulsquantenzahl und die magnetische Quantenzahl Werte ungleich null einnehmen können. Im **ersten angeregten Zustand** sind dies:

- $\psi_{2,0,0}$ ($n = 2$, $l = 0$, $m_l = 0$): Das Orbital ist erneut kugelsymmetrisch. Die Wahrscheinlichkeitsdichte hat ein kleines lokales Maximum beim ersten Bohr'schen Radius $r = a_0$, aber ein viel größeres Maximum im Bereich zwischen dem Fünf- und Sechsfachen von a_0 (Abb. 34.11a und 34.12 im Tipler). Auf der zweiten Schale rückt das Elektron im s-Orbital also deutlich vom Atomkern weg.

- $\psi_{2,1,0}$ ($n = 2$, $l = 1$, $m_l = 0$) und $\psi_{2,1,1}$ ($n = 2$, $l = 1$, $m_l = \pm 1$): Wenn die Drehimpulsquantenzahl l einen anderen Wert als null annimmt, ist das Orbital nicht mehr kugelsymmetrisch. Seine Form hängt von l ab. Bei $l = 1$ erstreckt sich jedes der Orbitale entlang einer Achse des Koordinatensystems auf beiden Seiten des Kerns (Abb. 34.11b und c im Tipler). Seine Wahrscheinlichkeitsdichte teilt sich also in zwei Bereiche auf, die zusammen (!) das Orbital bilden. Die Maxima liegen in einem Abstand von $n^2 a_0$, im ersten angeregten Zustand also bei $4\, a_0$. Die Übereinstimmung mit dem Bohr'schen Atommodell ist allgemein für diejenigen Orbitale mit dem höchsten Wert für die Drehimpulsquantenzahl am besten.

  An welcher Achse sich die Orbitale orientieren, gibt die magnetische Quantenzahl m_l vor. Für $m_l = 0$ erstreckt es sich entlang der z-Achse (Abb. 34.11b im Tipler), bei $m_l = \pm 1$ liegt es auf der x- bzw. y-Achse (Abb. 34.11c im Tipler).

◘ Tab. 14.1 fasst die Bedeutung der Quantenzahlen zusammen.

14.6 Elektronen haben einen Spin

In **◘ Tab. 14.1** finden wir zusätzlich zu den Quantenzahlen, die wir bisher behandelt haben, die **Spinquantenzahl** m_s. Sie macht sich unter normalen Umständen nicht bemerkbar. Nur, wenn sich das Atom in einem äußeren Magnetfeld befindet, sorgt die Spinquantenzahl dafür, dass sich sonst entartete Energieniveaus in Terme mit leicht unterschiedlichen Energien aufspalten.

Der Grund liegt in den **magnetischen Momenten des Elektrons** selbst:

- Der Bahndrehimpuls resultiert in klassischer Betrachtung aus der Kreisbewegung des Elektrons um den Atomkern. Da das Elektron elektrisch negativ geladen ist, erzeugt es dabei ein Magnetfeld. Sein magnetisches Moment $\boldsymbol{\mu}_l$ auf dieser Wanderung beträgt:

$$\boldsymbol{\mu}_l = -\mu_{\text{Bohr}} \frac{\boldsymbol{L}}{\hbar} \tag{14.22}$$

Tipler

Abschn. 34.5 *Spin-Bahn-Kopplung und Feinstruktur*

Darin ist L der Bahndrehimpulsvektor und μ_{Bohr} das Bohr'sche Magneton, in dem einige Konstanten und die Masse des Elektrons m_e zusammengefasst sind:

$$\mu_{Bohr} = \frac{e\,\hbar}{2\,m_e} = 5{,}79 \cdot 10^{-5}\ \text{eV/T} \tag{14.23}$$

- Der Spindrehimpuls des Elektrons ist eine besondere quantenphysikalische Eigenschaft des Elektrons, für das es keine Entsprechung in der makroskopischen Welt gibt. Um wenigstens ein behelfsmäßiges Modell zu haben, stellen wir uns vor, der Spindrehimpuls würde die Rotation des Elektrons um seine Achse beschreiben. Auch daraus ergibt sich ein magnetisches Moment:

$$\boldsymbol{\mu}_s = -2\,\mu_{Bohr}\,\frac{\boldsymbol{S}}{\hbar} \tag{14.24}$$

S ist der Spindrehimpulsvektor.

An den Gleichungen für die magnetischen Momente sehen wir, dass sie weitgehend von den **Drehimpulsen des Elektrons** abhängen. Anders als klassische Drehimpulse dürfen diese jedoch nicht beliebige Werte annehmen, sondern sind gequantelt. Vom Bahndrehimpuls mit der Quantenzahl l wissen wir schon, dass nur ganze Zahlwerte von 0 bis $(n - 1)$ erlaubt sind. Beim Spindrehimpuls mit der Quantenzahl m_s sind nur $+1/2$ und $-1/2$ möglich. Der Gesamtdrehimpuls J des Elektrons als die Summe der beiden einzelnen Drehimpulse ist deshalb ebenfalls gequantelt und wir können ihm die Quantenzahl j zuweisen. Er kann unterschiedlich ausfallen:

- Für $l = 0$ fällt der Bahndrehimpuls weg, und der gesamte Drehimpuls hängt nur vom Spindrehimpuls ab: $j = m_s = +1/2$.
- Für Orbitale mit $l = 1$ gibt es zwei Möglichkeiten:

  - Drehimpuls und Spindrehimpuls sind parallel und addieren sich:

    $j = l + m_s = 3/2.$

  - Drehimpuls und Spindrehimpuls sind antiparallel und wirken einander entgegen:

    $j = l - m_s = 1/2.$

Abb. 34.13 im Tipler stellt beide Varianten graphisch dar.

Das unterschiedliche Zusammenwirken von Bahndrehimpuls und Spindrehimpuls bewirkt, dass die beiden Zustände leicht verschiedene Energiewerte besitzen, weil die magnetischen Momente parallel oder antiparallel zueinander sind wie in Abb. 34.14 im Tipler schematisch gezeigt. Wir bezeichnen den Effekt als **Spin-Bahn-Kopplung.** In Anwesenheit eines äußeren Magnetfelds splittet er das Energieniveau des 2p-Orbitals in ein leicht höher liegendes $2p_{3/2}$-Niveau und ein etwas niedrigeres $2p_{1/2}$-Niveau (Abb. 34.15 im Tipler). Der kleine Unterschied bewirkt, dass die Übergänge vom und zum 1 s-Orbital etwas abweichende Energien und damit Photonen benötigen. Im Spektrum werden dadurch aus einer einzelnen Bande zwei eng beieinander liegende Banden, was als **Feinstrukturaufspaltung** bezeichnet wird.

Mit der Spinquantenzahl ist unser Satz an Quantenzahlen komplett, um uns nun Atomen mit mehr als einem Elektron zuzuwenden. Die Aussagen, die wir zum Bau des Wasserstoffatoms gewonnen haben, treffen bei ihnen jedoch nicht exakt, sondern nur näherungsweise zu.

14.7 Näherungen für Atome mit mehr als zwei Elektronen

Das Problem beim **Lösen der Schrödinger-Gleichung für Atome mit mehreren Elektronen** besteht darin, dass die Elektronen sich gegenseitig beeinflussen und damit analytische Lösungen wie beim Wasserstoffatom verhindern. Um dennoch verwertbare Wellenfunktionen zu erhalten, gehen Physiker bei der Berechnung in drei Schritten vor: Zunächst nehmen sie an, dass die Elektronen sich gegenseitig nicht beachten. Mit den resultierenden Wellenfunktionen wird nun ermittelt, wie die Elektronen einander doch stören, und schließlich werden die Wellenfunktionen mit diesen Erkenntnissen verbessert.

Auf diese Weise ergeben sich für alle Elektronen stationäre Zustände, die durch die vier Quantenzahlen n, l, m_l und m_s gekennzeichnet sind. Jedes Elektron hat dabei seine ganz individuelle Werte-Kombination. Nach dem **Pauli-Verbot** oder **Pauli'schen Ausschließungsprinzip** dürfen in einem Atom keine zwei Elektronen in allen vier Quantenzahlen übereinstimmen. Zusammen ergeben die stationären Zustände der Elektronen eines Atoms dessen **Elektronenkonfiguration.**

Die **Energie eines Elektrons** hängt im Wesentlichen von der Hauptquantenzahl n ab, in Mehrelektronenatomen aber auch ein wenig von der Drehimpulsquantenzahl l, in welcher sich die Wechselwirkung der Elektronen untereinander bemerkbar macht. Bei beiden Quantenzahlen ist die Energie umso geringer, je niedriger die Quantenzahl ist. Grundsätzlich versuchen Elektronen immer, die untersten Energieniveaus zu besetzen.

Aus diesen Regeln ergibt sich die Reihenfolge, mit welcher Elektronen die Orbitale eines Atoms besetzen (Tab. 34.1 im Tipler). Beim **Helium** mit seinen zwei Elektronen ($Z = 2$) beziehen beide Elektronen die K-Schale mit der Hauptquantenzahl $n = 1$, weil diese die niedrigste Energie aufweist. Auf ihr haben die Elektronen keinen Bahndrehimpuls ($l = 0$), und das kugelförmige s-Orbital kennt auch keine verschiedenen Raumrichtungen, sodass auch die magnetische Quantenzahl m_l gleich null ist. Um dem Pauli'schen Ausschließungsprinzip zu genügen, müssen die beiden Elektronen sich deshalb in der Spinquantenzahl m_s unterscheiden: Das eine Elektron hat $m_s = +1/2$, das andere $m_s = -1/2$. Da die Spins einander entgegengesetzt sind, heben sie sich auf, und der Gesamtspin der Elektronen ist gleich null.

Die Elektronenkonfiguration des Heliumatoms lautet somit: $1\,s^2$. Darin steht die 1 für die Hauptquantenzahl, das s für die Drehimpulsquantenzahl $l = 0$ und die hochgestellte 2 gibt die Zahl der Elektronen in dem betreffenden Orbital an. Das 1 s-Orbital ist damit voll besetzt. Die **erste Ionisierungsenergie**, um ein Elektron aus dem Atom zu lösen, liegt bei 24,6 eV.

Die zusätzlichen Elektronen bei den schwereren Elementen haben ihren Aufenthaltsschwerpunkt zunehmend in größerer Entfernung vom Atomkern. Außerdem schirmen die inneren Elektronen dessen positive Ladung teilweise ab. Beide Effekte schwächen die Anziehungskraft. Gleichzeitig hat die Wellenfunktion aber häufig einen Anteil, der sogar dichter am Kern liegt als die inneren Elektronen, was die Anziehung verstärkt. Der Effekt ist umso größer, je mehr sich die Aufenthaltswahrscheinlichkeiten durchdringen. Unter dem Strich ergibt sich daraus eine **effektive Kernladung** $Z'\,e$, die angibt, welche Ladung das Elektron tatsächlich im Mittel „spürt". In den Gleichungen zur Energie eines Elektrons müssen wir anstelle der nominellen Kernladung Z diese effektive Kernladung Z' einsetzen:

$$E = -\frac{1}{2}\,\frac{1}{4\pi\,\varepsilon_0}\,\frac{Z'\,e^2}{r} \tag{14.25}$$

Weil die Durchdringung der s-Orbitale stärker ist als bei den p-Orbitalen, liegt die effektive Kernladung für s-Elektronen höher, und ihre Energie ist nach Gl. 14.25 negativer. Das Energieniveau der s-Orbitale ist deshalb niedriger als jenes der p-Orbitale, und Elektronen besetzen in der Regel zuerst das s-Orbital, bevor sie die p-Orbitale bevölkern. Das Element Lithium verteilt seine drei Elektronen daher

Tipler

Abschn. 34.6 *Das Periodensystem der Elemente* sowie Beispiel 34.6 und 34.7

in der Elektronenkonfiguration $1\,s^2\,2\,s$. Beryllium macht mit $1\,s^2\,2\,s^2$ das s-Orbital auf der L-Schale ($n = 2$) voll, bevor die Elemente Bor ($Z = 5$) bis Neon ($Z = 10$) die 2p-Orbitale auffüllen.

Beim **Belegen der p-Orbitale** wirkt sich zum ersten Mal die magnetische Quantenzahl m_l aus. Nach der **Hund'schen Regel** erhält jedes der drei p-Orbitale zunächst ein Elektron, bevor das nächste Elektron mit entgegengesetztem Spin als zweites Elektron hinzukommen darf.

Eine unerwartete Wendung nimmt die Verteilung der Elektronen ab der vierten Periode bei den **Nebengruppenelementen** oder **Übergangsmetallen.** Außer dem einen s- ($l = 0$) und drei p-Orbitalen ($l = 1$) verfügt jedes Atom inzwischen auch noch über fünf d-Orbitale ($l = 2$). Wir sollten erwarten, dass das 19. Elektron in das 3d-Orbital des Kaliums wandert. Stattdessen finden wir es im 4 s-Orbital, und auch das 20. Elektron des Calciums belegt das 4 s-Orbital, das damit voll wird. Erst vom 21. Elektron im Scandium ab werden die 3d-Orbitale besetzt. Die Ursache für diesen scheinbaren Regelbruch liegt erneut in der Durchdringung der Aufenthaltswahrscheinlichkeiten. Das 4 s-Orbital hat so viele Anteile in Kernnähe, dass es energetisch unter dem 3d-Orbital liegt und sich damit gewissermaßen vordrängelt bei der Belegung mit Elektronen. Der Unterschied ist jedoch so gering, dass bei manchen Elemente wie Chrom, die in ihren fünf d-Orbitalen eigentlich vier Elektronen haben müssten, eines der beiden Elektronen aus dem 4 s-Orbital in das leere 3d-Orbital springt. Dadurch bekommt das Atom ein halb besetztes 4 s-Orbital und fünf halb besetzte 3d-Orbitale. Eine volle Reihe halb besetzter Orbitale ist energetisch besonders günstig, sodass sich der Ausflug des 4 s-Elektrons für das Atom lohnt. Das nächste Elektron füllt dann im Mangan die Lücke im 4 s-Orbital. Von da an geht es regelmäßig weiter mit neuen 3d-Elektronen, bis das Element Kupfer den gleichen Trick vollführt, um vorzeitig alle 3d-Orbitale voll zu besetzen.

Die **erste Ionisierungsenergie** steigt innerhalb einer Periode mit gleicher Hauptquantenzahl n mit zunehmender Ordnungszahl Z an (Abb. 34.17 im Tipler). Während sich der Abstand der Elektronen vom Kern nicht auffallend ändert, nimmt dessen elektrische Ladung mit jedem Proton zu, sodass die Bindung der Elektronen immer stärker wird. In den Edelgasen erreicht sie schließlich ihr Maximum. Das nächste Elektron, das hinzukommt, muss in ein s-Orbital der nächsten, weiter außen liegenden Schale und ist daher weniger fest gebunden.

14.8 Atome absorbieren und emittieren Photonen

Tipler

Abschn. 34.7 *Spektren im sichtbaren und im Röntgenbereich*

Wir haben bereits mehrfach erwähnt, dass Elektronen die Energie für den Übergang zwischen zwei Energieniveaus durch Absorption von Photonen beziehen oder durch Emission von Photonen abgeben. Je nachdem, welche Wechselwirkungen zwischen den Elektronen bzw. den Atomen oder Molekülen und dem Photon stattfinden, können wir eine Reihe von Phänomenen unterscheiden:

— Die **Resonanzabsorption** ist die einfachste Art der Absorption. Voraussetzung ist, dass die Energie des Photons genau dem Energieunterschied zwischen zwei Energieniveaus des Atoms entspricht. Das Atom nutzt die absorbierte Energie, um in den angeregten Zustand zu springen (Abb. 34.18d im Tipler).

— Gibt ein Atom in einem angeregten Zustand irgendwann von selbst ein Photon ab und fällt dadurch in einen energetisch niedrigeren Zustand, sprechen wir von **spontaner Emission** (Abb. 34.18e im Tipler). Passiert dies an mehreren Atomen gleichzeitig, steigt zwar die Intensität des Lichts, aber weil die Emissionen nicht miteinander gekoppelt sind, verlaufen die Wellen nicht synchron, und das Licht ist nicht kohärent.

— In manchen Fällen springt das Atom bei der spontanen Emission nicht direkt in den Grundzustand zurück, sondern über eine oder mehrere Zwischenstufen, bei denen es einen Teil seiner Energie abgibt, häufig in Form von unsichtbarer Wärmestrahlung. Erst danach wird die restliche Energie als **Fluoreszenz** emittiert. Dieser Prozess verläuft sehr schnell, innerhalb von rund 10^{-8} s, nach menschlichen Maßstäben also sofort. Ist eine der Zwischenstufen jedoch ein **metastabiler Zustand,** verharrt das Atom für einige Millisekunden, Sekunden oder sogar Minuten in dieser Phase und emittiert erst dann ein Photon. Diesen langwierigeren Prozess bezeichnen wir als **Phosphoreszenz.**

- Angeregte Atome können nicht nur spontan Photonen aussenden, sondern auch durch **stimulierte Emission** auf Anregung von außen. Der Anstoß erfolgt von einem Photon, dessen Energie genau der Differenz zwischen dem angeregten Zustand, in dem sich das Atom bereits befindet, und einem darunter liegenden Energieniveau entspricht. Das Photon veranlasst dann das Atom, seine überschüssige Energie in Form eines zweiten Photons abzugeben (Abb. 34.18 g im Tipler). Da beide Photonen durch diese Entstehungsgeschichte eng miteinander gekoppelt sind, schwingen sie in Phase und sind kohärent.

- Den **photoelektrischen Effekt** haben wir bereits kennengelernt. Das absorbierte Photon bringt so viel Energie mit, dass es damit ein Elektron aus dem Atom herauslöst (Abb. 34.18f im Tipler).

- Für die **Compton-Streuung** ist noch mehr Energie notwendig. Das einfallende Photon löst nicht nur das Elektron aus dem Atom heraus, sondern es ist noch genug Energie übrig, um zusätzlich ein Photon mit größerer Wellenlänge zu emittieren (Abb. 34.18 h im Tipler).

- Wenn die Energie des Photons dagegen nicht ausreicht, um das Atom aus dem Grundzustand auch nur in einen angeregten Zustand zu versetzen, kann es immer noch über **elastische Streuung** in eine andere Richtung umgelenkt werden (Abb. 34.18a im Tipler). Seine Wellenlänge bleibt dabei gleich. Ist die Wellenlänge des Lichts viel größer als das Atom, bezeichnen wir den Effekt als **Rayleigh-Streuung.** Sie findet beispielsweise an den Molekülen des Luftsauerstoffs und Luftstickstoffs statt, wenn das Sonnenlicht in die Atmosphäre fällt. Weil die Rayleigh-Streuung proportional zu $1/\lambda^4$ ist, wird blaues Licht stärker gestreut als rotes Licht, und der Himmel erscheint blau.

- Passt die Energie des Photons für den Übergang in einen höheren angeregten Zustand, findet **inelastische Streuung** oder **Raman-Streuung** statt. Das Photon wird absorbiert und ein neues Photon emittiert. Bei der **Stokes-Raman-Streuung** emittiert das Atom jedoch nicht die gesamte aufgenommene Energie, sondern nur einen Teil davon. Dadurch hat das ausgesandte Photon eine größere Wellenlänge (weniger Energie) als das absorbierte Photon. Das Atom bleibt in einem höheren Energiezustand, als es vor dem Prozess war (Abb. 34.18b im Tipler). Es gibt aber auch den umgekehrten Fall der **Anti-Stokes-Raman-Streuung,** wenn das Atom bereits in einem angeregten Zustand war, als es das eingestrahlte Photon absorbiert hat. Es emittiert danach ein energiereicheres Photon mit kürzerer Wellenlänge und fällt auf ein niedrigeres Energieniveau als den Ausgangszustand herab (Abb. 34.18c im Tipler).

14.9 Bei optischen Spektren kommt es auf die Elektronenspins an

Die Energien der Photonen, mit denen Atome zum Übergang auf ein andere Energieniveau veranlasst werden können, entsprechen Licht aus dem sichtbaren Bereich des Spektrums oder energiereicherer Röntgenstrahlung.

Für **Spektren im sichtbaren Bereich** wird meist eines der äußeren Elektronen, ein Valenzelektron, in ein höheres Orbital angehoben. Abb. 34.19 im Tipler zeigt die Übergänge für ein Natriumatom im Termschema. Wir erkennen, dass die Wellenlängen, die jeweils beim zugehörigen Übergang stehen, vom ultravioletten Bereich für große Sprünge bis ins Infrarote für kleine Energieunterschiede reichen.

Für die **Feinstruktur des Spektrums** kommt es wegen der Spin-Bahn-Kopplung auf den Spin des Atoms an. Für alle inneren Orbitale, die vollständig mit Elektro-

Tipler

Abschn. 34.7 *Spektren im sichtbaren und im Röntgenbereich*

nen besetzt sind, heben sich die Spindrehimpulse der Elektronen gegenseitig auf. Entscheidend sind daher die Elektronen in den einfach besetzten Orbitalen. Im Beispiel des Natriumatoms ist dies ein einziges Elektron, das sich im Grundzustand im 3 s-Orbital befindet. Das Natrium hat deshalb insgesamt den Spin 1/2. Springt das Elektron in ein höher liegendes p-Orbital, kann sein Spin parallel oder antiparallel zum Bahndrehimpuls stehen, und wir erhalten die beiden möglichen Zustände mit dem Gesamtdrehimpuls $J = L - 1/2$ und $J = L + 1/2$, deren Energie ganz leicht unterschiedlich ist, was wir als Dublett bezeichnen. Beim Natriumatom macht die Differenz beispielsweise 0,002 e V aus, etwa ein Promille des Energieunterschieds zwischen dem 3 s-Orbital und dem 3p-Orbital.

Im Termschema deuten wir die Aufspaltung mit zwei Strichen für die Energieniveaus der p-Orbitale an. In der Schreibweise der Termsymbolik benutzen wir eine etwas komplizierte Codierung:

$$^{2S+1}L_J$$

Darin ist
- $2S + 1$ der gesamte Spindrehimpuls. Er hängt von der Anzahl der ungepaarten Elektronen ab. Jedes von ihnen hat die Spinquantenzahl $m_s = +1/2$ und die Gesamtspin-Quantenzahl S summiert diese einzelnen Spinquantenzahlen auf:

$$S = \left| \sum_i m_{s_i} \right| \tag{14.26}$$

  Für ein Atom oder Molekül, dessen Elektronen alle paarweise in den Orbitalen stecken, ist $S = 0$ und $2S + 1 = 1$. Wir bezeichnen dies als den Singulett-Zustand. Die Edelgase und die meisten Moleküle befinden sich im Singulett-Zustand. Für Atome und Moleküle mit einem ungepaarten Elektron gilt $S = 1/2$ und $2S + 1 = 2$. Wie oben erwähnt ist dies der Dublett-Zustand, den beispielsweise ein einzelnes Natriumatom, aber auch Molekülradikale wie NO innehaben. Manche Moleküle wie Sauerstoff (O_2) liegen im Grundzustand als Triplett vor, da sie zwei ungepaarte Elektronen haben. Die Gesamtspinquantenzahl ist bei ihnen $S = 1$ und $2S + 1 = 3$.
- L der Bahndrehimpuls, den wir uns als Typ des Orbitals, in dem sich das Elektron befindet, denken können. Anstelle der Kleinbuchstaben s, p, d und f werden aber die entsprechenden Großbuchstaben S, P, D und F verwendet.
- J der Gesamtdrehimpuls, der durch die möglichen Kombinationen von Spin- und Bahndrehimpuls mit paralleler und antiparalleler Ausrichtung entsteht. Für unser Beispiel mit dem Natriumatom erhalten wir die Möglichkeiten 1/2 und 3/2.

Die **Multiplizität** genannte Unterscheidung zwischen Singulett, Dublett und Triplett wirkt sich auf die Geschwindigkeit der Übergänge der Elektronen aus. Behält das Elektron beim Sprung seine Spinrichtung bei, bleibt die Multiplizität des Atoms erhalten, und der Wechsel kann schnell ablaufen. Wir sprechen von einem „erlaubten" Übergang. Bei einem „verbotenen" Übergang ändert das Elektron seine Spinrichtung und damit die Multiplizität des Atoms. Weil dieses Umklappen des Spins nur selten geschieht, dauert es deutlich länger, bis solch ein Übergang stattfindet. Aus diesem Grund ist die Fluoreszenz mit einem erlaubten Übergang sehr viel schneller als die Phosphoreszenz, bei der ein unerlaubten Übergang notwendig ist.

14.10 Röntgenspektren haben charakteristische Spitzen

Röntgenstrahlung entsteht, wenn schnelle, energiereiche Elektronen auf ein Ziel aus Metall treffen. Dort finden zwei verschiedene Prozesse statt:

- Ein Teil der schnellen Elektronen wird von den Elektronenhüllen der Metallatome durch die Coulomb'sche Abstoßung stark abgebremst. Die frei werdende Bewegungsenergie geben die Elektronen in Form von Wärme und Röntgenstrahlung ab. Ausgehend von den Maxwell-Gleichungen ergibt sich für diese **Bremsstrahlung** ein breites, kontinuierliches Energiespektrum.
- Einige der schnellen Elektronen gelangen trotz der Abstoßung tief in die Elektronenhüllen der Atome hinein und schlagen dort mit ihrer Energie innere Elektronen heraus. Es entsteht eine Lücke, in die bald ein Elektron von einer weiter außen liegenden Schale springt. Die Energiedifferenz zwischen seinem Start- und dem Zielniveau gibt es als Röntgenstrahlung mit einem engen Energiebereich ab, was im Spektrum als scharfe Spitze zu erkennen ist. Jede dieser Spitzen steht für einen bestimmten Übergang, dessen Lage charakteristisch für das jeweilige Element ist. Die sogenannten K-Linien entstehen dabei durch Sprünge auf die K-Schale ($n = 1$), Linien der L-Serie von Sprüngen auf die L-Schale ($n = 2$), bei M-Linien ist die M-Schale ($n = 3$) das Ziel usw. An dem Buchstaben jeder Linie steht noch als Index ein griechischer Kleinbuchstabe. α kennzeichnet einen Sprung auf die benachbarte Schale (etwa von $n = 2$ auf $n = 1$), β den Wechsel auf die übernächste Schale (wie $n = 3$ auf $n = 1$) usw.

Das gesamte Röntgenspektrum, wie es in Abb. 34.20 im Tipler für Molybdän gezeigt ist, entsteht aus der Überlagerung der beiden Teilspektren.

Uns interessieren vor allem die charakteristischen Spitzen der Strahlungsintensität. Da ihre Lage von den Energieniveaus der Elektronenschalen und damit vom Element abhängen, können wir sie zur Analyse einer Probe nutzen. Für die K_α-Linie des Übergangs von $n = 2$ auf $n = 1$ erhalten wir die Wellenlänge λ_K der Strahlung nach:

$$\lambda_K = \frac{h\,c}{(Z-1)^2\,E_0\left(1 - \frac{1}{2^2}\right)} \tag{14.27}$$

Darin ist $E_0 = 13{,}6\,\text{eV}$ die Bindungsenergie des Elektrons im Grundzustand des Wasserstoffatoms, das gerne als Vergleichsmaßstab verwendet wird, und Z die Ordnungszahl, über welche wir das Element identifizieren können.

14.11 In Lasern synchronisiert Licht die Quantensprünge

Als Quelle für besonders intensives Licht haben sich Laser etabliert. Ihr Name ist ein Akronym für *Light Amplification by Stimulated Emission of Radiation*. Laserlicht hat besondere Eigenschaften:

- Es ist monochromatisch: Alle Photonen haben die gleiche Wellenlänge.
- Es ist kohärent: Die Lichtwellen schwingen synchron in Phase miteinander.
- Es ist scharf gebündelt: Die Strahlen verlaufen über lange Strecken parallel zueinander.
- Es ist intensiv: Im Laserlicht konzentriert sich hohe Energie auf einer kleinen Fläche.

Die Beschränkung auf einen sehr engen Wellenlängenbereich erreicht der Laser dadurch, dass alle angeregten Elektronen in einen metastabilen Zustand übergehen, aus dem heraus sie ihr Photon emittieren (Abb. 34.23 im Tipler). Damit möglichst viele Photonen ausgesandt werden und ein intensives Licht ergeben,

Tipler
Abschn. 34.7 *Spektren im sichtbaren und im Röntgenbereich* und Beispiel 34.8

Tipler
Abschn. 34.8 *Laser*

werden die Atome im Material des Lasers mit **optischem Pumpen** angeregt. Blitz-
lampen liefern Unmengen von Photonen, die ausreichen, um die Atome in höhere
angeregt Zustände zu versetzen, als später für die Emission benötigt werden. Die
angehobenen Elektronen rutschen von dort in den oben erwähnten metastabilen
Zustand, in dem sie einige Millisekunden verharren können. Der Laser pumpt so
viele Elektronen in diese Warteposition, dass mehr Atome angeregt sind, als sich
im Grundzustand befinden. Wir bezeichnen dies als **Besetzungsinversion,** sozusagen die Umkehr des normalen Zustands, in dem fast alle Atome im energetisch
armen Grundzustand vorliegen.

Ein Laserimpuls entsteht, wenn einige Atome spontan ein Photon abgeben
und in den Grundzustand zurückkehren. Die Photonen veranlassen über stimulierte Emission andere Atome dazu, ebenfalls Photonen auszustoßen. Es entsteht
eine regelrechte Lawine von Licht. Sie wird dadurch verstärkt, dass sich an den
Stirnseiten des aktiven Mediums Spiegel befinden, von denen die Photonen immer
wieder durch das Material geworfen werden. Einer der Spiegel lässt einen kleinen
Teil des Lichts durch – es ist dieser Teil, der als Laserstrahl austritt (Abb. 34.24 im
Tipler). Der Rubinlaser ist ein typischer Vertreter der gepulsten Laser. Er nutzt als
aktives Medium mit Chromionen versetzten Korund (Al_2O_3) und emittiert Licht
mit einer Wellenlänge von 694,3 nm.

Lasertypen, die kontinuierliches Licht aussenden sollen, erreichen die Beset-
zunginversion auf andere Weise: durch kontinuierliches Pumpen. Der Helium-
Neon-Laser regt über elektrische Entladung die Heliumatome an, die daraufhin
ihre Energie durch Stöße an die Neonatome weitergeben. Das Neon hat zwei
angeregte Zustände, von denen es bei der Besetzungsinversion den oberen belegt.
Die stimulierte Emission versetzt die Atome in den leeren unteren angeregten
Zustand, wobei das Laserlicht mit 632,8 nm erzeugt wird (Abb. 34.25 im Tipler).
Anschließend fällt das Neon in den Grundzustand und steht für die nächste Runde
bereit. Anstelle eines teildurchlässigen Spiegels besitzen Helium-Neon-Laser Konkavspiegel, die ein Prozent des Lichts durchlassen und es zugleich als Linse bündeln
(Abb. 34.26 im Tipler).

Beispiel
Bei vielen chemischen Reaktionen durchlaufen die Partner extrem kurzlebige
Übergangszustände, die sich mit konventionellen Methoden nicht nachweisen
oder untersuchen lassen. Mit ultrakurzen Laserpulsen, die nur wenige Pikose-
kunden dauern, können wir diese Zustände untersuchen sowie Änderungen im
Absorptionsverhalten der Reaktanten nachweisen und so den Ablauf der Reaktion zeitlich hochaufgelöst verfolgen.   ◀

Verständnisfragen
42. Wie viele unterschiedliche Orbitale mit der Hauptquantenzahl $n = 4$ kann
    ein Atom besitzen?
43. Wasserstoff hat im Spektrum eine Linie bei 434 nm. Welchem Übergang ent-
    spricht dies?
44. In wie viele Orbitale mit der Hauptquantenzahl $n = 4$ darf ein Elektron
    wechseln, das sich bei der Anregung im $2p_z$-Orbital befindet?

Moleküle

15.1   In Molekülen werfen Atome ihre Orbitale zusammen – 162

15.2   Rotationen und Schwingungen verändern Spektren – 166

© Springer-Verlag GmbH Deutschland, ein Teil von Springer Nature 2020
O. Fritsche, *Physik für Chemiker II*, https://doi.org/10.1007/978-3-662-60352-9_15

Sobald sich mehrere Atome miteinander verbinden, wird es noch schwieriger, ihre Eigenschaften exakt mit den Gleichungen der Quantenphysik zu beschreiben. Doch auch, wenn wir die verschiedenen chemischen Bindungen und das Verhalten von Molekülen mehr qualitativ als quantitativ betrachten, können wir damit manche Effekte erklären, die sonst kaum nachzuvollziehen wären. Beispielsweise die Spektren von Molekülen, die mehr sind als einfache Additionen der Atomspektren.

15.1 In Molekülen werfen Atome ihre Orbitale zusammen

Tipler

Abschn. *35.1 Die chemische Bindung* und *35.2 Mehratomige Moleküle* sowie Beispiel 35.1

Mit Ausnahme des Wasserstoffs bringen Atome nur einen Teil ihrer Elektronen in eine chemische Bindung ein. Die inneren Elektronen beteiligen sich nicht an der Wechselwirkung mit anderen Atomen, sodass wir sie und den Kern näherungsweise als einen positiv geladenen Atomrumpf ansehen können. Die eigentliche Bindung erfolgt über die Valenz- oder Außenelektronen. Je nach Bindungstyp wechseln sie vollständig zum anderen Atom über, belegen zusammen mit einem Elektron des Partners ein gemeinsames Orbital, belassen es bei Coulomb'schen Anziehungskräften oder tummeln sich als Wolke zahlloser Elektronen im Bereich um die Atomrümpfe.

Die einfachste Variante der chemischen Bindung ist die **Ionenbindung,** bei der ein oder mehrere Außenelektronen vollständig vom einen Partner auf den anderen überspringen. Dafür müssen wir an dem einen Atom die **Ionisierungsenergie** aufbringen, um ein Elektron aus dem Atom zu lösen, und am anderen wird die **Elektronenaffinität** frei, wenn es ein zusätzliches Elektron aufnimmt und zum Anion wird. Gehen wir von einzelnen Atomen aus, hätten wir demnach für das Beispiel Natriumchlorid als Teilreaktionen:

$$\text{Na} \longrightarrow \text{Na}^+ + \text{e}^- \quad \text{Ionisierungsenergie: } E = 5,14\,\text{eV} \tag{15.1}$$

$$\text{Cl} + \text{e}^- \longrightarrow \text{Cl}^- \quad \text{Elektronenaffinität: } E = -3,62\,\text{eV} \tag{15.2}$$

Die Werte für die Energien setzen voraus, dass die Atome unendlich weit voneinander entfernt sind oder zumindest so weit, dass sie sich nicht gegenseitig mit ihren Ladungen beeinflussen können. Unter dieser Bedingung müssten wir für die Ionisierung der Atome eine Energie von $5,14\,\text{eV} + (-3,62\,\text{eV}) = 1,52\,\text{eV}$ aufbringen. Das positive Vorzeichen verrät uns, dass der Prozess endotherm wäre, also energieverbrauchend. Die notwendige Energie muss durch einen zweiten Vorgang aufgebracht werden, damit die Reaktion freiwillig ablaufen kann. Diese Energiequelle ist die elektrostatische Anziehung zwischen den entstandenen Ionen. Sie sorgt für eine potenzielle Energie E_pot, die ansteigt, wenn die beiden Ionen sich einander annähern:

$$E_\text{pot} = -\frac{1}{4\,\pi\,\varepsilon_0} \cdot \frac{e^2}{r} \tag{15.3}$$

Zusammen ergeben die Bildungsenergie der Ionen und ihre elektrostatische Anziehungsenergie die **Gesamtenergie,** deren Wert vom Abstand r abhängt. Abb. 35.1 im Tipler zeigt uns den Verlauf der Kurve, den wir von rechts nach links verfolgen wollen. In großer Entfernung ist es energetisch ungünstig, Natrium und Chlor zu ionisieren. Doch die Energieschuld wird kleiner, je näher sich die Ionen kommen. Bei einer Distanz von etwa 0,95 nm haben wir den Ausgleich erreicht. Ab hier wird Energie frei. Schließlich erreicht die Kurve bei 0,236 nm ein Minimum.

Wollen wir die Ionen noch näher zusammenbringen, spüren wir einen deutlichen Widerstand, der schnell ansteigt und auf die quantenphysikalischen Regeln zurückzuführen ist. Bei der geringen Entfernung, die mittlerweile zwischen den Ionen besteht, überlagern sich zunehmend ihre Atomorbitale. Dadurch kommen sie in Konflikt mit dem **Pauli'schen Ausschließungsprinzip,** nach welchem keine zwei Elektronen in allen vier Quantenzahlen gleich sein dürfen. Solange die

Orbitale klar getrennt waren, traten keine Probleme auf. Nun aber ringen die Elektronen der beiden Atome miteinander um die Orbitale und Quantenzahlen, und die Verlierer müssen in energetisch höher liegende Orbitale ausweichen. Der dadurch entstehende Energiebedarf sorgt für den steilen Anstieg der potenziellen Energie des Systems. Während die elektrostatische Anziehungskraft zwischen den Ionen also dafür sorgt, dass die Teilchen einander näher kommen, verhindert das Ausschließungsprinzip, dass die Bindung zu eng wird. Beim Natriumchlorid liegt der Gleichgewichtsabstand in der Gasphase – die den theoretischen Verhältnissen, wie wir sie besprochen haben, am nächsten kommen – bei $r_0 = 0{,}236$ nm. In Salzkristallen, in denen jedes Ion von mehreren Seiten angezogen wird, beläuft sich der Abstand auf 0,28 nm.

Wollten wir ein Ionenpaar wieder trennen und die neutralen Atome rekonstruieren, müssten wir dafür die **Dissoziationsenergie** E_{Diss} aufbringen, die beim Natriumchlorid 4,27 eV beträgt.

Beispiel

Die ungewohnten Energieangaben in Elektronenvolt (eV) können wir über die Avogadrokonstante in die üblichere Einheit kJ/mol umrechnen:

$$1\ \text{eV} \cdot N_A = 96{,}47\ \frac{\text{kJ}}{\text{mol}} \tag{15.4}$$

◀

Ihre wahre Stärke zeigt die Quantenphysik bei der Beschreibung der **kovalenten Bindung**. Das Bohr'sche Atommodell liefert gar keine Erklärung, warum und wie sich ähnliche Atome ein oder mehrere Elektronenpaare teilen. Der Weg über die Wellenfunktionen bietet da mehr, ist allerdings etwas abstrakt.

Für reelle Wellenfunktionen, wie sie im Tipler mit den Gl. 34.35 und 34.36 beschrieben werden, wissen wir, dass die Wahrscheinlichkeit, ein Elektron anzutreffen, proportional zum Quadrat seiner Wellenfunktion ist. Wegen der Quadrierung trifft dies für ganze Wellenfunktionen oder Teilbereiche mit positiven wie negativen **Vorzeichen** zu. Beispielsweise hat die Wellenfunktion für ein 1 s-Atomorbital ein Plus als Vorzeichen. Bei den Wellenfunktionen von p-Atomorbitalen, die sich wie dicke Hanteln auf beiden Seiten des Atomkerns erstrecken, ist eine Seite positiv und die andere negativ. Achtung! Es handelt sich dabei nicht um elektrische Ladungen (Elektronen sind immer negativ geladen), sondern lediglich um mathematische Vorzeichen.

Von Bedeutung sind die Vorzeichen in dem Moment, wenn zwei Elektronen den gleichen Raum belegen wollen. Wegen des Pauli'schen Ausschließungsprinzips dürfen die beiden Elektronen dann nicht in allen vier Quantenzahlen gleich und damit ununterscheidbar sein. In der Sprache der Quantenphysik ausgedrückt: Die Gesamtwellenfunktion für die Elektronen muss asymmetrisch bezüglich des Austauschs der Elektronen sein.

Diese Bedingung können wir auf zwei Weisen erfüllen, die in Abb. 35.3 im Tipler am Beispiel eines Wasserstoffmoleküls demonstriert werden:

— Wir lassen Orbital(bereiche) mit gleichem Vorzeichen überlappen, sorgen aber dafür, dass die Spins der Elektronen antiparallel sind. Abb. 35.3b zeigt diese Variante im oberen Teil. Die beiden Wellenfunktionen der ursprünglichen Atomorbitale sind gestrichelt dargestellt, die resultierende Wellenfunktion des Molekülorbitals, das aus der Kombination der Atomorbitale entstanden ist, mit der farbigen durchgezogenen Linie. Wir bezeichnen sie als die **räumlich symmetrische Wellenfunktion** ψ_S. Wichtig ist, dass die Funktion auch zwischen den Spitzen an den Positionen der Kerne einen deutlich positiven Wert hat. Das

Quadrat der Wellenfunktion in Abb. 35.3c im oberen Teil weist dementsprechend eine hohe Aufenthaltswahrscheinlichkeit zwischen den Atomkernen aus, was einer hohen Elektronendichte im zeitlichen Mittel entspricht. Wegen der elektrischen Anziehungskräfte zwischen den Elektronen und den Atomkernen halten Elektronen in diesem Molekülorbital die Atome zusammen, weshalb wir von einem **bindenden Molekülorbital** sprechen.

– Anders sieht es aus, wenn wir die Elektronenspins parallel lassen, aber dafür das Vorzeichen eines Orbitals umdrehen. Am unteren Teil von Abb. 35.3b erkennen wir, dass sich die Wellenfunktionen der Atomorbitale gegenseitig schwächen und in der Mitte sogar ganz aufheben. Dort wechselt die **räumlich antisymmetrische Wellenfunktion** ψ_A des zugehörigen Molekülorbitals sogar das Vorzeichen. Darum erhalten wir zwischen den Atomkernen nur eine geringe Elektronendichte, die in der Mitte bei null liegt (Abb. 35.3c unten). Durch den Mangel an Elektronen werden die Abstoßungskräfte der Atomkerne nicht ausgeglichen, und das **antibindende Molekülorbital** drückt die Atome auseinander.

Abb. 35.4 im Tipler zeigt den Verlauf der potenziellen Energien für die beiden Gesamtwellenfunktionen. Die Energie des bindenden Molekülorbitals liegt immer tiefer und ist für nahe Abstände negativ, es wird also bei der Verschmelzung der Atomorbitale zum Molekülorbital Energie frei. Das Minimum finden wir in einem Abstand von $r_0 = 0{,}074$ nm und bei einer **Bindungsenergie** von $-4{,}52$ eV. Die Bildung des antibindenden Molekülorbitals verschlingt dagegen Energie. Es ist im Wasserstoffmolekül jedoch nicht besetzt, da Elektronen zuerst die energetisch niedrigeren Orbitale beziehen. Bei einem fiktiven Heliummolekül müssten das dritte und das vierte Elektron das antibindende Molekülorbital besetzen. Damit würden sie den anziehenden Kräfte des bindenden Molekülorbitals entgegenwirken, und das Molekül würde wieder zerfallen.

Mit der Kombination von Atomorbitalen zu Molekülorbitalen können wir auch die **räumliche Struktur vieler Moleküle** erklären. Beispielsweise besitzt Sauerstoff auf seiner äußersten Schale sechs Elektronen, von denen zwei im 2 s-Orbital wenig Interesse an chemischen Reaktionen zeigen. Zwei der vier Elektronen in den drei p-Orbitalen bilden ein Elektronenpaar, das ebenfalls gesättigt ist. Es bleiben die beiden ungepaarten Elektronen in den übrigen p-Orbitalen. Sie können mit den s-Orbital-Elektronen zweier Wasserstoffatome Molekülorbitale ausbilden und belegen, sodass kovalente Bindungen entstehen und wir ein Wassermolekül erhalten (Abb. 35.9 im Tipler). Den Winkel von 90° zwischen den p-Atomorbitalen im Sauerstoff spreizen die Kerne der Wasserstoffatome mit ihren Abstoßungskräften im Molekül auf rund 104,5°, aber die ungefähre Form des Moleküls konnten wir schon an den Atomorbitalen ablesen.

Etwas komplizierter verlaufen die Reaktionen bei Verbindungen mit Kohlenstoff. Dessen Atome besitzen vier Außenelektronen, von denen sich zwei im 2 s-Atomorbital befinden und 2 in 2p-Atomorbitalen. Dennoch kann Kohlenstoff bis zu vier Bindungen eingehen, die untereinander absolut gleichwertig sind. Dafür muss das Atom seine Atomorbitale äußerst flexibel umgestalten und die Elektronen neu verteilen. Im ersten Schritt, der **Promotion,** hebt es eines der 2 s-Orbitale energetisch an in das freie 2p-Orbital, sodass das 2 s-Orbital und alle drei 2p-Orbitale nun mit je einem Elektron besetzt sind. Anschließend mischt das Atom in einer sogenannten **Hybridisierung** die vier Orbitale und macht aus ihnen vier gleichwertige **Hybridorbitale.** Mit diesem neuen maßgeschneiderten Typ von Atomorbital kann der Kohlenstoff nun vier kovalente Bindungen eingehen, die in die vier Ecken eines Tetraeders weisen.

Beispiel

Die Vielfalt der organischen Chemie erklärt sich aus der Fähigkeit des Kohlenstoffs, Hybridorbitale zu bilden. Neben dem beschriebenen sp^3-Hybridorbital, mit dem sich vier Einfachbindungen aufbauen lassen, bildet Kohlenstoff bei Bedarf auch drei sp^2-Hybridorbitale oder zwei sp-Hybridorbitale. Die Bindungen der Hybridorbitale liegen jeweils auf der Verbindungsachse zwischen den Atomkernen (σ-Bindungen) und können Einfachbindungen ausbilden oder sind an Doppel- und Dreifachbindungen beteiligt, die sie zusammen mit den nicht hybridisierten p-Orbitalen formen.

Außer Kohlenstoff hybridisieren auch andere Elemente ihre Orbitale. Etwa Sauerstoff und Stickstoff, wenn sie in ihrer jeweiligen molekularen Variante als O_2 bzw. N_2 vorliegen. ◄

Zwischen der Ionenbindung und der kovalenten Bindung gibt es keine feste Grenze, sondern fließende Übergänge. In der Chemie wird der Ionenbindungscharakter meistens an der Elektronegativitätsdifferenz der beteiligten Atome gemessen, wobei ein Unterschied von 1,7 in etwa einer Bindung entspricht, die zur Hälfte ionisch und zur Hälfte kovalent ist. In der Physik fällt die **Abschätzung des ionischen und kovalenten Bindungscharakters** eher über das elektrische Dipolmoment $\mathfrak{p}$, das sich experimentell messen lässt. Es beträgt für zwei hundertprozentige Ionen im Gleichgewichtsabstand r_0:

$$\mathfrak{p} = e\, r_0 \qquad\qquad\qquad (15.5)$$

Für Natriumchlorid errechnen wir damit einen Wert von $3,78 \cdot 10^{-29}$ C m, während der Messwert bei $3,00 \cdot 10^{-29}$ C m liegt. Den Anteil der Ionenbindung finden wir, wenn wir das Verhältnis der Zahlen bilden. Er beträgt für Kochsalz $3,00/3,78 = 0,79$, also annähernd 80 %.

Für die weiteren **Arten chemischer Bindungen** sind die quantenphysikalischen Eigenschaften der Atome weniger bedeutend:

- Bei **Van-der-Waals-Bindungen** richten sich Moleküle mit elektrischen Dipolmomenten so aus, dass zwischen ihnen eine elektrische Anziehungskraft wirkt. Neben polaren Molekülen mit permanenten Dipolmomenten (Abb. 35.5 im Tipler) können unpolare Moleküle ein transientes (vorübergehendes) Dipolmoment gewinnen, wenn sich die zufälligen Schwankungen in der Verteilung der Elektronen synchronisieren (Abb. 35.6 im Tipler). Van-der-Waals-Kräfte sind sehr schwach und werden schon bei mittleren Temperaturen von den Wärmebewegungen der Moleküle aufgebrochen. Bei tiefen Temperaturen verbinden sie aber häufig Moleküle zu Festkörpern.

- **Wasserstoffbrückenbindungen** entstehen, wenn ein größeres Atom wie Sauerstoff, Stickstoff oder Fluor über eine kovalente Bindung ein Wasserstoffatom gebunden hat und die gemeinsamen Elektronen weit zu sich herüberzieht. Der dadurch partiell positiv geladene Wasserstoff zieht ein anderes partiell negatives Atom oder ein doppelt besetztes Orbital eines anderen Atoms an. Wasserstoffbrückenbindungen sind am stärksten, wenn die drei beteiligten Atome in gerader Linie liegen. Sie sorgen für den Zusammenhalt der Wassermoleküle und bringen viele Biomoleküle wie Proteine und die DNA in Form.

- Für eine **metallische Bindung** geben alle Atome ihre Valenzelektronen in ein gemeinsames Elektronen„gas" ab, in dem sich die Atomrümpfe auf den Punkten eines Kristallgitters befinden. Die Zahl der Atomorbitale, die sich überlappen, ist dabei so groß, dass die ebenso große Anzahl der daraus entstehenden Orbitale des Metalls energetisch sehr eng beieinander liegt und sogenannte Bänder bildet.

15.2 Rotationen und Schwingungen verändern Spektren

Tipler

Abschn. *35.3 Energieniveaus und Spektren zweiatomiger Moleküle* und Beispiel 35.3 bis 35.4

Auch Moleküle absorbieren und emittieren charakteristische elektromagnetische Strahlung, sodass wir viele ihrer Eigenschaften durch die Analyse der Spektren ermitteln können. Die Energie der Photonen, die ein Molekül aufnehmen oder abgeben kann, hängt aber nicht wie beim Atom ausschließlich von den Energieniveaus der Orbitale ab, sondern von weiteren Prozessen, die kleinere Energiebeträge beisteuern. Das Wechselspiel kann sehr komplex werden, sodass wir uns auf den relativ einfachen Fall eines isolierten Moleküls aus zwei Atomen, das nicht durch Stöße oder andere Wechselwirkungen mit seinen Nachbarn Energie austauscht, konzentrieren.

Bei einem derart vereinfachten System müssen wir insgesamt **drei Vorgänge** berücksichtigen:

- Die elektronische Anregung durch den Wechsel von Elektronen zwischen Orbitalen mit unterschiedlichen Energieniveaus, wie wir sie bereits für Atome besprochen haben. Die Differenzen liegen hierbei in der Größenordnung von 1 eV. Damit reichen sie vom ultravioletten Licht über das sichtbare Licht bis zum Infrarotlicht.
- Die verschiedenen Schwingungszustände eines Moleküls mit zwei Atomen liegen Zehntel eines Elektronenvolts auseinander. Die Strahlung gehört zum infraroten Teil des Spektrums.
- Die Änderung der Rotation des Moleküls geht mit der Zunahme oder Abgabe von Energie im Bereich von 10^{-4} eV einher. Dies entspricht Mikrowellenstrahlung.

Die **Schwingungen eines zweiatomigen Moleküls** können wir uns wie zwei Massen m_1 und m_2 vorstellen, die durch eine Feder mit der Federkonstanten k_F miteinander verbunden sind, die sie mal mehr, mal weniger dehnen. Solch ein harmonischer Oszillator erreicht eine Schwingungsfrequenz v von:

$$v = \frac{1}{2\pi} \sqrt{\frac{k_F}{m_{\text{red}}}} \tag{15.6}$$

Darin ist m_{red} die **reduzierte Masse,** die durch das Wechselspiel der beiden Atommassen zustande kommt:

$$m_{\text{red}} = \frac{m_1 m_2}{m_1 + m_2} \tag{15.7}$$

Mit der reduzierten Masse tun wir so, als gäbe es nicht zwei Teilchen, sondern nur eines, dass dann eben die reduzierte Masse besitzt. Sie liegt niedriger als die kleinste Einzelmasse.

Die Frequenz der Schwingung bestimmt nach der Schrödinger-Gleichung die Lage der **Schwingungsenergieniveaus:**

$$E_{\text{vib}} = \left(v + \frac{1}{2}\right) h v \quad \text{mit } v = 0,\ 1,\ 2,\ \cdots \tag{15.8}$$

Wir sehen, dass die Energie und mit ihr die Eigenfrequenz des schwingenden Moleküls gequantelt ist. Die Abstände zwischen den Energieniveaus sind etwa um den Faktor 10 kleiner als bei elektronischen Übergängen. In Abb. 35.13 im Tipler erkennen wir, dass die **Schwingungsenergieniveaus** deshalb innerhalb der verschiedenen elektronischen Zustände eine Reihe von energetischen Unterzuständen bilden, die im unteren Bereich alle den gleichen Abstand voneinander haben. Verändert ein Molekül seinen Schwingungszustand innerhalb eines elektronischen Zustands, muss es die **Auswahlregel für Übergänge zwischen den Schwingungszuständen** einhalten, wonach sich die Schwingungsquantenzahl v bei einem Wechsel nur um $+1$ oder -1 ändern, das Molekül also nur in den direkten nächsten Zustand springen darf. Aus dem Spektrum können wir die Energie des dafür notwendigen Photons ersehen und über die Schwingungsfrequenz die Federkonstante berechnen, die für das jeweilige Molekül typisch ist.

Die **Rotationsenergieniveaus** nehmen eine noch feinere Abstimmung des Zustands vor. Ein zweiatomiges Molekül kann um eine Achse rotieren, die durch seinen Massenmittelpunkt oder Schwerpunkt führt, wie in Abb. 35.12 im Tipler dargestellt. Aus der Schrödinger-Gleichung geht hervor, dass auch die Rotationsenergieniveaus gequantelt sind. Ihre Lage hängt vom Trägheitsmoment I und von der **Rotationsquantenzahl** J ab, die den Drehimpuls in ganzzahlige Vielfache von $\hbar^2$ zerlegt:

$$E_{\text{rot}} = \frac{J\,(J+1)\,\hbar^2}{2\,I} = J\,(J+1)\,B \quad \text{mit } J = 0,\,1,\,2,\,\cdots \qquad (15.9)$$

Die charakteristischen Eigenschaften des Moleküls sind dabei in der **Rotationskonstanten** B vereinigt:

$$B = \frac{\hbar^2}{2\,I} \qquad (15.10)$$

Aus dem Spektrum eines Moleküls können wir die Lage seiner Rotationsenergieniveaus entnehmen und sein Trägheitsmoment I errechnen, aus dem wir wiederum auf den Abstand zwischen den Atomen r_0 schließen können:

$$I = m_{\text{red}}\,r_0^2 \qquad (15.11)$$

Die **Auswahlregel für Rotationsübergänge** bestimmt, dass sich ihre Quantenzahl J innerhalb eines Schwingungszustands ebenfalls nur um ± 1 ändern darf. Die Unterschiede zwischen den Rotationsenergieniveaus sind so gering, dass Moleküle schon durch kleine Störungen wie Kollisionen ihren Rotationszustand ändern können. Sie bilden zu jedem Schwingungsenergieniveau eine sehr fein abgestufte Folge von Unterunterenergiezuständen (Abb. 35.13 im Tipler, Ausschnittsvergrößerung).

Die Kombination der drei verschiedenen Typen von Energieniveaus bietet Molekülen eine Vielzahl unterschiedlicher Zustände, zwischen denen sie durch Absorption oder Emission eines Photons wechseln können. Die Auswahlregeln für die Schwingungs- und Rotationsübergänge gelten dabei jeweils nur innerhalb eines elektronischen Zustands bzw. innerhalb eines Schwingungszustands. Springt ein Elektron vom Grundzustand in den angeregten Zustand, kann es dort jeden beliebigen Schwingungs- und Rotationszustand einnehmen. Dadurch ergeben sich sehr viele mögliche Anfangs- und Zielniveaus, und entsprechend viele unterschiedliche Photonen kann das Molekül absorbieren oder emittieren. Die scharfen Linien des Atomspektrums treten deshalb im **Molekülspektrum** als breite Banden auf, die sich aus einer Vielzahl eng benachbarter Linien zusammensetzen (Abb. 35.14 im Tipler).

Bei Molekülen in dichten Gasen, Flüssigkeiten oder Festkörpern tauschen darüber hinaus die Moleküle auch untereinander Energie aus, indem sie miteinander kollidieren, ihre Elektronenverteilungen gegenseitig beeinflussen oder chemisch reagieren. Diese Wechselwirkungen ergeben weitere Energieniveaus, die sich in Spektren bemerkbar machen.

Verständnisfragen

45. Die Elektronenaffinität von Sauerstoff beträgt $-1{,}46\,eV$. Wie groß ist sie in der Einheit kJ/mol?

46. Wie viele bindende und antibindende Molekülorbitale entstehen, wenn zwei Atome, deren äußerste Schale die Hauptquantenzahl $n = 2$ hat, eine kovalente Bindung ausbilden?

47. Bei der Fluoreszenz gibt ein angeregtes isoliertes Molekül nur einen Teil der Anregungsenergie als dann längerwelliges Photon ab. Wie könnte es den Rest der Energie verloren haben?

Kernphysik und Radioaktivität

16.1   Auch Atomkerne haben Energieniveaus – 170

16.2   Radioaktiver Zerfall ist eine Suche nach Stabilität – 171

16.3   Radioaktivität messen – 175

Zusammenfassung – 177

© Springer-Verlag GmbH Deutschland, ein Teil von Springer Nature 2020
O. Fritsche, *Physik für Chemiker II*, https://doi.org/10.1007/978-3-662-60352-9_16

Chemische Reaktionen gehen auf die Prozesse in den Elektronenhüllen der Atome zurück. Deren Besetzung mit Elektronen richtet sich aber nach dem Element, dem ein Atom angehört, und diese Zuordnung hängt von der Zusammensetzung des Atomkerns ab. Deshalb ist es auch für Chemiker sinnvoll, grob den Aufbau des Kerns zu kennen.

Hinzu kommt, dass manche Atomkerne nicht stabil sind und Teilchen und Energie emittieren. Bei diesem Prozess kann sich sogar die Elementzugehörigkeit ändern. Wir werden darum in diesem Kapitel die wichtigsten Arten des radioaktiven Zerfalls untersuchen.

16.1 Auch Atomkerne haben Energieniveaus

Tipler

Abschn. 38.1 *Eigenschaften der Kerne* und Beispiel 38.1

Der Atomkern oder das **Nuklid** setzt sich aus Protonen und Neutronen zusammen, die wir mit dem Oberbegriff **Nukleonen** bezeichnen. Die Anzahl der Nukleonen bestimmt daher die **Massenzahl** A des Kerns, die Protonenzahl die Ordnungszahl Z, die bestimmt, zu welchem Element ein Atom gehört. Auf die Zahl der Neutronen N kommt es dabei nicht an, sodass es von vielen Elementen verschiedene **Isotope** gibt, die zwar alle die gleiche Zahl Protonen im Kern tragen, aber unterschiedliche Mengen Neutronen. Beispielsweise besitzt das häufigste Wasserstoffisotop ^{1}H im Kern nur ein Proton, wie wir an der hochgestellten Massenzahl vor dem Elementsymbol sehen. Daneben existieren auch schwerer Wasserstoff oder Deuterium ^{2}H mit einem Proton und einem Neutron im Kern sowie überschwerer Wasserstoff oder Tritium ^{3}H, in dessen Kern wir ein Proton und zwei Neutronen finden. Grundsätzlich bewegt sich das Verhältnis von Neutronen zu Protonen bei leichten Elementen nahe bei 1:1, während es sich bei schweren Elementen immer weiter zugunsten der Neutronen verschiebt (Abb. 38.1 im Tipler).

Der Grund für die ansteigende Zahl von Neutronen mit zunehmender Ordnungszahl liegt in der stärker werdenden Abstoßungskraft der positiv geladenen Protonen untereinander. Die Reichweite des elektrischen Felds eines Protons ist im Prinzip unbegrenzt, sodass es über den gesamten Kern wirkt. Je mehr Protonen zusammenkommen, desto mehr drängen sie auseinander. Die **starke Kernkraft** oder **hadronische Kraft**, die zwischen allen Nukleonen gleichermaßen anziehend wirkt und den Kern zusammenhält, hat dagegen nur eine kurze Reichweite und wirkt im Wesentlichen nur zwischen direkten Nachbarteilchen. Ein Proton verspürt darum immer nur die Anziehungskraft seiner direkten Umgebung, aber die Abstoßungskraft des gesamten Kerns. Bei großen Kernen müssen dementsprechend zusätzliche Neutronen für mehr Abstand sorgen, um die Abstoßungskräfte durch größere Abstände zwischen den Protonen zu dämpfen. Die Form des Atomkerns können wir dabei nach dem **Tröpfchenmodell** als annähernd kugelig annehmen. Setzen wir den Radius eines einzelnen Nukleons auf $r_0 = 1{,}2 \cdot 10^{-15}$ m, beträgt der Radius des Kerns r_K:

$$r_K = r_o \cdot \sqrt[3]{A} \tag{16.1}$$

Innerhalb des Kerns sind die Nukleonen ähnlich wie die Elektronen der Atomhülle auf verschiedene Energieniveaus verteilt (Abb. 38.2 im Tipler). Allerdings sind die Abstände im Kern eine Million mal größer als bei elektronischen Übergängen und bewegen sich in der Größenordnung von MeV. Jedes Kernteilchen wird also mit einer bestimmten Bindungsenergie E_b im Kern gehalten. Nach der Einstein'schen Formel für die **Äquivalenz von Energie und Masse** entspricht diese Bindungsenergie einer Masse:

$$E_b = m\,c^2 \tag{16.2}$$

Da die Bindungsenergie frei wird, wenn das Teilchen dem Kern beitritt, muss es dabei ein wenig Masse verlieren. Tatsächlich können wir diesen **Massendefekt** nachweisen. Für eine atomare Masseneinheit u beträgt er:

$$1\,\mathrm{u} \cdot c^2 = 931{,}5\,\mathrm{MeV} \tag{16.3}$$

Der Massendefekt der Nukleonen beträgt etwa ein Hundertstel u. Ebenso wie die Bindungsenergie pro Nukleon steigt er vom Wasserstoff ausgehend mit zunehmender Massenzahl zunächst steil an, erreicht beim Eisen ein Maximum und wird anschließend zu noch schwereren Elementen wieder geringer (Abb. 38.3 im Tipler). Den Massendefekt Δm und die **Kernbindungsenergie des gesamten Atomkerns** E_b können wir berechnen, wenn wir die Massen der entsprechenden Anzahlen freier Protonen, Neutronen und Elektronen addieren und davon die experimentell bestimmte atomare Masse (Tab. 38.1 im Tipler) abziehen:

$$\Delta m = (Z\,m_H + N\,m_n - m_A) \tag{16.4}$$

$$E_b = (Z\,m_H + N\,m_n - m_A)\,c^2 \tag{16.5}$$

Dass wir die Masse der Elektronen in der Masse eines Wasserstoffatoms m_H zunächst mitzählen, ist nicht schlimm, da wir sie mit der atomaren Masse m_A wieder abziehen. m_n ist die Masse eines freien Neutrons. Im Schnitt beträgt die Bindungsenergie pro Nukleon etwa 8,3 MeV.

Beispiel

Der Massendefekt ist auch für die große Energiemenge verantwortlich, die bei der Kernfusion von Wasserstoff zu Helium im Inneren der Sonne freigesetzt wird. Jede Sekunde werden dort 4,3 Mrd. kg Materie in Energie umgewandelt und in das Weltall abgestrahlt. Der kleine Bruchteil, der die Erde trifft, reicht aus, um über die Photosynthese fast alle Lebensprozesse anzutreiben.   ◀

16.2 Radioaktiver Zerfall ist eine Suche nach Stabilität

Trotz der ausgleichenden Wirkung der Neutronen sind längst nicht alle Atomkerne stabil. Viele von ihnen stoßen Teilchen oder Strahlung aus und erreichen dadurch einen energieärmeren Zustand. Dieser **radioaktive Zerfall** ist ein Zufallsprozess oder statistischer Prozess. Von außen lässt er sich kaum beeinflussen (außer durch Beschuss des Kerns mit sehr schnellen Teilchen), und es ist unmöglich, für einen bestimmten Kern vorherzusagen, wann genau er zerfallen wird. Bei einer großen Anzahl von Kernen können wir jedoch sehr zuverlässige Aussage über die Gesamtheit der radioaktiven Atome machen.

Die Menge des radioaktiven Materials nimmt mit der Zeit exponentiell ab. Beginnen wir unsere Messung zum Zeitpunkt $t = 0$ mit der Anzahl N_0 an radioaktiven Nukliden, dann finden wir zum Zeitpunkt t noch N übrig gebliebene Kerne:

$$N = N_0 \cdot \mathrm{e}^{-\lambda t} \tag{16.6}$$

Weil die instabilen Kerne immer weniger werden, nimmt auch die **Zerfallsrate** oder **Aktivität** R ab, die angibt, wie viele Kerne pro Sekunde zerfallen:

$$R = R_0 \cdot \mathrm{e}^{-\lambda t} \tag{16.7}$$

Tipler
Abschn. 38.2 *Radioaktivität* und Beispiele 38.2 bis 38.3

Wir sehen, dass die Zahl der Teilchen und die Zerfallsrate den gleichen Verlauf haben. Deshalb reicht es aus, wenn wir uns eine der beiden Größen weiter anschauen, die Aussagen gelten für beide gleichermaßen.

Die **Zerfallskonstante** λ, die im Exponenten vorkommt, ist charakteristisch für das jeweilige radioaktive Isotop. Sie enthält alle Eigenschaften des Nuklids, die es stabiler oder instabiler machen. Je größer die λ ist, desto schneller zerfällt ein Material. In der Praxis nutzen wir aber häufiger den Kehrwert der Zerfallskonstanten, die mittlere Lebensdauer τ:

$$\tau = \frac{1}{\lambda} \tag{16.8}$$

Nach der Zeit τ ist die Zahl der radioaktiven Kerne auf den e-ten Teil gefallen, was etwa 37 % entspricht. Noch gebräuchlicher ist die **Halbwertszeit** $t_{1/2}$, die angibt, wie lange es dauert, bis nur noch die Hälfte des Materials im Ursprungszustand vorliegt:

$$t_{1/2} = \frac{\ln 2}{\lambda} = \tau \cdot \ln 2 \approx 0{,}693 \cdot \tau \tag{16.9}$$

Alle genannten Parameter für die Zerfallsgeschwindigkeit haben die Eigenart, dass sie die gesamte Zeit über gleich bleiben. An Abb. 38.4 im Tipler sehen wir, dass die Zahl der Kerne nach einer Halbwertszeit auf die Hälfte gefallen ist, nach einer weiteren Halbwertszeit auf die Hälfte der Hälfte (also ein Viertel) usw. Die Halbwertszeit hängt einzig und allein von der Nuklidsorte ab und ist so typisch für sie, dass wir daran ein radioaktives Element identifizieren können. Dafür bestimmen wir zu verschiedenen Zeitpunkten mit geeigneten Messgeräten die Zerfallsrate. Sie wird in der Einheit **Becquerel** mit dem Einheitszeichen bq angegeben. Gelegentlich stoßen wir noch auf die veraltete Einheit **Curie** (Ci). Die Umrechnung erfolgt nach:

$$1\,\text{Zerfall/s} = 1\,\text{Bq} = 2{,}7 \cdot 10^{-11}\,\text{Ci} \tag{16.10}$$

Aus der Zerfallsrate erhalten wir mit Gl. 16.7 die Zerfallskonstante und damit die Halbwertszeit. Deren Wert kann zwischen Bruchteilen von Mikrosekunden bis zu Billionen Jahren liegen. Mit Hilfe von Zerfallstabellen finden wir schließlich heraus, welches Element wir untersucht haben.

Beispiel

Bei der **Radiocarbonmethode** bestimmen wir über den radioaktiven Zerfall des Kohlenstoffisotops ^{14}C das Alter einer Probe aus organischem Material. ^{14}C entsteht ständig in der Atmosphäre, wo Stickstoffatome gelegentlich Neutronen aus der kosmischen Strahlung einfangen und sich unter Abgabe eines Protons in radioaktives ^{14}C verwandeln:

$$^{14}N + n \longrightarrow \ ^{14}C + p \tag{16.11}$$

Mit einer Halbwertszeit von 5730 Jahren zerfällt das ^{14}C wieder in Stickstoff, wobei es ein Elektron und ein Antineutrino $\bar{\nu}_e$ ausstößt:

$$^{14}C \longrightarrow \ ^{14}N + e^- + \bar{\nu}_e \tag{16.12}$$

Das ^{14}C wird von Pflanzen bei der Photosynthese in ihr Zellmaterial eingebaut, und über die Nahrungskette gelangt es in Tiere und Menschen, sodass alle Organismen während ihrer Lebzeit ein stabiles Verhältnis von ^{14}C zum häufigeren ^{12}C haben.

> Mit dem Tod des Organismus nimmt er jedoch kein neues ^{14}C mehr auf. Ohne Nachschub nimmt dessen Menge im Körper nach dem Zerfallsgesetz ab. Bei einer frischen Probe können wir etwa 15,3 Zerfälle können wir pro Minute und Gramm Kohlenstoff messen. Diese geringe Rate schränkt die Radiocarbonmethode auf Zeiträume innerhalb der letzten rund 60 000 Jahre ein – danach ist die Aktivität zu gering, um verlässliche Werte zu ermitteln. ◀

Nach der Art der Strahlung unterscheiden wir drei Typen von Radioaktivität. Bei zwei von ihnen sendet ein sogenannter **Mutterkern** Teilchen aus und wird dadurch zu einem **Tochterkern**, der einem anderen Element angehört:

- Beim α-Zerfall stößt der Kern ein α-Teilchen aus, das aus zwei Protonen und zwei Neutronen besteht und damit einem Heliumkern entspricht.
- Beim β-Zerfall gibt der Kern ein Elektron oder dessen Antiteilchen, ein Positron, ab.
- Beim γ-Zerfall emittiert der Kern reine elektromagnetische Strahlung.

Der α-**Zerfall** findet bei vielen schweren Kernen mit Ordnungszahlen über 83 statt. In diesen Bereichen gelingt es den Neutronen nicht mehr, die Abstoßungskräfte der Protonen dauerhaft zu kompensieren. Allerdings können die Protonen den Kern auch nicht einfach verlassen. Sie sind in ihm gefangen wie in einem Potenzialtopf: Im Kern zu sein, ist energetisch sehr viel günstiger als der Zustand außerhalb. Hinzu kommt eine große energetische Barriere an der äußeren Grenze des Kerns (Abb. 38.7 im Tipler). Die Hürde ist so hoch, dass das α-Teilchen sie nur überwinden kann, indem es sich mit Hilfe des quantenphysikalischen Tunneleffekts aus dem Kern herausschleicht. Je mehr Energie das α-Teilchen für die Flucht aufbringen kann, umso größer sind seine Chancen für das Tunneln und desto kürzer ist die Halbwertszeit.

Die allgemeine Reaktionsgleichung des α-Zerfalls können wir folgendermaßen schreiben:

$$\ce{^{A}_{Z}X} \longrightarrow \ce{^{A-4}_{Z-2}Y} + \ce{^{4}_{2}He} + \Delta E \tag{16.13}$$

Durch den Verlust der vier Nukleonen nimmt die Massenzahl um 4 ab. Da zwei der Nukleonen Protonen waren, sinkt auch die Ordnungszahl um 2. Der Atomkern gehört also nach dem Zerfall zu einem anderen Element. Weil sich häufig an den ersten radioaktiven Zerfall weitere anschließen, durchläuft ein Kern oft eine ganze **Zerfallsreihe**, bevor er einen stabilen Zustand erreicht. Bei den noch existenten natürlichen Zerfallsreihen ist diese Endstation immer ein Bleiisotop. Theoretisch sollte es vier verschiedene Zerfallsreihen geben, da die Massenzahl bei einem Zerfall entweder um 4 abnimmt oder gleich bleibt:

- Die Nuklide der **Thorium-Reihe** oder $4n$-Reihe haben Massenzahlen, die glatt durch 4 teilbar sind. Ihr Ausgangspunkt ist das Nuklid $\ce{^{232}_{90}Th}$, der stabile Endkern ist $\ce{^{208}_{82}Pb}$.
- Die **Neptunium-Reihe** oder $4n+1$-Reihe ist bereits ausgestorben. Auch die längste Halbwertszeit in der Reihe war mit 2 Mio. Jahren so kurz, dass bereits alle Nuklide zum stabilen $\ce{^{209}_{83}Bi}$ zerfallen sind.
- Die **Uran-Radium-Reihe** oder $4n+2$-Reihe beginnt mit dem Nuklid $\ce{^{238}_{92}U}$ und führt zum $\ce{^{206}_{82}Pb}$. Bei der Division der Massenzahl durch 4 bleibt der Rest 2.
- Auch die **Uran-Actinium-Reihe** oder $4n+3$-Reihe startet mit einem Uranisotop, dieses Mal ist es das Nuklid $\ce{^{235}_{92}U}$. Die Reihe führt zum $\ce{^{207}_{82}Pb}$.

Die freigesetzte **Zerfallsenergie** ΔE stammt aus dem Massendefekt, da die Zerfallsprodukte leichter sind als der Mutterkern. Die Differenz tragen die α-Teilchen als kinetische Energie mit sich. Deren Wert ist ist eng begrenzt und typisch für die Art des zerfallenden Nuklids, sodass wir daran den Mutterkern erkennen können.

Die **Reichweite** der α-Teilchen ist sehr begrenzt. In Gasen kollidieren und reagieren sie schon nach wenigen Zentimetern mit den Molekülen, in Flüssigkeiten kommen sie maximal ein Zehntel Millimeter weit. Schon ein Blatt stärkeres Papier hält sie völlig auf.

Beispiel

Durch Beschuss mit Nukleonen können wir auch eigentlich stabile leichte Kerne zu künstlichen radioaktiven Nukliden machen. Dies geschieht zwangsläufig als Nebeneffekt in Kernreaktoren, aber auch gezielt in Forschungsreaktoren, in denen Radionuklide für medizinische Untersuchungen und für Forschungszwecke hergestellt werden.   ◀

β-**Zerfall** tritt bei Atomkernen mit einem unausgewogenen Verhältnis von Protonen und Neutronen auf. In ihnen wandelt die schwache Kernkraft eines der häufigeren Nukleonen in eines der unterrepräsentierten Teilchen um. Je nach Nukleonensorte, die überwiegt, gibt es also zwei Varianten des β-Zerfalls:

- Beim häufigeren β^--**Zerfall** geht ein Neutron unter Aussendung eines Elektrons in ein Proton über. Zusätzlich entsteht ein Antineutrino $\bar{\nu}_e$ genanntes Elementarteilchen:

$$\mathrm{n} \longrightarrow \mathrm{p} + \mathrm{e}^- + \bar{\nu}_e \tag{16.14}$$

Die Massenzahl ändert sich nicht, aber die Ordnungszahl steigt durch das neue Proton um +1 an, der Tochterkern gehört dadurch zu einem anderen Element:

$$^A_Z\mathrm{X} \longrightarrow\; ^{\;\;A}_{Z+1}\mathrm{Y} + \mathrm{e}^- + \bar{\nu}_e + \Delta E \tag{16.15}$$

- Der β^+-**Zerfall** kann nicht bei freien Protonen stattfinden, sondern nur innerhalb von Atomkernen, weil er Energie aus der Bindungsenergie des Protons benötigt. Durch die Wirkung der schwachen Kernkraft stößt das Proton ein Positron e^+ und ein Neutrino ν_e aus und wandelt sich zu einem Neutron:

$$\mathrm{p} \longrightarrow \mathrm{n} + \mathrm{e}^+ + \nu_e \tag{16.16}$$

Das Positron ist das Antiteilchen zum Elektron. Es hat die gleichen Eigenschaften, aber umgekehrte Vorzeichen bei der elektrischen Ladung und dem magnetischen Moment. Beim β^+-Zerfall trägt es die positive Ladung des Protons aus dem Kern. Dadurch fällt die Ordnungszahl um 1, während die Massenzahl wieder gleich bleibt:

$$^A_Z\mathrm{X} \longrightarrow\; ^{\;\;A}_{Z-1}\mathrm{Y} + \mathrm{e}^+ + \nu_e + \Delta E \tag{16.17}$$

Obwohl beim β^--Zerfall ein Elektron ausgesandt wird, stammt es nicht aus der Elektronenhülle, sondern aus dem Kern des Atoms! Wie das Positron aus dem β^+-Zerfall liegt es dort nicht aber die ganze Zeit über in Warteposition, stattdessen entstehen die Teilchen erst durch den Prozess. Die **Zerfallsenergie** teilt sich auf das Elektron oder Positron und das Antineutrino oder Neutrino auf. Deshalb haben die Teilchen keine scharf begrenzte kinetische Energie wie beim α-Zerfall, sondern weisen eine breite Verteilung der Energie auf.

Die **Reichweite** der β-Strahlung ist auf einige Zentimeter bis Meter in Luft und wenige Zentimeter in Wasser beschränkt. Zur Abschirmung reicht eine Kunststoffscheibe von rund einem Zentimeter Stärke.

> **Beispiel**
> Künstlich erzeugt β^+-Strahler werden in der medizinischen Positronen-Emissions-Tomografie (PET) eingesetzt. Das ausgesandte Positron zerstrahlt beim Zusammenstoß mit einem Elektron in einem Prozess, den wir als Annihilation bezeichnen zu Energie in Form von Photonen, die von Detektoren aufgefangen und am Computer ausgewertet werden.   ◄

Der γ-**Zerfall** ist eigentlich kein wirklicher Zerfallsprozess, sondern eine Neuorganisation des Kerns nach einem α- oder β-Zerfall. Nach diesen befindet sich der Kern häufig in einem angeregten Zustand X* und geht durch Emission eines extrem energiereichen γ-Photons in einen energieärmeren Zustand über. Weder die Massenzahl noch die Ordnungszahl ändern sich dadurch:

$$\ce{^A_Z X^* \longrightarrow ^A_Z X} + \gamma \tag{16.18}$$

Meist verläuft der Prozess nahezu unmittelbar nach dem vorangehenden α- oder β-Zerfall. Manche Kerne geraten aber zunächst in einen metastabilen Zustand, in dem sie für einige Stunden verharren, bevor das Photon emittiert wird.

Da es sich um eine rein elektromagnetische Strahlung handelt, ist die **Reichweite** der γ-Strahlung recht groß. Zur Abschirmung sind deshalb dicke Wände aus dichtem Material wie Blei oder Beton nötig.

16.3 Radioaktivität messen

Trifft radioaktive Strahlung auf Materie, kann sie diese verändern, indem sie Atome verschiebt, ionisiert oder Bindungen aufbricht. Die betroffenen Atome und Moleküle befinden sich dadurch häufig in einem angeregten Zustand oder sind Radikale und lösen weitere chemische Reaktionen aus. In lebenden Zellen können sie unter anderem das Erbmolekül DNA schädigen, das die Informationen für den Ablauf der Lebensprozesse trägt.

Tipler
Abschn. 38.5 *Dosimetrie* und Beispiel 38.7

Die **Strahlendosis**, die auf ein Material einwirkt, wird in verschiedenen Größen angegeben:

- Die **Ionendosis** D_{ion} gibt an, wie viele Ladungen q mit dem gleichen Vorzeichen die Strahlung innerhalb einer bestimmten Menge des Materials erzeugt. Die Bezugsmenge wird direkt als Masse m oder als Produkt aus der Dichte ρ und dem Volumen V des Materials ermittelt:

$$D_{\mathrm{ion}} = \frac{\mathrm{d}q}{\mathrm{d}m} = \frac{1}{\rho}\frac{\mathrm{d}q}{\mathrm{d}V} \tag{16.19}$$

Die Einheit der Ionendosis ist Coulomb pro Kilogramm. Früher nutzte man das Röntgen R:

$$1\,\frac{\mathrm{C}}{\mathrm{kg}} \approx 3876\,\mathrm{R} \tag{16.20}$$

- Von der Ionendosis gelangen wir durch Multiplikation mit einem materialspezifischen Korrekturfaktor k zur **Energiedosis** D_{E}:

$$D_{\mathrm{E}} = k \cdot D_{\mathrm{ion}} \tag{16.21}$$

Die Energiedosis betrachtet die Energie, die im Material verblieben ist:

$$D_E = \frac{dE}{dm} = \frac{1}{\rho}\frac{dE}{dV}$$

(16.22)

Sie wird in der Einheit **Gray** (Gy) angegeben. Die veraltete Einheit ist das Rad (rd):

$$1\,\text{Gy} = 1\,\frac{\text{J}}{\text{kg}} = 100\,\text{rd}$$

(16.23)

Der Korrekturfaktor für Wasser und Luft liegt bei $k = 35\,\text{Gy/(C/kg)}$. Es sind also 35 J Energie nötig, um 1 C Ionen zu produzieren. Für biologisches Gewebe rechnen wir mit $k = 37\,\text{Gy/(C/kg)}$.

— Die verschiedenen Arten von Strahlung haben unterschiedliche biologische Wirksamkeit, was in der **Äquivalentdosis** D_{eq} berücksichtigt wird. Als Referenz dient die Wirkung des Elektrons, die gleich eins gesetzt wird. γ-Strahlung hat den gleichen Wert. Die Teilchen der α-Strahlung sind hingegen deutlich verheerender, weshalb ihr Gewichtungsfaktor ω_{eq} bei 20 liegt. Für Neutronen bewegt er sich je nach Energie zwischen 5 und 20.

$$D_{eq} = \omega_{eq} \cdot D_E$$

(16.24)

Als Einheit wurde das **Sievert** (Sv) eingeführt. Die veraltete Einheit rem ist um den Faktor 100 kleiner:

$$1\,\text{Sv} = 1\,\text{Gy} = 1\,\frac{\text{J}}{\text{kg}} = 100\,\text{rem}$$

(16.25)

— Soll bei einer Strahlentherapie die Empfindlichkeit der verschiedenen Organe und Gewebe berücksichtigt werden, wählen wir die **effektive Dosis** D_{eff}. Wir erhalten die effektive Dosis für den Körper, indem wir die Äquivalentdosen der einzelnen Organe (die Organdosen D_{org}) mit einem Gewichtungsfaktor ω_{gew} multiplizieren und addieren:

$$D_{eff} = \sum \omega_{gew} \cdot D_{org} = \sum \omega_{gew} \cdot \omega_{eq} \cdot D_E$$

(16.26)

In Tab. 38.3 im Tipler sind einige Gewichtungsfaktoren für verschiedene Organe aufgeführt. Die Werte reichen von 0,01 für Haut bis 0,12 für Lunge und Dickdarm.

Die normale **durchschnittliche Strahlenbelastung in Deutschland** bewegt sich zwischen 1 mSv und 3 mSv pro Jahr. Lokal finden wir auch bis zu 10 mSv pro Jahr. Der gesetzliche Grenzwert für Personen, die bei der Arbeit Strahlung ausgesetzt sind, liegt bei 20 mSv pro Jahr.

Verständnisfragen

48. Die durchschnittliche Bindungsenergie pro Nukleon im Kern beträgt 8,3 MeV. Wie groß ist dann der mittlere Verlust an Masse pro Kernteilchen durch den Massendefekt in u?

49. Bei einer radioaktiven Probe messen wir erst eine Aktivität von 25 bq, 10 min später sind es noch 17 bq. Wie groß ist die Halbwertszeit des Isotops?

50. Welcher Ionendosis entspricht die gesetzliche Obergrenze für die Strahlenbelastung von 20 mSv pro Jahr, wenn wir von einem Menschen mit einem Gewicht von 70 kg ausgehen und die Belastung vollständig durch α-Teilchen erfolgt?

1. Ermitteln Sie die Energien des Grundzustands ($n = 1$) und der beiden ersten angeregten Zustände eines Protons in einem eindimensionalen Kasten der Länge $d = 10^{-15}$ m $= 1$ fm. (Diese Energien liegen in derselben Größenordnung wie die Energien in Atomkernen.) Skizzieren Sie das Energieniveaudiagramm dieses Systems, und berechnen Sie die Wellenlänge der elektromagnetischen Strahlung, die emittiert wird, wenn das Proton folgende Übergänge erfährt:

2. von $n = 2$ zu $n = 1$,

3. von $n = 3$ zu $n = 2$ bzw.

4. von $n = 3$ zu $n = 1$.

(aus Tipler)

Zusammenfassung

— Licht hat manchmal auch Teilchencharakter. Hinweise darauf geben der photoelektrische Effekt und die Compton-Streuung.

— Beim photoelektrischen Effekt schlagen Photonen mit passender Energie Elektronen aus einem Metallkörper.

— Das Lichtteilchen wird Photon genannt. Seine Energie und sein Impuls hängen von der Wellenlänge des Lichts, aber nicht von dessen Intensität ab.

— Beim photoelektrischen Effekt schlagen Photonen mit passender Energie Elektronen aus einem Metallkörper.

— Bei der Compton-Streuung übertragen Photonen einen Teil ihres Impulses auf freie Elektronen. Die gestreuten Photonen ändern ihre Richtung und fliegen mit größerer Wellenlänge weiter.

— Das Planck'sche Wirkungsquantum ist eine Naturkonstante, die den Zusammenhang zwischen der Energie und der Frequenz einer Welle herstellt.

— Klassische Materieteilchen zeigen unter bestimmten Umständen Wellencharakter. So erzeugen sie hinter einem Doppelspalt durch Interferenz ein Beugungsmuster.

— Die Wellenlänge (De-Broglie-Wellenlänge) einer Materiewelle hängt von ihrer kinetischen Energie ab.

— Das klassische Konzept von Teilchen und Wellen wird auf Quantenebene durch den Welle-Teilchen-Dualismus ersetzt, wonach alle Objekte in Messungen sowohl Teilchen- als auch Welleneigenschaften zeigen können.

— Die Schrödinger-Gleichung beschreibt das Verhalten von Materiewellen in Raum und Zeit. Sie fasst die kinetische und die potenzielle Energie der Welle zusammen.

— Für energetische Übergänge ist die zeitabhängige Schrödinger-Gleichung geeignet, für stehende Wellen wie Elektronen um einen Atomkern reicht die zeitunabhängige Schrödinger-Gleichung aus.

— Die Lösungen der Schrödinger-Gleichung sind komplexe Wellenfunktionen. Das Quadrat ihres Betrags entspricht der Aufenthaltswahrscheinlichkeitsdichte für einen gegebenen Ort. Die Wahrscheinlichkeit, ein Teilchen anzutreffen, ergibt sich durch Multiplikation mit der Volumeneinheit an diesem Ort.

— Damit sie das Verhalten von Materiewellen korrekt erfassen, müssen Wellenfunktionen zusätzlich die Normierungsbedingung erfüllen, dass die Wahrscheinlichkeit, ein Teilchen überhaupt irgendwo anzutreffen, gleich eins ist.

— Der Heisenberg'schen Unschärferelation zufolge können wir komplementäre Paare von Eigenschaften von Teilchen wie ihren Ort und Impuls prinzipiell nicht beide mit beliebiger Genauigkeit feststellen. Das Produkt der Abweichungen bleibt grundsätzlich gleich oder größer als $1/2\ \hbar$.

- Wollen wir ein Objekt trotz seiner Welleneigenschaften als Teilchen behandeln, können wir den Erwartungswert als Mittel der Wahrscheinlichkeiten bestimmen und als Aufenthaltsort verwenden.

- Nach dem Ehrenfest-Theorem und dem Bohr'schen Korrespondenzprinzip gehen die quantenphysikalischen Eigenschaften bei hohen Energien und großen Teilchenzahlen, wie sie in der makroskopischen Welt üblich sind, in die klassischen Eigenschaften über.

- Nach den Gesetzen der klassischen Physik müssten Elektronen unter Abgabe elektromagnetischer Strahlung auf Spiralbahnen in den Atomkern stürzen.

- Das Bohr'sche Atommodell legt, ohne Begründung, Postulate genannte Regeln für das Verhalten von Elektronen eines Atoms fest, die stabile Zustände ermöglichen.

- Das erste Bohr'sche Postulat erlaubt Elektronen, bestimmte stationäre Zustände in genau vorgegebenen Abständen vom Kern einzunehmen, ohne dabei Energie zu verlieren oder Strahlung abzugeben.

- Das zweite Bohr'sche Postulat bestimmt, dass Elektronen beim Wechsel zwischen den stationären Zuständen keine Zwischenstadien einnehmen, sondern ihn in einem Quantensprung vollziehen. Die Energiedifferenz wird durch Aufnahme oder Abgabe eines Photons ausgeglichen.

- Das dritte Bohr'sche Postulat legt fest, dass der Bahndrehimpuls gequantelt ist.

- Die Energien der stationären Zustände sowie die Radien der Elektronenbahnen im Bohr'schen Atommodell hängen von einer ganzen Zahl ab, der Hauptquantenzahl.

- Die Energien der Photonen für den Übergang von einem stationären Zustand zu einem anderen entspricht der Lage der Linien im Spektrum des Wasserstoffatoms. Die verschiedenen Serien des Spektrums unterscheiden sich in der Hauptquantenzahl des unteren Energieniveaus.

- Das Bohr'sche Atommodell gilt für das Wasserstoffatom exakt, für Atome mit mehr als einem Elektron macht es ungefähre Angaben.

- Basis für das aktuelle Atommodell sind die dreidimensionale zeitunabhängige Schrödinger-Gleichung und ihre Wellenfunktionen. In ihnen hängt der Zustand eines Elektrons von vier Quantenzahlen ab.

- Die Hauptquantenzahl bestimmt den Abstand des Elektrons bzw. der Aufenthaltswahrscheinlichkeit vom Atomkern. Beim Wasserstoff legt sie zudem alleine das Energieniveau des Elektrons fest, bei Atomen mit mehreren Elektronen gibt sie den Energiebereich vor.

- Die Drehimpulsquantenzahl regelt die Form des Raumes (Orbitals), in dem sich das Elektron aufhält. Bei Mehrelektronenatomen positioniert sie das Energieniveau des Elektrons innerhalb des von der Hauptquantenzahl vorgegebenen Bereichs.

- Die magnetische Quantenzahl gibt die Ausrichtung des Orbitals an. Sie nimmt nur Einfluss auf das Energieniveau des Elektrons, wenn sich das Atom in einem äußeren Magnetfeld befindet.

- Die Spinquantenzahl beschreibt den Spin des Elektrons und kann nur die Werte $+1/2$ oder $-1/2$ annehmen. Für den Spindrehimpuls des Elektrons gibt es keine Analogie aus der makroskopischen Welt.

- Für den Sprung von einem Energiezustand in einen anderen gelten die Auswahlregeln, wonach das Elektron nur in ein Orbital mit einer anderen Drehimpulsquantenzahl wechseln darf.

- In einem Termschema sind die Energieniveaus des Atoms grafisch aufgetragen.

- Der niedrigste Energiezustand eines Atoms ist sein Grundzustand, alle energetisch höheren Zustände heißen angeregte Zustände.

- Die Spin-Bahn-Kopplung beschreibt, wie sich die Richtungen des Bahndrehimpulses und des Spindrehimpulses sowie die dazugehörigen magnetischen Momente des Elektrons in Anwesenheit eines äußeren magnetischen Feldes kombinieren können, sodass sie für leicht unterschiedliche Energieniveaus gleichartiger Orbitale mit verschiedenen Ausrichtungen im Raum sorgen. Im Spektrum macht sich dies durch die Feinstrukturaufspaltung von Linien bemerkbar.

- Die Elektronenkonfiguration eines Atoms beschreibt die Belegung seiner Orbitale mit Elektronen.
- Die Orbitale werden in der Reihenfolge ihrer Energieniveaus besetzt, beginnend mit dem energieärmsten Orbital.
- Nach dem Pauli'schen Ausschließungsprinzip dürfen Elektronen eines Atoms nicht in allen vier Quantenzahlen übereinstimmen.
- Weil die inneren Elektronen mit ihrer Ladung die Kernladung teilweise abschirmen, nehmen Elektronen mit größerem Abstand zum Kern nur eine reduzierte effektive Kernladung wahr.
- Orbitale, deren Maximum für die Aufenthaltswahrscheinlichkeit sich weiter entfernt vom Kern befindet, besitzen häufig noch kleinere lokale Maxima in größerer Kernnähe. Sie durchdringen dabei die inneren Orbitale.
- Die Durchdringung der Orbitale bewirkt bei den Nebengruppenelementen, dass die 3d-Orbitale energetisch leicht niedriger liegen als die 4s-Orbitale. Entsprechendes gilt für die 4d- und 5s-Orbitale sowie die 5d- und 6s-Orbitale.
- Atome und ihre Elektronen wechselwirken auf verschiedene Weisen mit Licht. Photonen mit niedriger Energie werden nur elastisch gestreut und damit in andere Richtungen umgelenkt. Reicht die Energie eines Photons für einen Quantensprung, wird es absorbiert. Das Elektron wird dadurch auf ein höheres Energieniveau gehoben (Resonanzabsorption) oder aus dem Atom gelöst (photoelektrischer Effekt). Eventuell überschüssige Energie wird als längerwelliges Photon abgestrahlt (Compton-Streuung). Aus dem angeregten Zustand fällt das Elektron wieder in den Grundzustand zurück, indem es den direkten Sprung macht (spontane Emission) oder vorher einen Teil der Energie abgibt und ein Photon mit größerer Wellenlänge aussendet. Dies kann sehr schnell geschehen (Fluoreszenz) oder mit zeitlicher Verzögerung, weil das Elektron vorübergehend einen metastabilen Zustand einnimmt (Phosphoreszenz). Der Wechsel in den Grundzustand kann auch durch ein weiteres einfallendes Photon mit der passenden Energie ausgelöst werden (stimulierte Emission).
- Während elektromagnetische Wellen im ultravioletten, sichtbaren und infraroten Bereich des Spektrums meistens die Übergänge der außen liegenden Valenzelektronen bewirken, entstehen Röntgenstrahlen durch den Wechsel eines äußeren Elektrons auf einen freien Platz im inneren Bereich um den Atomkern.
- In Lasern werden die Atome des aktiven Mediums zum überwiegenden Teil durch Energiezufuhr in den angeregten Zustand versetzt (Besetzungsinversion). Die spontane Emission eines Photons, das dann über stimulierte Emission weitere Photonen induziert, führt lawinenartig zu kohärenten Photonen, die sich als Laserstrahl mit hoher Intensität ausbreiten.
- Für Ionenbindungen muss ein Partner unter Aufbringung der Ionisierungsenergie ein Elektron abgeben, der andere unter Einsatz der Elektronenaffinität ein Elektron aufnehmen.
- Die Coulomb'sche Anziehungskraft zwischen den entgegengesetzt geladenen Ionen sorgt für die Annäherung der Atome. Wird die Distanz zu gering, überlappen sich die Orbitale. Nach dem Pauli'schen Ausschließungsprinzip müssen dann Elektronen in energetisch höher liegende Orbitale ausweichen, was eine weitere Annäherung verhindert.
- Bei einer kovalenten Bindung vereinigen sich die überlappenden Atomorbitale zu Molekülorbitalen. Aus zwei Atomorbitalen entstehen zwei Molekülorbitale, von denen das eine die Atome verbindet, das andere sie auseinanderdrückt. Das Energieniveau bindender Molekülorbitale ist niedriger als bei antibindenden Molekülorbitalen, sodass zuerst die bindenden Orbitale mit Elektronen besetzt werden.

- Kohlenstoff kann sehr flexibel verschiedene Kombinationen von Einfach-, Doppel- und Dreifachbindungen eingehen. Dafür vermischt das Atom seine 2s- und 2p-Atomorbitale zu energetisch gleichwertigen Hybridorbitalen, mit denen es dann kovalente Bindungen aufbaut.

- Van-der-Waals-Bindungen entstehen durch Ausrichtung von permanenten oder transienten elektrischen Dipolmomenten benachbarter Moleküle.

- Wasserstoffbrückenbindungen verknüpfen partiell negativ geladene Atome über ein dazwischenliegendes partiell positiv geladenes Wasserstoffatom. Sie sorgen beispielsweise für den Zusammenhalt von Wassermolekülen.

- In metallischen Bindungen kombinieren alle beteiligten Atome ihre Außenelektronen zu einem Elektronengas, das sich um die Atomrümpfe legt.

- Neben den elektronischen Energieniveaus durch die Verteilung der Elektronen auf die Orbitale besitzen Moleküle noch Unterniveaus, in denen die Bindungen um eine mittlere Länge schwingen, sowie Unterunterniveaus durch die Rotation des Moleküls.

- Die Schwingungsenergieniveaus und Rotationsenergieniveaus verbreitern die Linien in den Absorptions- und Emissionsspektren zu Banden, die aus sehr vielen, eng benachbarten Linien bestehen.

- Im Kern oder Nuklid eines Atoms befinden sich die Protonen und Neutronen als Nukleonen. Die Zahl der Protonen gibt das Element vor, von dem es meist verschiedene Isotope mit unterschiedlichen Neutronenzahlen gibt.

- Die starke Kernkraft hält die Nukleonen zusammen, wohingegen die Coulomb'sche Abstoßungskraft der positiven Protonenladung die Teilchen auseinander drückt. Die Aufgabe der Neutronen ist es, durch Kontakt zu den Protonen und als Abstandhalter den Ausgleich der Kräfte zu bewirken.

- Nach dem Tröpfchenmodell ist der Atomkern näherungsweise kugelförmig.

- Die Masse eines Nuklids ist geringer als die Summe der Massen seiner Bestandteile. Die Differenz ist durch den Massendefekt als Bindungsenergie freigesetzt worden.

- Instabile Kerne stoßen beim radioaktiven Zerfall Teilchen oder Strahlen aus. Die wichtigsten Formen des radioaktiven Zerfalls sind α-Zerfall mit Ausstoß von Heliumkernen, β-Zerfall, bei dem Elektronen oder Positronen abgegeben werden, und γ-Zerfall, bei dem lediglich energiereiche Strahlung emittiert wird.

- Der Zerfall eines Atomkerns findet spontan und zufällig statt. Dadurch nehmen die Zahl der verbliebenen radioaktiven Teilchen sowie die Zerfallsrate exponentiell mit der Zeit ab. Anhand der Zerfallskonstanten oder der Halbwertszeit können wir das radioaktive Isotop bestimmen.

- Radioaktive Strahlung kann durch Hindernisse abgeschirmt werden. Bei α-Strahlung reicht ein Blatt Papier, für β-Strahlung ist ein fingerdicker Kunststoffschirm notwendig, γ-Strahlung erfordert dicke Blei- oder Betonwände.

- Die Strahlendosis wird als Zahl der ionisierten Teilchen pro Masse (Ionendosis), als die im Material verbleibende Energie (Energiedosis) oder als die biologisch wirksame Energie (Äquivalentdosis) angegeben. Die normale Belastung liegt bei wenigen mSv pro Jahr, der Grenzwert ist auf 20 mSv festgelegt.

Serviceteil

Glossar – 182

Antworten – 192

Literatur – 197

Stichwortverzeichnis – 199

© Springer-Verlag GmbH Deutschland, ein Teil von Springer Nature 2020
O. Fritsche, *Physik für Chemiker II*, https://doi.org/10.1007/978-3-662-60352-9

Glossar

Abbildungsgleichung Zusammenhang zwischen Gegenstandsweite, Bildweite und Brennweite eines optischen Bauteils.

Abbildungsmaßstab Verhältnis von Bildgröße zur Gegenstandsgröße bei einer optischen Abbildung.

achsenparalleler Strahl Lichtstrahl, der parallel zur optischen Achse verläuft.

Adhäsion Sammelbezeichnung für Anziehungskräfte zwischen einem Fluid und einem Festkörper.

Akkommodation Scharfstellen beim menschlichen Auge.

Aktivität Anzahl der Zerfallsereignisse einer radioaktiven Probe pro Zeit.

α-Zerfall Radioaktive Zerfallsart. Ausstoß eines Heliumkerns aus einem instabilen Atomkern.

Ampere Einheit der Stromstärke.

Amplitude Maximale Auslenkung bei einer Schwingung.

angeregter Zustand Jeder Zustand eines Elektrons oder Atoms mit mehr Energie als der Grundzustand.

Anode Elektrode, an der eine Oxidationsreaktion stattfindet.

Anti-Stokes-Raman-Streuung Emission eines kürzerwelligen Photons nach Absorption eines Photons durch ein Atom. Das emittierte Photon besitzt mehr an Energie, weil sich das Atom bei der Absorption bereits in einem angeregten Zustand befand und bei der Emission in einen energetisch niedrigeren Zustand als den Ausgangszustand zurückfällt.

Anzahldichte Teilchen pro Volumen.

Äquipotenzialfläche Fläche innerhalb eines elektrischen Felds, die von allen benachbarten Punkten mit dem gleichen elektrischen Potenzial gebildet wird.

Äquivalentdosis Energie, die durch radioaktive Strahlung in einen biologischen Körper eingebracht wird, unter Berücksichtigung der Wirksamkeit des Strahlentyps.

archimedisches Prinzip Die Auftriebskraft entspricht betragsmäßig genau der Gewichtskraft des verdrängten Fluids.

Analysator Zweiter Polarisationsfilter in einer Messanordnung aus zwei Filtern. Der Analysator stellt die Polarisationsrichtung des einfallenden Lichts fest.

Atomorbital 1. Wellenfunktion für ein Elektron in einem Atom. 2. Raum mit der größten Aufenthaltswahrscheinlichkeit für ein Elektron eines Atoms.

Aufenthaltswahrscheinlichkeitsdichte Die Wahrscheinlichkeit pro Volumen, ein Teilchen an einem bestimmten Ort anzutreffen.

Auflösung Der kleinste Winkel oder geringste Abstand, unter dem zwei getrennte Punkte durch ein optisches Instrument als getrennt wahrgenommen werden können.

Aufpunkt Ort innerhalb eines elektrischen Felds.

Auftrieb(-skraft) Durch den Schweredruck des Fluids entstehende Kraft, die der Schwerkraft entgegengerichtet ist.

Ausfallswinkel Winkel zwischen dem reflektierten Strahl und dem Einfallslot.

Auswahlregeln Bedingungen für den Wechsel eines Elektrons von einem Orbital in ein anderes.

Bahndrehimpuls In der klassischen Physik der „Schwung" eines Teilchens auf einer Kreisbahn. In der Atomphysik der aus der Kreisbewegung um den Kern resultierender Drehimpuls eines Elektrons.

Bahndrehimpulsquantenzahl Gibt die Form des Raumelements an, in welchem die Aufenthaltswahrscheinlichkeit eines Elektrons am größten ist (Orbital).

Becquerel Einheit der Aktivität. 1 bq entspricht 1 Zerfall pro Sekunde.

Bernoulli-Gleichung Bei einer stationären Strömung ist der Gesamtdruck die Summe aus dem statischen Druck, dem Schweredruck und dem Staudruck.

β-Zerfall Radioaktive Zerfallsart. Ausstoß eines Elektrons oder eines Positrons aus einem instabilen Atomkern.

Beugung Ablenkung einer Welle an der Kante eines Körpers in den Schattenbereich hinter dem Körper, der bei geradliniger Ausbreitung nicht zu erreichen wäre.

Beugungsgitter Optisches Bauelement mit sehr vielen, eng nebeneinander liegenden parallelen Spalten (Transmissionsgitter) oder Vertiefungen (Reflexionsgitter).

Bezugspunkt Ort innerhalb eines elektrischen Felds, dessen Potenzial willkürlich auf null gesetzt wird.

Bildweite Abstand zwischen einem optischen Bauteil, wie einer Linse oder einem Spiegel, und dem Bild, das von diesem Bauteil erzeugt wurde.

Biot-Savart'sches Gesetz Beziehung zwischen dem Stromfluss durch einen Leiter und dem davon erzeugten magnetischen Feld.

Bogenentladung Dauerhafte Funkenentladung aufgrund elektrischen Durchschlags in einem Gas.

Bohr'sches Magneton Magnetisches Moment des Elektrons eines Wasserstoffatoms im Grundzustand durch seinen Bahndrehimpuls.

Bohr'sche Postulate Unbegründete Vorgaben für die Eigenschaften von Elektronen in Atomen sowie die Wechsel zwischen den verschiedenen Zuständen.

Bohr'scher Radius Abstand des Elektrons vom Kern im Grundzustand des Wasserstoffatoms.

Bohr'sches Atommodell Vorstellung vom Aufbau eines Atoms nach den Regeln der Bohr'schen Postulate. Danach bewegen sich Elektronen auf bestimmten Kreisbahnen um den Kern.

Bohr'sches Korrespondenzprinzip Annahme, dass sich quantenmechanische und klassische Berechnungen mit zunehmender Energie einander annähern.

Brechkraft Maß für die Stärke einer Linse. Kehrwert der Brennweite. Die Einheit der Brechkraft ist die Dioptrie (dpt).

Brechung Effekt, bei dem die Ausbreitungsrichtung von Licht oder einer anderen elektromagnetischen Welle beim Übertritt in ein Medium mit einer anderen Durchlässigkeit an der Grenzfläche geknickt wird.

Brechungsindex Verhältnis der Vakuumlichtgeschwindigkeit zur Lichtgeschwindigkeit in einem anderen Material.

Brechungswinkel Winkel zwischen dem gebrochenen Lichtstrahl und dem Einfallslot.

Brechzahl Verhältnis der Vakuumlichtgeschwindigkeit zur Lichtgeschwindigkeit in einem Material.

Bremsstrahlung Kontinuierliche Komponente der Röntgenstrahlung. Entsteht durch den Verlust an kinetischer Energie schneller Elektronen, die auf Materie treffen und von den Elektronenhüllen abgestoßen und abgebremst werden.

Brennebene Ebene der Schnittpunkte parallel auf einen gewölbten Spiegel oder durch eine Linse fallender Lichtstrahlen.

Brennpunkt Schnittpunkt der reflektierten oder gebrochenen Lichtstrahlen, die parallel zur optischen Achse eines konkaven Spiegels bzw. einer Sammellinse eingefallen sind. Bei konvexen Spiegeln und Zerstreuungslinsen Schnittpunkt der rückwärtigen Verlängerung der reflektierten bzw. gebrochenen Strahlen.

Brennpunktstrahl Lichtstrahl, der in Richtung eines Brennpunkts verläuft.

Brewsterwinkel Einfallswinkel, unter dem reflektiertes Licht vollständig polarisiert wird.

chromatische Aberration Abbildungsfehler bei Linsen. Hervorgerufen durch Dispersion (ungleich starke Brechung von Licht verschiedener Wellenlänge).

Compton-Streuung Elastischer Stoß eines Photons an einem freien Elektron, bei dem das Photon seine Fortbewegungsrichtung ändert und an Impuls verliert.

Compton-Wellenlänge Teilchenspezifische Größe. Gibt an, wie sehr sich die Wellenlänge eines Photons vergrößert, das im rechten Winkel an dem Teilchen gestreut wird.

Coulomb Einheit der Ladung.

Coulomb'sches Gesetz Zusammenhang zwischen elektrischen Ladungen und der zwischen ihnen wirkenden Kraft.

Curie'sches Gesetz Zusammenhang zwischen einem äußeren Magnetfeld und der Magnetisierung eines darin befindlichen paramagnetischen Materials.

Curie-Temperatur Temperatur, oberhalb der ein ferromagnetisches Material durch thermische Bewegungen paramagnetisch ist.

De-Broglie-Wellenlänge Wellenlänge eines Teilchens, wenn es als Materiewelle beschrieben wird.

Debye Einheit für sehr kleine Dipolmomente.

destruktive Interferenz Abschwächende Überlagerung zweier Wellen, deren elektrische Felder am Ort der Interferenz entgegengesetzte Vorzeichen haben.

Diamagnetismus Von einem äußeren Magnetfeld induziertes magnetisches Moment in antiparalleler Ausrichtung.

Dichte Masse pro Volumen.

Dielektrikum Nichtleitendes Material, das elektrische Felder abschwächt.

dielektrische Leitfähigkeit Durchlässigkeit eines Mediums für elektromagnetische Felder.

dielektrischer Durchschlag Erzwungener Ladungsfluss durch einen elektrischen Isolator bei Feldstärken oberhalb der Durchschlagfestigkeit.

Dielektrizitätskonstante des Dielektrikums Kraftwirkung äußerer Ladungen im Medium.

diffuse Reflexion Reflexion an rauen Oberflächen, bei der parallel einfallende Strahlen in verschiedene Richtungen reflektiert werden, wodurch Bildinformationen verloren gehen.

Dipol Objekt oder Molekül mit zwei räumlich getrennten entgegengesetzten Ladungen.

Dipolmoment Größe für die Stärke eines Dipols.

Dispersion Abhängigkeit der Brechzahl von der Wellenlänge.

Dissoziationsenergie Energie, um ein Ionenpaar zu trennen und in neutrale Atome umzuwandeln.

Doppelbrechung Aufspaltung eines Lichtstrahls in einen ordentlichen und einen außerordentlichen Strahl, die sich mit unterschiedlichen Geschwindigkeiten und verschiedenen Wellenlängen in einem doppelbrechenden Material ausbreiten.

Doppelspalt Lichtundurchlässige Blende mit zwei schlitzartigen Öffnungen.

Doppler-Effekt Verschiebung der Frequenz einer Welle durch die Bewegung von Quelle und Empfänger relativ zueinander.

Drehimpulsquantenzahl Gibt die Form des Raumelements an, in welchem die Aufenthaltswahrscheinlichkeit eines Elektrons am größten ist (Orbital).

Drehpendel An einem Draht aufgehängte Scheibe, die Teilrotationen um ihren Schwerpunkt ausführt.

Drift Gerichtete Bewegung aufgrund einer einwirkenden Kraft.

Durchschlagfestigkeit Maximale Feldstärke, bis zu welcher ein Isolator nichtleitend ist.

effektive Kernladung Tatsächlich hinter der Abschirmung durch innere Elektronen wirkende elektrische Ladung des Kerns.

effektive Spannung Jene Spannung, welche die gleiche Leistung erbringt wie eine gleich große Gleichspannung. Bei sinusförmigem Verlauf etwa das 0,7-fache der Maximalspannung.

effektive Stromstärke Jene Wechselstromstärke, welche die gleiche Leistung erbringt wie ein gleich großer Gleichstrom. Bei sinusförmigem Verlauf etwa das 0,7-fache des Maximalstroms.

Ehrenfest-Theorem Annahme, wonach sich Erwartungswerte quantenmechanischer Objekte wie klassische Teilchen bewegen.

Eigenfrequenz Schwingungsfrequenz eines ungestörten Oszillators.

Einfallsebene Ebene, die vom einfallenden und reflektierten Lichtstrahl aufgespannt wird.

Einfallslot Senkrechte auf der Grenzfläche zwischen zwei Medien am Ort eines einfallenden Lichtstrahls.

Einfallsseite Die Seite, von welcher Licht auf eine Linse fällt.

Einfallswinkel Winkel zwischen dem einfallenden Lichtstrahl und dem Einfallslot.

elektrische Energie Arbeit, die aufgebracht werden muss, um eine Ladung aus unendlicher Entfernung an einen bestimmten Punkt in einem elektrischen Feld zu bringen.

elektrische Feldkonstante Kraftwirkung im Vakuum.

elektrische Feldlinie Gedachte Linie parallel zur Kraftrichtung in einem elektrischen Feld.

elektrisches Feld Kraftfeld, das von einer Ladung erzeugt wird und diese umgibt.

elektrische Feldstärke Maß für die Stärke eines elektrischen Felds an einem Punkt im Raum.

elektrische Leitfähigkeit Maß für die Fähigkeit eines Materials, elektrischen Strom zu leiten. Kehrwert des spezifischen Widerstands.

elektrische Potenzialdifferenz Unterschied der potenziellen elektrischen Energie pro Ladung zwischen zwei Punkten in einem elektrischen Feld. Auch als elektrische Spannung bezeichnet.

elektrischer Fluss Zahl der Feldlinien, die eine Fläche durchbrechen.

elektrischer Strom Fließende Ladung pro Zeit.

elektrischer Widerstand Notwendige Spannung für einen Strom von 1 A durch ein Bauteil.

elektrische Spannung Elektrische Potenzialdifferenz zwischen zwei Punkten in einem elektrischen Feld.

elektrisches Potenzial Fähigkeit eines Punkts in einem elektrischen Feld, Kraft auf eine Ladung auszuüben.

elektromagnetisches Spektrum Wellenlängen- bzw. Frequenzbereich elektromagnetischer Wellen.

elektromagnetische Welle Kombination eines elektrischen und eines senkrecht dazu stehenden magnetischen Felds, die beide phasengleich oszillieren und sich in der dritten senkrechten Richtung im Raum ausbreiten.

Elektronenaffinität Energie, mit der ein Atom ein zusätzliches Elektron bindet.

Elektronenkonfiguration Belegungsmuster der Orbitale eines Atoms mit Elektronen.

Elektronenvolt Einheit für geringe Energiemengen.

elektronische Anregung Wechsel eines Elektrons in einen energetisch höheren Zustand.

elektrostatische Induktion Trennung von Ladungen in einem elektrischen Feld.

elektrostatisches Gleichgewicht Zustand, in dem keine Kräfte auf Ladungsträger wirken.

Elementarladung Kleinste Ladungsmenge. Das Elektron und das Proton tragen jeweils eine Elementarladung.

Energiedosis Energiemenge, die radioaktive Strahlung pro Masse in einen Körper einträgt.

Erdung Verbinden mit einer großen Masse, die Überschussladungen ausgleicht.

Ersatzwiderstand Widerstand mit dem gleichen Wert wie eine Zusammenschaltung mehrerer Widerstände.

Erwartungswert Wahrscheinlichster Aufenthaltsort eines Teilchens, das als Welle vorliegt.

erzwungene Schwingung Durch Zufuhr von Energie angeregte Oszillation.

Faraday'scher Käfig Hülle aus leitendem Material, die elektrische Felder abschirmt.

Faraday'sches Gesetz Die Änderung des magnetischen Flusses ruft in einem elektrischen Leiter eine elektrische Induktionsspannung hervor.

Federkonstante Maß für die Elastizität einer Feder.

Feinstrukturaufspaltung Trennung einer Linie im Spektrum in zwei eng benachbarte Linien beim Anlegen eines äußeren magnetischen Felds. Geht auf die energetischen Unterschiede von Elektronen mit verschiedenen Kombinationen von Bahndrehimpuls und Spindrehimpuls nach der Spin-Bahn-Kopplung zurück.

Feldlinie Gedachte Linie parallel zur Kraftrichtung in einem Feld.

Feldpunkt Ort innerhalb eines elektrischen Felds.

Fermat'sches Prinzip Wellen wählen immer den schnellsten Weg zu einem Punkt.

Fluoreszenz Leicht verzögerte Abstrahlung eines Photons nach Anregung eines Atoms mit einem kürzerwelligen Photon.

Ferrimagnetismus Magnetische Eigenschaft eines Materials mit Zentren, die zwei entgegengesetzte, ungleich starke magnetische Momente besitzen.

Ferromagnetismus Magnetische Eigenschaft eines Materials mit magnetischen Domänen.

Fourier-Synthese Konstruktion einer komplexen Welle durch Überlagerung harmonischer Wellen.

Fraunhofer'sches Beugungsmuster Von einem zentralen Intensitätsmaximum dominiertes Interferenzmuster in größerer Entfernung zu einem breiten Beugungsspalt.

Frequenz Schwingungen pro Sekunde. Gemessen in Hertz (Hz).

Fresnel'sches Beugungsmuster Komplexes Interferenzmuster in geringem Abstand hinter einem breiten Beugungsspalt.

Funkenentladung Dielektrischer Durchschlag durch Luft, bei welcher der Ladungsfluss als überspringender Funke sichtbar wird.

γ-Zerfall Radioaktive Zerfallsart. Aussendung eines hochenergetischen Photons aus einem angeregten Atomkern.

Gangunterschied Unterschied in der Phase zweier Wellen durch verschieden lange zurückgelegte Weglängen.

Gauß Einheit der Stärke eines Magnetfelds. $1\,G = 10^{-4}\,T$.

Gauß'sches Gesetz Dritte Maxwell-Gleichung. Zusammenhang zwischen elektrischem Fluss durch eine geschlossene Oberfläche und der umhüllten Ladung.

gebundene Ladung Nicht frei bewegliche Ladung an der Oberfläche eines polarisierten Dielektrikums.

gedämpfte Schwingung Oszillation, die durch Reibung Energie verliert.

Gegeninduktion Übertragung von elektrischer Energie zwischen zwei Stromkreisen durch Vermittlung eines Magnetfelds.

Gegenstandsweite Abstand zwischen einem Gegenstand und einem optischen Bauteil wie einer Linse oder einem Spiegel.

gekreuzte Felder Senkrecht aufeinander stehendes elektrisches Feld und Magnetfeld, deren Kraftwirkungen auf bewegte Ladungen je nach Geschwindigkeit der Ladung einander teilweise oder ganz kompensieren.

Geschwindigkeitsfilter Anordnung gekreuzter elektrischer und magnetischer Felder, die nur Teilchen mit der passenden Geschwindigkeit geradlinig passieren lassen, andere Teilchen hingegen ablenken.

Gesetz von Hagen-Poiseuille Beschreibt den Zusammenhang zwischen dem Druckunterschied, dem Volumenstrom und dem Strömungswiderstand.

Gitterkonstante Abstand zwischen den Linien eines Beugungsgitters.

Grenzfrequenz Kleinste Frequenz, bei welcher monochromatisches Licht den photoelektrischen Effekt auslösen und Elektronen aus einer Metalloberfläche schlagen kann.

Grenzwellenlänge Kleinste Wellenlänge, bei welcher monochromatisches Licht den photoelektrischen Effekt auslösen und Elektronen aus einer Metalloberfläche schlagen kann.

Grotrian-Diagramm Grafische Auftragung der Energieniveaus eines Atoms.

Grundzustand Energetisch niedrigster Zustand eines Elektrons oder Atoms.

Gütefaktor Maß für die Stärke einer Dämpfung.

hadronische Kraft Starke Kernkraft, die den Atomkern zusammenhält.

Halbwertsbreite Im Kurvenverlauf eines Parameters die Breite auf halber Höhe eines Maximums.

Halbwertszeit Zeitraum, nach dem eine radioaktive Probe zur Hälfte zerfallen und die Zerfallsrate auf die Hälfte gesunken ist.

Hall-Effekt Durch die Lorentzkraft bewirkte Ladungstrennung in einem stromdurchflossenen elektrischen Leiter senkrecht zur Stromrichtung.

Hall-Spannung Durch den Hall-Effekt hervorgerufene elektrische Potenzialdifferenz zwischen Ober- und Unterseite eines stromdurchflossenen Leiters.

harmonische Oszillation Schwingung, bei der die Rückstellkraft proportional zur Auslenkung ist.

harmonische Welle Welle, die mit einer Sinus- oder Kosinusfunktion beschrieben werden kann.

Hauptebene Gedachte Ebene bei dicken Linsen, an welcher bei der Konstruktion von Abbildungen stellvertretend für die eigentliche Grenzfläche die Lichtbrechung vorgenommen wird.

Hauptquantenzahl Bestimmt den Abstand eines Elektrons bzw. seiner Aufenthaltswahrscheinlichkeit vom Kern.

Hauptstrahlen Bevorzugte Strahlenwege bei der Konstruktion von Abbildungen durch Linsen und Spiegel.

Heisenberg'sche Unschärferelation Prinzipielle Unmöglichkeit, komplementäre Eigenschaften von Teilchen wie Ort und Impuls mit beliebiger Genauigkeit zu bestimmen.

Heisenberg'sches Unbestimmtheitsprinzip Prinzipielle Unmöglichkeit, komplementäre Eigenschaften von Teilchen wie Ort und Impuls mit beliebiger Genauigkeit zu bestimmen.

Henry Einheit der Induktivität. $1\,H = 1\,Wb/A$.

Hertz Einheit der Frequenz. $1\,Hz = 1/s$

homogenes Feld Bereich mit konstanter Feldstärke, in dem die Feldlinien parallel zueinander verlaufen.

Huygens'sches Prinzip Jeder Punkt auf der Wellenfront einer Welle ist Ausgangspunkt einer Elementarwelle. Die Summe der benachbarten Elementarwellen in Vorwärtsrichtung legt den Ort der nächsten Wellenfront fest.

Hybridisierung Neukombination energetisch unterschiedlicher Orbitale zu energetisch gleichwertigen Hybridorbitalen.

Hybridorbital Energetisch gleichwertige Orbitale, die aus der Mischung energetisch unterschiedlicher Atomorbitale entstanden sind.

hydrostatisches Paradoxon Effekt, dass ein Fluid in allen miteinander verbundenen (kommunizierenden) Röhren unabhängig von der Form oder dem Durchmesser die gleiche Höhe einnimmt.

ideale Spannungsquelle Spannungsquelle ohne Innenwiderstand.

Induktanz Elektrischer Widerstand einer Spule in einem Wechselstromkreis.

Induktionsspannung Elektrische Spannung in einem Leiter, der sich in einem Magnetfeld mit sich änderndem magnetischen Fluss befindet.

Induktive Kopplung Übertragung von elektrischer Energie zwischen zwei Stromkreisen durch Vermittlung eines Magnetfelds.

induktiver Widerstand Elektrischer Widerstand einer Spule in einem Wechselstromkreis.

Induktivität Fähigkeit einer Spule, einen Strom in einen magnetischen Fluss umzuwandeln.

induzierter Dipol Eigentlich neutrales Molekül, in dem durch Influenz eine Ladungstrennung hervorgerufen wurde.

Influenz Trennung von Ladungen in einem elektrischen Feld.

inhomogenes Feld Bereich mit unterschiedlicher Feldstärke, in dem die Dichte der Feldlinien unterschiedlich ist.

Innenwiderstand Innerhalb einer Spannungsquelle oder eines elektrischen Bauteils auftretender Widerstand.

Intensität Energie einer Welle, die pro Zeit durch eine Fläche tritt.

Intensitätspegel Logarithmisches Maß der relativen Intensität in Dezibel.

Interferenz Überlagerung von Wellen mit Addition der Auslenkungen.

Interferenzmuster Abfolge von hellen und dunklen Bereichen durch Überlagerung kohärenter, monochromatischer Lichtwellen.

Ionenbindung Form der chemischen Bindung zwischen entgegengesetzt geladenen Ionen.

Ionendosis Anzahl der gleichnamigen Ionen pro Masse, die radioaktive Strahlung in einem Körper erzeugt.

Ionisierungsenergie Notwendige Energie, um ein Elektron aus seinem Atom zu lösen.

Isolator Material, in dem keine elektrischen Ladungsträger wandern können.

Isotop Varianten eines Elements mit gleicher Protonenzahl, aber unterschiedlicher Neutronenzahl.

Joule'sche Wärme Von einem elektrischen Widerstand erzeugte Wärme.

Kapazität Ladung, die pro Volt auf einem Leiter gespeichert werden kann.

kapazitiver Widerstand Elektrischer Widerstand eines Kondensators in einem Wechselstromkreis.

Kapillaraszension Aufsteigen eines Fluids in einer Kapillare, die vom Fluid benetzt wird.

Kapillardepression Tiefstand eines Fluids unterhalb der normalen Oberfläche in einer Kapillare, die nicht benetzt wird.

Kapillare Im engeren Sinne ein dünnes Röhrchen; im weiteren Sinne ein enger Zwischenraum.

Kapillareffekt Hochwandern (seltener: Herabsenken) eines Fluids in einem engen Hohlraum durch Adhäsion an den Wänden und Mitziehen des Fluids über Kohäsionskräfte.

Kathode Elektrode, an der eine Reduktionsreaktion stattfindet.

Kirchhoff'sche Regeln Gesetze zur Berechnung von Spannung, Stromstärke und Widerstand in Schaltungen.

Klemmenspannung Tatsächlich gemessene Potenzialdifferenz zwischen den Polen einer Batterie.

Knotenregel 1. Kirchhoff'sches Gesetz, wonach die Summe der eingehenden Ströme in einem Knoten gleich der Summe der ausgehenden Ströme ist.

kohärente Quellen Sender von gleichartigen Wellen mit konstanter Phasendifferenz.

kohärentes Licht Lichtwellen mit gleicher Wellenlänge und einer zeitlich konstanten Phasendifferenz.

Kohärenzlänge Strecke, auf welcher Lichtwellen kohärent zueinander sind.

Kohärenzzeit Dauer, über welche Lichtwellen kohärent zueinander sind.

Kohäsion Sammelbezeichnung für Anziehungskräfte zwischen den Teilchen eines Fluids.

kommunizierende Röhren Miteinander verbundene Röhren, zwischen denen das Fluid ungehindert hin und her fließen kann.

Kondensator Elektrisches Bauteil zum Speichern von Energie in Form getrennter Ladungen.

Kondensanz Elektrischer Widerstand eines Kondensators in einem Wechselstromkreis.

konstruktive Interferenz Verstärkende Überlagerung zweier Wellen, deren elektrische Felder am Ort der Interferenz gleiche Vorzeichen haben.

kontinuierliches Spektrum Lückenloses Emissionsspektrum. Entsteht durch Licht emittierende Moleküle, die vielfach miteinander wechselwirken können.

Kontinuitätsgleichung Erhaltung des Volumenflusses.

kovalente Bindung Form der chemischen Bindung, bei welcher sich die beteiligten Atome Elektronenpaare teilen.

Kraftkonstante Maß für die Stärke der Rückstellkraft.

Kreisfrequenz Maß für die Geschwindigkeit einer Schwingung mit der Einheit rad/s.

Kreiswellenzahl 2π mal Anzahl der Schwingungen pro Längeneinheit.

kritisch gedämpfte Schwingung Oszillation, die durch Reibung in kürzester Zeit in den Ruhezustand übergeht, ohne ihn zu überschreiten.

Kugelwelle Von einem Punkt oder einer Kugel ausgehende räumliche Welle, deren Wellenfronten Kugelschalen sind.

Ladungsdichte Konzentration von Ladungen innerhalb eines bestimmten Bereichs.

λ/2-Plättchen Scheibchen aus doppelbrechendem Material, dessen Dicke so gewählt ist, dass die Phasen des ordentlichen und des außerordentlichen Strahls um eine halbe Wellenlänge gegeneinander versetzt sind. Die Polarisationsrichtung einfallenden Lichts wird um 90° gedreht.

λ/4-Plättchen Scheibchen aus doppelbrechendem Material, dessen Dicke so gewählt ist, dass die Phasen des ordentlichen und des außerordentlichen Strahls um eine Viertel Wellenlänge gegeneinander versetzt sind. Linear polarisiertes Licht wird dadurch zirkular polarisiert.

laminare Strömung Teilchenfluss ohne Wirbel.

Laser Gerät zum Aussenden intensiver gebündelter Strahlen kohärenten, monochromatischen Lichts.

Leerlaufspannung Potenzialdifferenz zwischen den Polen einer Batterie ohne angeschlossenen Verbraucher und Stromfluss.

Leiter erster Klasse Leiter, in denen Elektronen wandern. Typischer Vertreter sind Metalle.

Leiter zweiter Klasse Leiter, in denen Ionen wandern.

Leitfähigkeit Maß für die Fähigkeit eines Materials, elektrischen Strom zu leiten. Kehrwert des spezifischen Widerstands.

Lenz'sche Regel Die Induktionsspannung wirkt ihrer Ursache entgegen.

Lichtbrechung Effekt, bei dem die Ausbreitungsrichtung von Licht oder einer anderen elektromagnetischen Welle beim Übertritt in ein Medium mit einer anderen Ausbreitungsgeschwindigkeit an der Grenzfläche geknickt wird.

linear gedämpfte Schwingung Gedämpfte Schwingung, bei welcher die Reibungskraft proportional zur Dämpfungskonstanten und zur Geschwindigkeit ist.

Linienladungsdichte Ladung pro Strecke.

Linienspektrum Emissionsspektrum mit scharfen Linien. Erzeugt durch isolierte oder stark verdünnte Atome oder Moleküle.

Longitudinalwelle Welle mit Teilchenschwingungen parallel zur Ausbreitungsrichtung der Welle.

Lorentzkraft Von einem Magnetfeld auf eine bewegte elektrische Ladung ausgeübte Kraft.

Magnetfeldlinie Verlaufsrichtung des Magnetfelds.

magnetische Domäne Mikroskopischer Bereich innerhalb eines Materials mit parallel zueinander ausgerichteten magnetischen Dipolmomenten.

magnetische Feldkonstante Beschreibt, wie stark die magnetische Wirkung eines Stroms ist.

magnetische Flasche Magnetfeld mit einem schwächeren Mittelteil, in dem geladene Teilchen gefangen werden.

magnetische Quantenzahl Die Ausrichtung eines Orbitals im Raum.

magnetischer Fluss Produkt aus Magnetfelddichte und Fläche. Entspricht der Zahl der Magnetfeldlinien, die durch eine Fläche treten.

magnetisches Dipolmoment -Stärke des Dipolcharakters eines Magneten und des Felds, das er erzeugt.

magnetisches Moment Stärke des Dipolcharakters eines Magneten und des Felds, das er erzeugt.

magnetisches Spinmoment Magnetisches Moment eines Teilchens aufgrund des quantenphysikalischen Spins. Lässt sich nicht mit den Gesetzen der klassischen Physik erklären oder beschreiben.

magnetische Suszeptibilität Maß für die Magnetisierbarkeit eines Materials durch ein äußeres magnetisches Feld.

Magnetisierung Stärke des magnetischen Moments eines Materials in einem äußeren magnetischen Feld.

Maschenregel 2. Kirchhoff'sches Gesetz, wonach innerhalb einer geschlossenen Masche die Summe der Spannungen gleich null ist.

Massendefekt Umwandlung von Masse der Teilchen eines Atomkerns in Bindungsenergie.

Materiewelle Beschreibung eines Teilchens als Welle.

mathematisches Pendel Idealisiertes Fadenpendel mit einem punktförmigen Pendelkörper und einem masselosen Faden.

Maxwell-Gleichungen System von vier Gleichungen, die elektrische und magnetische Felder sowie deren Wechselwirkungen beschreiben.

metallische Bindung Form der chemischen Bindung, bei welcher sich die Atomrümpfe in einer Art Elektronengas ihrer gemeinsamen Außenelektronen befinden.

metastabiler Zustand Zustand eines Elektrons in einem Atom, den es nur durch einen verbotenen Übergang wie eine Spinumkehr erreichen kann. Da die Wahrscheinlichkeit für solch einen Übergang gering ist, verbleibt das Elektron länger in dem metastabilen Zustand als in einem regulären Zustand, bevor es ihn durch einen erneuten verbotenen Übergang wieder verlässt.

Mittelebene Gedachte Ebene, die durch die Mitte einer dünnen Linse verläuft und senkrecht auf der optischen Achse steht.

Mittelpunktsstrahl Lichtstrahl, der in Richtung des Mittelpunkts eines Spiegel oder einer Linse verläuft.

Molekülorbital Raum mit der größten Aufenthaltswahrscheinlichkeit für Elektronen innerhalb einer kovalenten Bindung.

Multiplizität Anzahl der Zustände des Gesamtspins der Elektronenhülle eines Atoms mit gleicher Energie bei Abwesenheit eines äußeren Magnetfelds.

Nahpunkt Am dichtesten am Auge liegender Ort, auf den das Auge noch scharf stellen kann.

Newton'sche Reibung Strömungswiderstand durch den Druckunterschied vor und hinter einem Körper in einer schnellen Strömung.

Newton'sche Ringe Interferenzmuster aus konzentrischen Kreisen durch die Reflexion kohärenten, monochromatischen Lichts an der dünnen Luftschicht zwischen einer ebenen Glasplatte und einer gewölbten Glasscheibe.

Nichtleiter Material, in dem keine elektrischen Ladungsträger wandern können.

Normbedingungen 101 325 Pa, 273,15 K

Normierungsbedingung Zusätzliche Anforderung an Wellenfunktionen, damit sie das Wellenverhalten von Teilchen korrekt beschreiben. Die Normierungsbedingung verlangt, dass die Wahrscheinlichkeit, das Teilchen überhaupt irgendwo anzutreffen, gleich eins ist.

Nukleon Sammelbegriff für die Teilchen im Atomkern: Protonen und Neutronen.

Nuklid Atomkern.

Oberflächenladungsdichte Ladungen pro Fläche.

Oberflächenspannung Zusammenhalt der Teilchen eines Fluids an der Oberfläche. Hervorgerufen durch die Kohäsionskräfte.

Objektiv Linse oder Spiegel, auf die das Licht eines Gegenstands zuerst fällt.

Ohm Einheit des elektrischen Widerstands.

Ohm'sches Gesetz Zusammenhang zwischen Spannung, Strom und Widerstand.

Okular Dem Auge zugewandte Linse.

optisch dichter Material mit einer größeren Brechzahl.

optisch dünner Material mit einer kleineren Brechzahl.

optische Achse 1. Richtung in einem doppelbrechenden Material, in der sich ordentlicher und außerordentlicher Strahl gleich verhalten. 2. Symmetrieachse durch brechende oder reflektierende optische Bausteine.

Orbital 1. Wellenfunktion für ein Elektron. 2. Raum mit der größten Aufenthaltswahrscheinlichkeit für ein Elektron.

Oszillation Periodische Bewegung um einen Ruhezustand.

Parallelschaltung Schaltung von gleichartigen Bauteilen, durch welche die Ladung mehrere verschiedene Wege nehmen kann.

Paramagnetismus Eigenschaft eines normalerweise unmagnetischen Materials, in einem äußeren Magnetfeld ein schwaches eigenes Magnetfeld mit parallelem Verlauf zu erzeugen.

Pascal Einheit für den Druck. $1\,Pa = 1\,N/m^2$.

Pascal'sches Prinzip Eine Druckänderung in einem Fluid verteilt sich auf das gesamte Fluid im Behälter.

Pauli'sches Ausschließungsprinzip Regel, wonach innerhalb eines Atoms für keine zwei Elektronen alle vier Quantenzahlen gleich sein dürfen.

periodische Welle Welle, die sich über zahlreiche Schwingungen erstreckt.

Permeabilität des Vakuums Beschreibt, wie stark die magnetische Wirkung eines Stroms ist.

Phase Zustand einer elektromagnetischen Welle an einem bestimmten Ort zu einem bestimmten Zeitpunkt.

Phasenkonstante Phase einer Schwingung zum Zeitpunkt $t = 0$.

Phasensprung Abrupte Änderung der Phase einer Welle. Phasensprünge um 180° treten bei der Reflexion von Licht an der Grenzfläche zu einem optisch dichteren Medium auf.

Phosphoreszenz Verzögerte Abstrahlung eines Photons nach Anregung eines Atoms mit einem kürzerwelligen Photon. Die Verzögerung entsteht, weil sich das Elektron vorübergehend in einem metastabilen Zustand befindet.

photoelektrischer Effekt Photonen schlagen Elektronen aus einer Metalloberfläche. Hinweis auf den Teilchencharakter von Licht.

Photon Lichtteilchen.

physikalisches Pendel Beliebig geformter Körper, der um eine beliebig positionierte Drehachse schwingt.

Planck'sches Wirkungsquantum Naturkonstante, die den Zusammenhang zwischen der Energie und Frequenz einer Welle herstellt. Gekennzeichnet durch das Symbol h.

Polarisation Optik: Selektion elektromagnetischer Wellen nach der Schwingungsebene des elektrischen Felds. Atomphysik: Induzieren von Dipolmomenten in nichtpolaren Molekülen und Ausrichten induzierter und permanenter Dipole in einem elektrischen Feld.

Polarisationsfilter Scheibchen aus einem Material, das nur Licht durchlässt, dessen elektrisches Feld in Richtung der Transmissionsachse des Filters schwingt.

Polarisationsrichtung Schwingungsrichtung des elektrischen Felds elektromagnetischer Wellen.

Polarisationswinkel Einfallswinkel, unter dem reflektiertes Licht vollständig polarisiert wird.

Polarisator Erster Polarisationsfilter in einer Messanordnung aus zwei Filtern. Hinter dem Polarisator ist das Licht linear polarisiert.

Polarkoordinaten System zur Angabe eines Punktes im Raum, bestehend aus dem Abstand vom Bezugspunkt sowie zwei senkrecht aufeinander stehenden Winkeln.

Poynting-Vektor Parameter, der die Stärke und die Richtung einer elektromagnetischen Welle beschreibt.

Promotion Anheben eines Elektrons in ein energetisch höheres Atomorbital im Zuge einer Hybridisierung der Orbitale.

Punktladung Ladung ohne räumliche Ausdehnung.

Quantenzahlen Zahlenwerte zur Beschreibung des Zustands eines Elektrons oder Atoms. Ergeben sich aus der Wellengleichung.

Quellenspannung Von einer idealen Spannungsquelle ohne Innenwiderstand bereitgestellte Spannung.

Quellpunkt Ursprungsort eines elektrischen Felds.

radioaktiver Zerfall Umorganisation eines instabilen Atomkerns durch Ausstoß von Teilchen oder Energie.

Raman-Streuung Inelastische Streuung eines Photons an einem Atom durch Absorption und Emission, bei welcher die Wellenlänge des ausgesandten Photons größer (Anti-Stokes-Raman-Streuung) oder kleiner (Stokes-Raman-Streuung) als jene des einfallenden Photons ist.

Raumladungsdichte Ladungen pro Volumen.

Rayleigh-Streuung Elastische Streuung eines Photons an einem Atom ohne Absorption. Findet statt, wenn die Wellenlänge des Photons deutlich größer ist als der Teilchendurchmesser.

RC-Stromkreis Schaltung, in welcher ein Kondensator und ein Widerstand in Reihe direkt aufeinander folgen.

reale Spannungsquelle Spannungsquelle mit Innenwiderstand.

reduzierte Masse Kombination der Masse zweier Teilchen, mit welcher das Verhalten des Systems so beschrieben werden kann, als gäbe es nur ein Teilchen mit der reduzierten Masse.

reelles Bild Abbildung eines Gegenstands, bei welcher sich durch Brechung oder Reflexion umgelenkte Lichtstrahlen an den Bildpunkten kreuzen.

Reflexion Effekt, bei dem Licht oder eine andere elektromagnetische Welle am Übergang zu einem Medium mit einer anderen Durchlässigkeit teilweise oder ganz zurückgeworfen wird.

Reflexionskoeffizient Amplitudenverhältnis der reflektierten zur einlaufenden Welle.

Reflexionswinkel Winkel zwischen dem reflektierten Strahl und dem Einfallslot.

Reihenschaltung Zusammenschaltung von Bauteilen, die direkt aufeinander folgen, ohne dazwischenliegende Knoten oder andere Bauteile.

relative Dichte Auf eine Vergleichsdichte bezogene Dichte, indem durch diese Vergleichsdichte geteilt wird.

relative Dielektrizitätskonstante Durchlässigkeit eines Mediums für elektrische Felder bezogen auf die Durchlässigkeit des Vakuums.

relative Permeabilität Verstärkungsfaktor eines Magnetfelds durch ein Medium.

relative Permittivität Durchlässigkeit eines Mediums für elektrische Felder, bezogen auf die Durchlässigkeit des Vakuums.

Remanenzfeld Permanentes magnetisches Moment eines ferromagnetischen Körpers nach Entfernen des äußeren Magnetfelds.

Resonanz Übertragung von Schwingungsenergie zwischen Oszillatoren.

Resonanzabsorption Absorption eines Photons, dessen Energie exakt für den Übergang zwischen zwei Energieniveaus innerhalb eines Atoms ausreicht.

Resonanzfrequenz Frequenz für eine erfolgreiche Energieübertragung zwischen Oszillatoren. Entspricht der Eigenfrequenz.

Rotationsenergieniveau Unterniveau innerhalb eines Schwingungsenergieniveaus durch verschiedene Rotationszustände eines Moleküls.

Rückstellkraft Kraft, die bei einer Schwingung in Richtung Ruhelage wirkt.

Sammellinse Linse, die einfallende Lichtstrahlen aufeinander zu lenkt.

Sättigungsmagnetisierung Maximale Magnetisierung eines Materials durch ein äußeres magnetisches Feld.

Schrödinger-Gleichung Partielle Differenzialgleichung zur Beschreibung einer Materiewelle. Fasst deren kinetische und potenzielle Energie zusammen.

schwach gedämpfte Schwingung Oszillation, die durch Reibung langsam abklingt.

Schwebung Periodische Änderung der Intensität einer Welle, die durch Überlagerung von Wellen mit leicht unterschiedlichen Frequenzen entstanden ist.

Schwebungsfrequenz Frequenz der Intensitätsänderung bei einer Schwebung.

Schwingung Periodische Bewegung um einen Ruhezustand.

Schwingungsbauch Bereich maximaler Auslenkungen in einer stehenden Welle.

Schwingungsdauer Zeit für eine volle Schwingung.

Schwingungsenergieniveau Unterniveau innerhalb eines elektrischen Energieniveaus, das durch verschiedene Streckschwingungen der kovalenten Bindungen eines Moleküls hervorgerufen wird.

Schwingungsknoten Bereich ohne Auslenkungen aus der Ruheposition in einer stehenden Welle.

Schwingungsperiode Zeit für eine volle Schwingung.

Selbstinduktion Elektrischer Strom in einem Leiter, der durch ein Magnetfeld entsteht, das von einem Strom durch diesen Leiter erzeugt wurde. Der selbstinduzierte Strom ist der erzeugenden Strom entgegen gerichtet.

Siemens Einheit des elektrischen Leitwerts.

Spannung Elektrische Potenzialdifferenz.

Spektralfarben Farbeindruck der verschiedenen elektromagnetischen Wellen des sichtbaren Bereichs in Abfolge ihrer Wellenlänge.

Spektrallinie Isolierter enger Bereich des Farbspektrums, der von einem Atom oder Molekül absorbiert (Absorptionslinie) oder emittiert (Emissionslinie) wird.

spezifischer Widerstand Widerstand bezogen auf eine bestimmte Querschnittsfläche und Länge.

sphärische Aberration Abbildungsfehler an Spiegeln und Linsen mit kugelförmig gewölbten Flächen. Entsteht, weil Lichtstrahlen mit zunehmender Entfernung von der optischen Achse anders gebrochen werden als achsnahe Strahlen.

sphärischer Spiegel Spiegel, dessen reflektierende Fläche einem Kugelabschnitt entspricht.

Spiegelreflexion Reflexion an glatten Flächen, bei welcher parallel einfallende Strahlen auch parallel reflektiert werden und so eine eventuelle Bildinformation erhalten bleibt.

Spiegelsymmetrie Symmetrieform, bei welcher sich zwei Objekte ähneln wie rechte und linke Hand. Entsteht durch Vertauschung von Vorder- und Rückseite.

Spin-Bahn-Kopplung Die Verknüpfung des Bahndrehimpulses und des Spindrehimpulses des Elektrons zu Energiezuständen mit leicht unterschiedlichen Werten.

Spindrehimpuls Quantenphysikalische Eigenschaft des Elektrons ohne Entsprechung in der makroskopischen Welt. Vorstellbar – tatsächlich aber nicht analog – zur Drehung des Elektrons um seine eigene Achse.

Spinquantenzahl Quantenzahl für den Spindrehimpuls eines Elektrons. Kann nur die Werte $+1/2$ oder $-1/2$ einnehmen.

spontane Emission Abgabe eines Photons beim Quantensprung von einem angeregten Zustand in einen energetisch niedrigeren Zustand ohne äußeren Anlass.

Spule Bauteil aus einem Leiter, der in mehreren, eng aufeinanderfolgenden Schleifen gewunden ist.

Standardbedingungen 100 kPa, 298,15 K

starke Kernkraft Fundamentale Wechselwirkung, welche die Teilchen des Atomkerns zusammenhält.

stark gedämpfte Schwingung Oszillation mit so starker Reibung, dass auch der Weg in den Ruhezustand verlangsamt erfolgt. Die Ruheposition wird nicht überschritten.

stationäre Strömung Gleichmäßiger Fluss von Fluid, der an allen Stellen gleich ist und sich mit der Zeit nicht ändert.

stehende Welle Überlagerung einer Welle und ihrer Reflexion, sodass es zu dauerhafter konstruktiver Interferenz kommt. Erzeugt eine zeitlich und räumlich feste Abfolge von Schwingungsbäuchen und Schwingungsknoten.

stimulierte Emission Durch ein zweites Photon ausgelöste Abgabe eines Photons beim Wechsel eines Atoms von einem angeregten Zustand in einen niedrigeren Zustand.

Stokes-Raman-Streuung Emission eines längerwelligen Photons nach Absorption eines Photons. Der Unterschied entsteht, weil das Elektron bei der Emission nicht in den gleichen Zustand wie bei der Absorption zurückkehrt, sondern in einen weiteren höheren Energiezustand unterhalb des angeregten Zustands.

Stokes'sche Reibung Widerstandskräfte an den Seiten eines Objekts. Hauptverantwortlich für den Strömungswiderstand bei langsamen Strömungen.

Strahlendosis Menge der radioaktiven Strahlung, die auf einen Körper einwirkt.

Strahlungsdruck Kraft pro Fläche, die elektromagnetische Strahlung beim Auftreffen auf einen Körper ausübt.

Streuung Effekt, bei dem Licht durch Wechselwirkung mit kleinen Teilchen in zufällige Richtungen umgelenkt wird.

Stromdichte Strom durch eine senkrechte Fläche.

Stromstärke Ladungsfluss pro Zeit.

Strömung Fluss von Fluidteilchen in eine gemeinsame Richtung.

Strömungswiderstand Umwandlung eines Teils der Energie einer Strömung in Wärme. Hervorgerufen durch Kohäsions- und Adhäsionskräfte.

Superpositionsprinzip Bei Überlagerung von Wellen addieren sich ihre Auslenkungen.

Suszeptibilität Maß für die Magnetisierbarkeit eines Materials durch ein äußeres magnetisches Feld.

Termschema Grafische Auftragung der Energieniveaus eines Atoms.

Tesla Einheit der Stärke eines Magnetfelds. $1\,\text{T} = 1\,\text{N}/(\text{A}\,\text{m})$.

Totalreflexion Vollständige Reflexion einer Welle am Übergang von einem dichteren zu einem dünneren Medium bei Überschreiten des kritischen Winkels.

Transformator Spannungswandler mit Spulen.

Transmission Überwechseln eines Teils einer Welle in ein anderes Medium an einer Grenzfläche.

Transmissionsachse Durchlassrichtung für die Schwingungsebene des elektrischen Felds von Licht.

Transmissionskoeffizient Amplitudenverhältnis der transmittierten zur einlaufenden Welle.

Transmissionsseite Aus Sicht des einfallenden Lichts die Seite hinter einer Linse.

Transversalwelle Welle mit Teilchenschwingungen senkrecht zur Ausbreitungsrichtung der Welle.

Tröpfchenmodell Modell für den Atomkern, der danach etwa kugelförmig ist.

turbulente Strömung Teilchenfluss mit Wirbeln.

überdämpfte Schwingung Oszillation mit so starker Reibung, dass auch der Weg in den Ruhezustand verlangsamt erfolgt. Die Ruheposition wird nicht überschritten.

unterdämpfte Schwingung Oszillation, die durch Reibung langsam abklingt.

Vakuumlichtgeschwindigkeit Per Definition auf 299 792 458 m/s festgelegt.

Van-der-Waals-Bindung Form der chemischen Bindung über ausgerichtete elektrische Dipolmomente von Molekülen.

Venturi-Effekt Je schneller ein Fluid strömt, umso geringer ist sein Druck zu den Seiten.

Vergrößerung Verhältnis von Bildgröße zur Gegenstandsgröße bei einer optischen Abbildung.

Verschiebungsstrom Veränderung der Ausdehnung eines elektrischen Felds, die sich wie ein Fluss von Ladungsträgern auswirkt.

virtuelles Bild Abbildung eines Gegenstands durch Brechung oder Reflexion, die wir sehen können, von der jedoch nicht wirklich Lichtstrahlen ausgehen. Das virtuelle Bild entsteht durch die gedachte rückwärtige Verlängerung der tatsächlichen Lichtstrahlen, die ins Auge fallen.

Viskosität Zähigkeit eines Fluids.

Volt Einheit der elektrischen Spannung.

Wasserstoffbrückenbindung Gerichtete chemische Bindung, in welcher ein partiell negativ geladenes Atom und ein partiell positiv geladenes Wasserstoffatom eines Moleküls in Reihe mit einem partiell negativ geladenem Atom eines anderen Moleküls stehen.

Weber Einheit des magnetischen Flusses. $1\,\text{Wb} = 1\,\text{T}\,\text{m}^2$

Weiß'scher Bezirk Mikroskopische Region innerhalb eines Materials mit parallel zueinander ausgerichteten magnetischen Dipolmomenten.

Welle Schwingung, die sich räumlich ausbreitet.

Wellenfront Alle Punkte einer Welle mit der gleichen Laufzeit von der Quelle.

Wellenfunktion Lösung der Schrödinger-Gleichung. Das Quadrat ihres Betrags an einem bestimmten Ort gibt die Aufenthaltswahrscheinlichkeitsdichte eines Teilchens an diesem Ort an.

Wellengleichung Differenzialgleichung zur mathematischen Beschreibung einer Welle aufgrund physikalischer Gesetze.

Wellenlänge Abstand zwischen zwei benachbarten Punkten in identischem Zustand auf einer Welle.

Wellenzahl Anzahl der Schwingungen pro Längeneinheit. Kehrwert der Wellenlänge.

Welle-Teilchen-Dualismus Vorstellung, wonach sich quantenmechanische Objekte je nach Messung wie eine klassische Welle oder ein klassisches Teilchen verhalten können.

Widerstand Notwendige Spannung für einen Stromfluss von 1 A durch ein Bauteil.

Wirbelstrom Induzierter Kreisstrom innerhalb eines Leiters.

Zeitkonstante Zeitabschnitt, innerhalb dessen eine Größe auf 1/e-tel ihres vorherigen Werts abfällt.

Zerfallskonstante Isotopenspezifische Konstante, in welcher alle relevanten Größen für die Wahrscheinlichkeit eines radioaktiven Zerfalls zusammengefasst sind.

Zerfallsrate Anzahl der Zerfallsereignisse einer radioaktiven Probe pro Zeit.

Zerfallsreihe Abfolge von radioaktiven Zerfällen.

Zerfallszeit Zeitabschnitt, innerhalb dessen eine Größe auf 1/e-tel ihres vorherigen Werts abfällt.

Zerstreuungslinse Linse, die einfallende Lichtstrahlen so umlenkt, dass sie sich voneinander entfernen.

Zirkulardichroismus Unterschiedliche Absorption von linksdrehenden und rechtsdrehenden Anteilen zirkular polarisierten Lichts durch optisch aktive Moleküle.

Zufallsbewegung Ungerichtete Bewegung durch thermische Energie.

Zyklotron Teilchenbeschleuniger, der Ionen mit elektrischen Feldern beschleunigt und mit Magnetfeldern auf Kreisbahnen oder Spiralbahnen zwingt.

Zyklotronfrequenz Anzahl der vollen Kreisbahnen pro Sekunde.

Zyklotronperiode Dauer für eine volle Kreisbahn.

Antworten

A.1 Elektrizität

1. Wir wandeln die Angaben in SI-Einheiten um und setzen sie in Gl. 1.4 für die Coulomb-Kraft ein. Als Ergebnis erhalten wir eine Kraft von 256 nN.

2. Die Atome eines Kohlendioxidmoleküls liegen auf einer Geraden. Die beiden Sauerstoffatome sind partiell negativ geladen und umgeben das partiell positiv geladene Kohlenstoffatom. Damit ergibt sich eine Ladungsverteilung nach dem Muster: $- + -$. Für ein Dipolmoment muss ein Molekül jedoch ein (partiell) positiv geladenes Ende und ein (partiell) negativ geladenes Ende haben.

3. Innerhalb geschlossener Oberflächen wie einer Getränkedose ist das elektrische Feld immer gleich null.

4. Nach dem Superpositionsprinzip addieren sich alle elektrischen Potenziale der Einzelfelder an dem Punkt. Dazu gehören die Potenziale, die von den beiden Elektroden hervorgerufen werden, sowie die Potenziale aus den Feldern aller Ionen in der Lösung.

5. Wenn wir die Reibung vernachlässigen, braucht das Teilchen gar keine Arbeit zu leisten. Alle Punkte auf einer Äquipotenzialfläche haben die gleiche elektrische Energie.

6. Durch die Verdopplung der Spannung werden auch zweimal so viele Ladungen auf den Kondensator gepumpt. Der Faktor 2 kürzt sich in der Formel für die Kapazität ($C = q/U$) wieder raus, und die Kapazität bleibt unverändert.

7. Die parallel geschalteten Kondensatoren haben zusammen eine Kapazität von $14\,\mu\mathrm{F}$. Diese wird aber durch die Reihenschaltung mit dem nächsten Kondensator auf insgesamt $5{,}1\,\mu\mathrm{F}$ herabgesenkt.

8. Das Dielektrikum steigert die Kapazität um den Faktor der relativen Dielektrizitätskonstanten. Bei Papier ergibt das eine Kapazität von $370\,\mu\mathrm{F}$, mit Wasser erreichen wir sogar etwa $8000\,\mu\mathrm{F}$.

9. Durch eine Verlängerung des Beckens würden wir den Widerstand erhöhen, weil die Ionen eine längere Strecke zurücklegen müssten. Größere Elektroden bieten ihnen hingegen eine erweiterte Fläche, um Ladungen aufzunehmen oder abzugeben. Der Widerstand würde dadurch sinken.

10. Salze dissoziieren beim Lösen in Wasser in Ionen, die als Ladungsträger wandern können. Dadurch steigt die Stromstärke, und die Leitfähigkeit nimmt zu.

11. Es dauert 23 ms, bis der Kondensator 90 % seiner Ladung abgegeben hat.

12.

$$R = \rho\,\frac{l}{A} = 0{,}017\,\frac{\Omega\,\mathrm{mm}^2}{m} \cdot \frac{100\,\mathrm{m}}{1{,}5\,\mathrm{mm}^2} = 1{,}1\bar{3}\,\Omega$$
$$U = R\,I = 1{,}1\bar{3}\,\Omega \cdot 16\,\mathrm{A} = 18{,}1\bar{3}\,\mathrm{V}$$

2. $P = U \cdot I = 18{,}1\bar{3}\,\mathrm{V} \cdot 16\,\mathrm{A} = 290{,}1\bar{3}\,\mathrm{W}$
   Die Leistung wird in Wärme umgesetzt. Bei voller Last (16 A) darf das Kabel wegen Überhitzungsgefahr nicht aufgerollt sein.

3. $E = \dfrac{U}{d} = \dfrac{18{,}1\bar{3}\,\mathrm{V}}{100\,\mathrm{m}} = 0{,}181\bar{3}\,\dfrac{\mathrm{V}}{\mathrm{m}}$

4. In der Zeit t fließt neue Ladung in den Draht und belegt das Volumen $V = A\,(v\,t)$. Die Ladung darin ist $Q = n \cdot e \cdot V = n\,e\,(A\,v\,t)$ und wurde durch den Strom $I = Q/t$ geliefert. Damit folgt:

$$Q = n\,e\,(A\,v\,t) \Rightarrow \frac{Q}{t} = n\,e\,A\,v = I \Rightarrow v = \frac{I}{n\,e\,A}$$

$$v = \frac{16\,\mathrm{A}}{-0{,}85 \cdot 10^{23}\,\frac{1}{\mathrm{cm}^3} \cdot 1{,}6 \cdot 10^{-19}\,\mathrm{As} \cdot 1{,}5 \cdot 10^{-2}\,\mathrm{cm}^2}$$
$$= -7{,}843 \cdot 10^{-2}\,\frac{\mathrm{cm}}{\mathrm{s}} = -7{,}843 \cdot 10^{-4}\,\frac{\mathrm{m}}{\mathrm{s}}$$

5. $s = v\,t \Leftrightarrow t = \dfrac{s}{v} = \dfrac{50\,\mathrm{m}}{7{,}843 \cdot 10^{-4}\,\mathrm{ms}} = 6{,}375 \cdot 10^4\,\mathrm{s} = 17{,}7\,\mathrm{h}$

6. $s = c\,t \Leftrightarrow t = \dfrac{s}{c} = \dfrac{50\,\mathrm{m}}{3 \cdot 10^8\,\frac{\mathrm{m}}{\mathrm{s}}} = 16{,}\bar{6} \cdot 10^{-8}\,\mathrm{s} = 0{,}1\bar{6}\,\mu\mathrm{s}$

7. $\mu = \dfrac{v}{E} = \dfrac{7{,}843 \cdot 10^{-4}\,\frac{\mathrm{m}}{\mathrm{s}}}{0{,}181\bar{3}\,\frac{\mathrm{V}}{\mathrm{m}}} = 43{,}01 \cdot 10^{-4}\,\dfrac{\mathrm{m}^2}{\mathrm{V} \cdot \mathrm{s}} = 43{,}01\,\dfrac{\mathrm{cm}^2}{\mathrm{V} \cdot \mathrm{s}}$

A.2 Magnetismus

13. Weil in der Aufgabe negative Ladungsträger fließen, müssen wir unsere Faustregeln für die Richtung der Lorentzkraft mit der linken Hand anwenden. Mit beiden Regeln erhalten wir als Ergebnis, dass die Kraft nach hinten weist. Haben wir eine Skizze angefertigt, wirkt sie in die Papierebene hinein.

14. Wir setzen Gl. 5.8 für beide Isotope ins Verhältnis zueinander. Bis auf die Massen kürzen sich alle Größen raus. Damit liegt das Verhältnis bei $r(^{14}\mathrm{C})/r(^{12}\mathrm{C}) = 14/12 \approx 1{,}17$.

15. Da es nur um den Betrag des Drehmoments, aber nicht um dessen Richtung geht, dürfen wir Gl. 5.16 verwenden und erhalten Werte von $1{,}49 \cdot 10^{-27}\,\mathrm{J}$ für 90° und $1{,}05 \cdot 10^{-27}\,\mathrm{J}$ für 45°.

16. Die Suszeptibilität paramagnetischer Materialien ist positiv. Dies trifft auf folgende Stoffe der Tabelle zu: Al, Mg, Ti, W und O_2. Diamagnetische Materialien haben eine negative Suszeptibilität wie Bi, Cu, C, Au, Hg, Ag, Na, H_2, CO_2 und N_2.

17. Gar nicht. Natrium ist im Block diamagnetisch, weil es gleich viele Elektronen mit Spin nach oben wie nach unten gibt und sich die magnetischen Momente aufheben. Als Na^+-Ion hat es die Neon-Elektronenkonfiguration. Es sind also alle Elektronen in doppelt besetzten Orbitalen, und die entgegengesetzten magnetischen Momente kompensieren einander. Damit ist auch das Natriumion diamagnetisch.

18. Das Sauerstoffmolekül befindet sich im Grundzustand im Triplettzustand mit zwei einfach besetzten π-Orbitalen, deren Elektronen die gleiche Spinrichtung aufweisen. Dadurch hat das Molekül ein magnetisches Dipolmoment, das es paramagnetisch macht.

19. Magnetische Felder, die sich ändern, üben auf alle Arten von elektrischen Ladungen eine Kraft aus. Deshalb wirkt Induktion grundsätzlich auch auf die Ionen in Lösungen. Weil deren Masse aber sehr viel größer ist als die Masse von Elektronen, kommt es zu keiner nennenswerten Beschleunigung der Ladungen, und es baut sich daher kein nennenswerter Induktionsstrom auf.

20. Im Induktionsherd befindet sich unter der Abdeckplatte eine Spule, die von Wechselstrom durchflossen wird und ein Magnetfeld erzeugt, das periodisch zu- und abnimmt. Im dicken Metallboden eines Kochtopfs auf der Platte löst das Magnetfeld Wirbelströme aus, die alle zugeführte Energie in Wärme umwandeln.

21. Durch das Einschalten des Geräts fließt plötzlich Strom durch die Spulen seines Transformators. Es baut sich ein Magnetfeld auf, das im Zeigerinstrument einen Induktionsstrom auslöst. Die beiden Geräte sind also über das Magnetfeld induktiv gekoppelt.

22. Die maximale Spannung liegt bei $12\,V \cdot \sqrt{2} = 17\,V$.

23. Der induktive Widerstand der Spule würde ebenfalls verdoppelt, der kapazitive Widerstand des Kondensators würde halbiert.

24. Eine Möglichkeit besteht darin, dass der Drehschalter einen Kontakt über die zweite Spule schiebt, die an der jeweiligen Stelle den Strom abgreift. Je nach der Stellung des Kontakts würden zwischen ihr und dem einen Spulenende mal mehr und mal weniger Windungen liegen.

25. Es gäbe einen Verschiebungsstrom kurz nach dem Anschalten und kurz nach dem Ausschalten der Gleichspannung, während der Kondensator im Kreislauf be- oder entladen wird. Sobald er bestückt ist, fließt gar kein Strom mehr, und es gibt weder einen Verschiebestrom noch einen Fluss von Ladungsträgern.

26. Das Ringintegral im Gauß'schen Satz für das elektrische Feld zählt gewissermaßen alle Feldlinien zusammen, die von dem Volumen, das es umgibt, ausgehen und zieht alle Feldlinien ab, die in das Volumen hineinführen. Dabei heben sich beide Anzahlen auf, wenn sich innerhalb des Volumens keine Ladungen befinden oder die gleiche Anzahl entgegengesetzter Ladungen. Bleiben jedoch Feldlinien aus einer Gruppe über, ist deren Anzahl proportional zur elektrischen Ladung in dem Volumen. Gäbe es keine elektrischen Monopole (= Ladungen), wie es bei Magnetfeldern der Fall ist, wäre das Ringintegral immer gleich null.

27. Alle drei Größen sind in einem anderen Medium kleiner, weil dessen relative Permeabilität geringer als im Vakuum ist und die Felder sich darum schlechter ausbreiten können.

28. 1. Absorption:

$$P_S = \frac{I_{em}}{c} = \frac{0{,}5\,\dfrac{W}{10^{-4}\,m^2}}{3 \cdot 10^8\,\frac{m}{s}}$$

$$= \frac{0{,}1666\,\dfrac{N\,m}{10^{-4}\,m^2\,s}}{3 \cdot 10^8\,\frac{m}{s}} = 1{,}666 \cdot 10^{-5}\,\frac{N}{m^2}$$

Verspiegelte Fläche: doppelter Impulsübertrag

$$\Rightarrow P = 2 \cdot P_S = 2\,\frac{I_{em}}{c} = 2 \cdot 1{,}666 \cdot 10^{-5}$$

$$\frac{N}{m^2} = 3{,}333 \cdot 10^{-5}\,\frac{N}{m^2}$$

2. Frequenz und Schwingungsdauer:

$$f = \frac{c_0}{\lambda} = \frac{3 \cdot 10^8\,\frac{m}{s}}{633 \cdot 10^{-9}\,m} = 4{,}74 \cdot 10^{14}\,Hz$$

$$\Rightarrow T = \frac{1}{f} = 2{,}11 \cdot 10^{-15}\,s = 2{,}11\,fs$$

3. Wellenzahl und Kreisfrequenz:

$$\lambda = 633 \cdot 10^{-9}\,m \Rightarrow k = \frac{2\pi}{\lambda} = \frac{6{,}283}{6{,}33 \cdot 10^{-7}\,m}$$

$$= 0{,}9926 \cdot 10^7\,m^{-1} = 9{,}926 \cdot 10^6\,m^{-1}$$

$$f = 4{,}74 \cdot 10^{14}\,Hz \Rightarrow \omega = 2\pi f = 2{,}978 \cdot 10^{15}\,Hz$$

4. Amplituden:

$$I_{em} = \frac{1}{2}\,\frac{E_0\,B_0}{\mu_0} \quad \text{mit} \quad E = c\,B$$

$$\Rightarrow I_{em} = \frac{1}{2}\,\frac{E_0^2}{\mu_0}$$

$$\Rightarrow E_0^2 = 2 \cdot c \cdot \mu_0 \cdot I_{em} \quad \text{(Amplitude)}$$

$$E_0 = \sqrt{2 \cdot c \cdot \mu_0 \cdot I_{em}}$$

$$= \sqrt{2 \cdot 3 \cdot 10^8\,\frac{m}{s} \cdot 4 \cdot \pi \cdot 10^{-7}\,\frac{V\,s}{A\,m} \cdot 0{,}5\,\frac{A\,V}{10^{-4}\,m^2}}$$

$$= \sqrt{37{,}699 \cdot 10^5\,\frac{V^2}{m^2}} = 1942\,\frac{V}{m}$$

$$E = c\,B \Rightarrow B_0 = \frac{E_0}{c} = \frac{1942\,\frac{V}{m}}{3 \cdot 10^8\,\frac{m}{s}} = 647{,}2 \cdot 10^{-8}\,\frac{V\,s}{m^2}$$

$$= 6{,}472 \cdot 10^{-6}\,\frac{V\,s}{m^2}$$

$$\boldsymbol{E}(x,t) = \boldsymbol{E}_0\,\sin(\omega t - k x)$$

5. $E(x,t) = \begin{pmatrix} 0 \\ 0 \\ 1 \end{pmatrix} \cdot 1{,}94\,\dfrac{\text{kV}}{\text{m}} \cdot \sin(2{,}978 \cdot 10^{15}\,\text{s}^{-1} \cdot$
$t - 9{,}926 \cdot 10^{6}\,\text{m}^{-1} \cdot x)$

A.3 Optik

29. An jeder Grenzfläche wird ein Teil des Lichts gemäß Gl. 10.4 reflektiert. Insgesamt gibt es vier Grenzflächen:
    1. Luft→Glas
    2. Glas→Wasser
    3. Wasser→Glas
    4. Glas→Luft

    Für jede müssen wir den reflektierten Anteil berechnen und ihn vom einfallenden Licht abziehen (wir setzen der Einfachheit halber $I_0 = 1$ für den ersten Übergang). Das Ergebnis ist der I_0-Wert für die nächste Grenzfläche. Hinter der Küvette ist die Intensität des transmittierten Lichts nach vier Teilreflexionen auf rund 0,93 gesunken, es sind also etwa 7 % des Lichts durch Reflexion verloren gegangen.

30. Das Licht tritt an der Grenzfläche Wasser→Glas vom optisch dünneren in ein optisch dichteres Medium über und wird deshalb auf das Einfallslot zu gebrochen.

31. Wir stellen zur Lösung zwei Gleichungen auf. Dazu benennen wir den Anteil an α-D-Glucose in der Lösung mit a, den Anteil an β-D-Glucose als b. Beide zusammen müssen 1 ergeben:

$$a + b = 1 \qquad\qquad \text{(A.1)}$$

Jede Konformation trägt entsprechend ihrem Anteil zur optischen Aktivität der Lösung bei. Also gilt:

$$a \cdot (+112{,}2°)\,\frac{\text{ml}}{\text{dm} \cdot \text{g}} + b \cdot (+17{,}5°)\,\frac{\text{ml}}{\text{dm} \cdot \text{g}}$$
$$= (+52{,}7°)\,\frac{\text{ml}}{\text{dm} \cdot \text{g}} \qquad \text{(A.2)}$$

Wir lösen Gl. A.1 nach b (oder nach a) auf, setzen das Ergebnis in Gl. A.2 ein und lösen nach der verbliebenen Variablen auf. Haben wir nach b aufgelöst, erhalten wir $a = 0{,}37$. Wir setzen dies in die umgeformte Gl. A.1 ein und bekommen $b = 0{,}63$.

    Im Gleichgewicht finden wir in einer Lösung von D-Glucose demnach rund ein Drittel (37 %) der Moleküle in α-Konformation vor und fast zwei Drittel (63 %) in β-Konformation vor.

32. Es reicht aus, wenn der Spiegel halb so groß ist wie wir selbst. Der Blick zum Scheitel gibt die obere Begrenzung an und verläuft nahezu parallel zum Boden. Der Blick auf die Füße trifft etwa auf Bauchhöhe auf den Spiegel. Da die Gegenstandsweite und die Bildweite gleich sind, verlängert er sich hinter der Spiegelebene virtuell bis zu den Füßen.

33. Wassertropfen brechen einfallendes Licht wie eine plankonvexe Linse, Quecksilber reflektiert es wie ein plankonvexer Spiegel.

34. Der alte Mensch hat mehr davon, wenn er eine Lupe benutzt. Mit dem Alter liegt der Nahpunkt immer weiter weg vom Auge. Der Abstand s_0 in Gl. 11.15 wird dadurch größer, und der Vergrößerungsfaktor der Lupe steigt an, weil der Faktor, um den wir den Gegenstand näher holen können, zunimmt. Trotzdem sehen junge und alte Menschen mit der Lupe schließlich gleich große Bilder, da die größte Abbildung auf der Netzhaut entsteht, wenn sich das Objekt im Brennpunkt befindet – und der hängt von der Lupe ab, nicht vom Alter des Betrachters.

35. An jedem Übergang von einem optisch dünneren zu einem optisch dichteren Medium findet für den reflektierten Lichtanteil ein Phasensprung statt. Bei der wassergefüllten Küvette also an den Grenzschichten Luft→Glas und Lösung→Glas. Die Wechsel Glas→Lösung und Glas→Luft führen in ein optisch dünneres Medium, sodass es keinen Phasensprung gibt.

36. Das einfallende weiße Licht wird an den Grenzschichten Luft→Öl und Öl→Wasser teilweise reflektiert, und die zurückgeworfenen Lichtanteile überlagern sich. Dabei machen sich die Phasendifferenzen durch den Gangunterschied sowie den Phasensprung bemerkbar. Manche Wellenlängen erleben dadurch eine schwächende destruktive Interferenz und treten kaum in Erscheinung, andere werden durch konstruktive Interferenz gestärkt und wirken heller. Die Neuverteilung der Intensitäten erzeugt die schillernden Farben. Dass benachbarte Bereiche dabei unterschiedliche Farben zeigen, geht auf die verschiedenen zusätzlichen Weglängen für den zweiten reflektierten Strahl zurück, wenn die Ölschicht nicht überall gleichmäßig dick ist und das Licht unter verschiedenen Winkeln durch das Öl tritt.

37. Wir setzen die beiden Wellenlängen und die Gitterkonstante in Gl. 12.5 ein und erhalten als begrenzende Winkel 22,33° für Licht von 380 nm Wellenlänge und 51,26° bei 780 nm Wellenlänge.

38. 1. Strahl kommt aus Luft, somit ist $n_1 < n_2$, bei Umformung Zähler beachten!

$$I = I_0 \left(\frac{n_1 - n_2}{n_1 + n_2}\right)^2$$
$$\Rightarrow \sqrt{\frac{I}{I_0}} = \left(\frac{n_1 - n_2}{n_1 + n_2}\right) \Rightarrow n_1 \sqrt{\frac{I}{I_0}} + n_2 \sqrt{\frac{I}{I_0}}$$
$$= n_2 - n_1 \Rightarrow n_1 \sqrt{\frac{I}{I_0}} + n_1 = n_2 - n_2 \sqrt{\frac{I}{I_0}}$$
$$\Rightarrow n_1 \left(\sqrt{\frac{I}{I_0}} + 1\right) = n_2 \left(1 - \sqrt{\frac{I}{I_0}}\right)$$
$$\Rightarrow n_2 = \frac{n_1 \left(\sqrt{\frac{I}{I_0}} + 1\right)}{\left(1 - \sqrt{\frac{I}{I_0}}\right)} = \frac{1 \cdot \left(\sqrt{\frac{17{,}2}{100}} + 1\right)}{1 - \sqrt{\frac{17{,}2}{100}}}$$
$$= \frac{0{,}4147 + 1}{1 - 0{,}4147} = 2{,}417$$

Es handelt sich um Diamant.

2. $I = I_0 \left(\dfrac{n_1 - n_2}{n_1 + n_2}\right)^2 = 100 \, \dfrac{\text{W}}{\text{m}^2} \cdot \left(\dfrac{1 - 1{,}5}{1 + 1{,}5}\right)^2 = 4 \, \dfrac{\text{W}}{\text{m}^2}$

Ins Glas gelangen:

$100 \, \dfrac{\text{W}}{\text{m}^2} - 4 \, \dfrac{\text{W}}{\text{m}^2} = 96 \, \dfrac{\text{W}}{\text{m}^2}$

3. Reflektiert wird an der ersten Grenzschicht (Luft/Beschichtung):

$$I_{R1} = \left[I_0 \left(\dfrac{n_1 - n_2}{n_1 + n_2}\right)^2 \right] = 100 \, \dfrac{\text{W}}{\text{m}^2} \cdot \left(\dfrac{1 - 1{,}3}{1 + 1{,}3}\right)^2$$

$$= 100 \, \dfrac{\text{W}}{\text{m}^2} \cdot 0{,}01701 = 1{,}701 \, \dfrac{\text{W}}{\text{m}^2}$$

In die Beschichtung gelangen:

$I_{Besch} = I - I_{R1} = 100 \, \dfrac{\text{W}}{\text{m}^2} - 1{,}701 \, \dfrac{\text{W}}{\text{m}^2} = 98{,}299 \, \dfrac{\text{W}}{\text{m}^2}$

An der zweiten Grenzschicht wird I_{R2} reflektiert:

$$I_{R2} = \left[I_{Besch} \left(\dfrac{n_1 - n_2}{n_1 + n_2}\right)^2 \right]$$

$$= 98{,}299 \, \dfrac{\text{W}}{\text{m}^2} \cdot \left(\dfrac{1{,}3 - 1{,}5}{1{,}3 + 1{,}5}\right)^2$$

$$= 98{,}299 \, \dfrac{\text{W}}{\text{m}^2} \cdot 0{,}005102 = 0{,}5015 \, \dfrac{\text{W}}{\text{m}^2}$$

In das Glas tritt ein:

$$I_0 - I_{R1} - I_{R2} = (100 - 1{,}701 - 0{,}5015) \, \dfrac{\text{W}}{\text{m}^2}$$

$$= 97{,}797 \, \dfrac{\text{W}}{\text{m}^2}$$

Insgesamt werden $2{,}2025 \, \frac{\text{W}}{\text{m}^2}$ reflektiert.

4. Der Winkel zwischen Einfallslot und reflektiertem Strahl ist:

$\theta_1' = \theta_1$

Der Winkel zwischen reflektiertem und gebrochenen Strahl ist:

$\theta_{rg} = 90°$

Der Winkel zwischen dem gebrochenen Strahl und dem Lot im Glas ist:

$\theta_2 = 90°$

Alle Winkel zusammen ergeben $180°$:

$180° = \theta_1 + \theta_{rg} + \theta_2 = \theta_1 + 90° + \theta_2$

$\Rightarrow \theta_2 = 90° - \theta_1$

$\Rightarrow n_1 \sin \theta_1 = n_2 \sin \theta_2$

$\qquad = n_2 \sin(90° - \theta_1) = n_2 \cos \theta_1$

$\Rightarrow \dfrac{\sin \theta_1}{\cos \theta_1} = \tan \theta_1 = \dfrac{n_2}{n_1} = 1{,}5$

$\Rightarrow \theta_1 = \arctan 1{,}5 = 56{,}3°$

Bei diesem Winkel (Brewsterwinkel) ist das reflektierte Licht polarisiert.

A.4 Quanten- und Atomphysik

39. Setzen wir die Wellenlänge des Lichts in Gl. 13.1 oder 13.4 ein, sehen wir, dass ein Photon von 400 nm eine Energie von 3,1 eV besitzt – genug, um über den photoelektrischen Effekt Elektronen aus dem Natriumverband herauszulösen.

40. Einsetzen in Gl. 13.12 liefert uns eine kinetische Energie von 150 eV.

41. Die Photonen des Sonnenlichts übertragen bei ihren elastischen Stößen mit dem Segel ihren Impuls auf die Sonde und treiben diese dadurch an.

42. Zur Hauptquantenzahl $n = 4$ gehören drei Drehimpulsquantenzahlen $l = 0, 1, 2, 3$, die den s-, p-, d- und f-Orbitaltypen entsprechen. Jeder Typ umfasst Orbitale mit verschiedenen Ausrichtungen, deren Anzahl die magnetische Quantenzahl festlegt, die jeweils von $-l$ bis $+l$ reicht. Für das s-Orbital ($l = 0$) ist dies nur ein Orbital, für den p-Typ ($l = 1$) sind es drei Orbitale, beim d-Typ ($l = 2$) fünf, und vom f-Typ ($l = 3$) gibt es sieben Orbitale. Insgesamt sind es also 16 Orbitale.

43. Die Wellenlänge verrät uns, dass es sich um eine Linie aus der Balmer-Serie im sichtbaren Teil des Spektrums handelt. Bei dieser Serie hat das untere Energieniveau die Hauptquantenzahl $n = 2$. Die zugehörige Energie können wir nach dem Bohr'schen Atommodell mit Gl. 14.8 berechnen. Sie liegt bei $E_2 = -3{,}4\,\text{eV}$. Die Energie des Photons beläuft sich auf 2,86 eV. Um diese Energie muss der angeregte Zustand energiereicher sein. Er hat demnach $E_x = -3{,}4\,\text{eV} + 2{,}86\,\text{eV} = 0{,}54\,\text{eV}$. Probieren wir verschiedene Werte für n in Gl. 14.8 aus, stellen wir fest, dass die O-Schale mit der Hauptquantenzahl $n = 5$ die passende Energie hat. Der Übergang erfolgt also zwischen der 5. und der 2. Schale.

44. Nach den Auswahlregeln muss sich die Drehimpulsquantenzahl um $+1$ oder -1 ändern. Da sie beim Start in einem p-Orbital bei $l = 1$ liegt, sind als Ziel Orbitale mit $l = 2$ (d-Orbitale) und mit $l = 0$ (das s-Orbital) erlaubt. Die nächste Einschränkung macht die magnetische Quantenzahl, die sich ebenfalls nur um $+1$ oder -1 ändern oder gleich bleiben darf. ZuBeginn war sie im p_z-

Orbital $l = 0$. Sie darf demnach auf der Zielschale die Werte -1, 0 oder $+1$ annehmen. Damit erhalten wir als mögliche Ziele das 4s-Orbital und drei 4d-Orbitale mit den Drehimpulsquantenzahlen -1, 0 und 1. Insgesamt vier erlaubte Orbitale.

45. Mit Gl. 15.4 erhalten wir $140,85$ kJ/mol.

46. Jedes der Atome besitzt auf der äußersten Schale ein s- und drei p-Orbitale. Zusammen haben wir damit $2 \cdot (1+3) = 8$ Atomorbitale. Die Anzahl der Molekülorbitale ist gleich der Zahl der überlappenden Atomorbitale, in diesem Fall also gleich 8. Die Hälfte von ihnen (4) ist bindend, die andere Hälfte (4) ist antibindend.

47. Durch die Anregung gelangt das Molekül meistens in einen der höheren Schwingungs- und Rotationszustände des höheren elektronischen Zustands. Indem es seine Schwingungs- und seine Rotationsenergie schrittweise abbaut, gibt es den gesuchten Teil der Anregungsenergie in kleinen Portionen ab, die nicht als sichtbares Licht emittiert werden, dem späteren Fluoreszenz-Photon aber fehlen.

48. Mit Gl. 16.3 und Dreisatz erhalten wir als durchschnittlichen Massendefekt pro Nukleon $0,0089$ u.

49. Wir setzen die gegebenen Aktivitäten als R und R_0 in Gl. 16.7 ein und lösen sie nach der Zerfallskonstanten auf. Das Ergebnis gibt uns in Gl. 16.9 eine Halbwertszeit von 1078 s, was etwa 18 Minuten entspricht.

50. Wir müssen die Umrechnungen zur Strahlendosis von der Äquivalentdosis zur Ionendosis rückwärts durchführen. Die Äquivalentdosis von 20 mSv wird wegen des Gewichtungsfaktors von 20 für α-Teilchen zu einer Energiedosis von 1 mGy. Weil der Korrekturfaktor für biologisches Gewebe bei 37 Gy/(C/kg) liegt, entspricht dies einer Ionendosis von $2,7 \cdot 10^{-5}$ C/kg.

51. 1. Die Energie des Grundzustands ist:

$$E_1 = \frac{h^2}{8\, m_P\, d^2}$$
$$= \frac{(6,63 \cdot 10^{-34}\,\mathrm{J\,s})^2}{8\,(1,67 \cdot 10^{-27}\,\mathrm{kg})\,(10^{-15}\,\mathrm{m})} \cdot \frac{1\,\mathrm{eV}}{1,6 \cdot 10^{-19}\,\mathrm{J}}$$
$$= 206\,\mathrm{MeV}$$

Die Energien der angeregten Zustände sind $E_n = n^2\,E_1$. Daher sind die Energien der ersten beiden angeregten Zustände

$$E_2 = 2^2\,E_1 = 4\,(206\,\mathrm{MeV}) = 824\,\mathrm{MeV}$$
$$E_3 = 3^2\,E_1 = 9\,(206\,\mathrm{MeV}) = 1,85\,\mathrm{GeV}$$

2. Die Wellenlänge bei einem Übergang ist gegeben durch

$$\lambda = \frac{h\,c}{\Delta E} = \frac{1240\,\mathrm{eV\,nm}}{\Delta E}$$

Beim Übergang $2 \to 1$ ist die Energiedifferenz

$$\Delta E_{2 \to 1} = E_2 - E_1 = 4\,E_1 - E_1 = 3\,E_1$$

und die Wellenlänge ist

$$\lambda_{2 \to 1} = \frac{1240\,\mathrm{eV\,nm}}{3\,E_1} = \frac{1240\,\mathrm{eV\,nm}}{3\,(206\,\mathrm{MeV})} = 2,01\,\mathrm{fm}$$

3. Beim Übergang $3 \to 2$ ist die Energiedifferenz

$$\Delta E_{3 \to 2} = E_3 - E_2 = 9\,E_1 - 4\,E_1 = 5\,E_1$$

und die Wellenlänge ist

$$\lambda_{3 \to 2} = \frac{1240\,\mathrm{eV\,nm}}{5\,E_1} = \frac{1240\,\mathrm{eV\,nm}}{5\,(206\,\mathrm{MeV})} = 1,20\,\mathrm{fm}$$

4. Beim Übergang $3 \to 1$ ist die Energiedifferenz

$$\Delta E_{3 \to 1} = E_3 - E_1 = 9\,E_1 - E_1 = 8\,E_1$$

und die Wellenlänge ist

$$\lambda_{3 \to 1} = \frac{1240\,\mathrm{eV\,nm}}{8\,E_1} = \frac{1240\,\mathrm{eV\,nm}}{8\,(206\,\mathrm{MeV})} = 0,752\,\mathrm{fm}$$

(aus Tipler)

Literatur

Bleck-Neuhaus J (2012) Elementare Teilchen: Von den Atomen über das Standard-Modell bis zum Higgs-Boson. Springer, Heidelberg.

Breuer H (2000) dtv-Atlas Physik, Band 2: Elektrizität, Magnetismus, Festkörper, Moderne Physik. dtv, München

Demtröder W (2013) Experimentalphysik 2: Elektrizität und Optik. Springer, Heidelberg.

Duree G C (2012) Optik für Dummies. Wiley-VCH, Weinheim.

Fritsche O (2013) Physik für Biologen und Mediziner. Springer, Heidelberg.

Geafer W (2012) Grundlagen der Optik für Konstruktion und Labor. Printsystem Medienverlag, Heinsheim.

Griffiths D J (2012) Quantenmechanik: Eine Einführung. Pearson, London.

Hecht E (2009) Optik, Oldenbourg, München.

Hering E, Martin R und Stohrer M (2012) Physik für Ingenieure. Springer, Heidelberg.

Holzner S (2012) Quantenphysik für Dummies. Wiley-VCH, Weinheim.

Kuypers F (2012) Physik für Ingenieure und Naturwissenschaftler: Band 2: Elektrizität, Optik und Wellen. Wiley-VCH, Weinheim

Lautenschlager H (2015) Kompakt-Wissen Gymnasium / Physik 2 - Elektrizität, Magnetismus und Wellenoptik. Stark, Hallbergmoos.

Lehmann E und Schmidt F (2010) Abitur-Training Physik: Wechselstromwiderstände, Mechanische Schwingungen, Impuls. Stark, Hallbergmoss.

Stroppe H (2009) Physik - Beispiele und Aufgaben: Band 2. Carl Hanser, München.

Tipler Paul A (2019) Physik. Springer, Heidelberg.

Stichwortverzeichnis

A

Abbildungsfehler, 115
Abbildungsgleichung für dünne Linsen, 112
Abbildungsmaßstab, 110
Aberration
– chromatische, 116
– sphärische, 108, 115
Ablösearbeit, 135
Abschirmwirkung, 7
Absorption, 95, 99, 102, 156
– Polarisation, 99
Absorptionsspektrum, 102
Achse, optische, 101, 107, 109, 112–115
Achsensymmetrie, 14
Akkommodation, 116
Akku, 39
Aktivität, 171
α-Teilchen, 173
α-Zerfall, 143, 173
Ampere, 34, 60
Ampère'scher Strom, 62
Amperemeter, 41
Ampère'sches Gesetz, 62, 82
Ampère'sches Gesetz
– verallgemeinertes, 83
Analysator, 100
Anfangszustand, 19
Anion, 4
Annihilation, 4
Anode, 28, 134
Anti-Stokes-Raman-Streuung, 157
Antineutrino, 172, 174
Anzahldichte, 35
Äquipotenzialfläche, 20, 23
Äquivalentdosis, 176
Arbeit, 18
Astigmatimus, 117
Astigmatismus schiefer Bündel, 116
Atom, 146
– magnetisches Moment, 63
Atomkern, 146, 170, 171
Atomorbital, 152
Atomrumpf, 5, 35, 37, 134
Aufenthaltswahrscheinlichkeit, 164
Aufenthaltswahrscheinlichkeitdichte, 140
Auflösung, 129
– Rayleigh'sches Kriterium, 129
Auflösungsvermögen, 129
Aufpunkt, 7
Auge, 116, 129
– menschliches, 116, 129
Ausbreitungsrichtung, 99, 122
Austrittsarbeit, 135
Auswahlregel, 151
– für Rotationsübergänge, 167
– für Schwingungsübergänge, 166
Außenelektron, 162
Außenleiter, 19
Avogadrokonstante, 63, 163

B

Bahndrehimpuls, 154

– Elektron, 62
Bahndrehimpulsquantenzahl, 150
Balmer-Serie, 148
Banden
– Absorptionsspektrum, 102
– Einzelspalt, 127
– Emission, 103
Batterie, 28, 39, 41
Becquerel, 172
Beilsteinprobe, 103
Besetzungsinversion, 160
β-Zerfall, 4, 173, 174
Beugung, 95, 122, 137
– am Doppelspalt, 125
– am Einzelspalt, 127
– an einer Kreisscheibe, 127
– an zwei breiten Spalten, 128
Beugungsgitter, 125, 126
– in Spektroskopen, 129
Beugungsmaximum, zentrales, 127, 129
Beugungsminimum, 129
Beugungsmuster, 128, 137
– Fraunhofer'sches, 127
– Fresnel'sches, 127
Bewegungsenergie, 18
Bikonkavität, 113
Bild
– reelles, 108–111, 118
– virtuelles, 106, 108, 109, 111
Bildhöhe, 110
Bildweite, 107, 109, 114
Bindung
– chemische, 162, 165
– Ionen-, 162, 165
– kovalente, 163, 165
– metallische, 165
– polarisierte, 6–8
– Van-der-Waals-, 165
– Wasserstoffbrücken-, 165
Bindungsenergie, 164, 170, 174
Biot-Savart'sches Gesetz, 59, 62
Blindwiderstand, induktiver, 78
Blindwiderstand, kapazitiver, 79
Bogenentladung, 23
Bohr'sche Elektronenbahn, 147
Bohr'sche Postulate, 147
Bohr'scher Radius, 147, 152
Bohr'sches
– Atommodell, Schwächen, 149
Bohr'sches Atommodell, 146, 147
Bohr'sches Korrespondenzprinzip, 141
Bohr'sches Magneton, 62, 66, 154
Brackett-Serie, 148
Brechkraft, 112, 113
Brechung, 95, 98, 111, 113, 116
– Bildkonstruktion, 111
Brechungsgesetz, 98, 111
Brechungsindex, 95
Brechungswinkel, 98
Brechzahl, 95, 111, 112, 116
Bremsstrahlung, 159
Brennebene, 108, 113
Brennlinie, 117
Brennpunkt, 109, 113, 114

Brennpunktstrahl, 109, 114, 115
Brennweite, 108, 109, 113, 114, 116
– Auge, 116
Brewsterwinkel, 100

C

Compton-Gleichung, 136
Compton-Streuung, 136, 157
Compton-Wellenlänge, 136
Coulomb, 4, 6, 26
Coulomb'sches Gesetz, 6, 14, 18
Coulomb-Kraft, 6, 7
Coulomb-Potenzial, 21
Curie, 172
Curie'sches Gesetz, 64

D

d-Orbital, 156
Dämpfung, elektrisches Feld, 30
Davisson-Germer-Experiment, 137
De-Broglie-Gleichung, 137
De-Broglie-Wellenlänge, 137, 139
Debye, 8
Diamagnetismus, 64, 65
Dichte, optische, 95
Dielektrikum, 30
Dielektrizitätskonstante, relative, 6, 27, 30
Diode, 36
Dioptrie, 113
Dipol, 8, 10
– induzierter, 11
Dipol, magnetischer, 50, 61
– potenzielle Energie, 55
Dipolmoment, 10, 31
– elektrisches, 8, 165
– induziertes, 11, 66
– magnetisches, 54
– permanentes, 31
– transientes, 11, 165
Dispersion, 98, 116
– anormale, 98
Dissoziationsenergie, 163
Domäne, magnetische, 65
Doppelbrechung, 99, 101, 102
– Polarisation, 101
Doppelspalt, 124, 125
– Elektronen, 138
– Interferenzmuster, 125
Dosis, effektive, 176
Drehimpulserhaltung, 151
Drehimpulsquantenzahl, 150, 151, 153
Drehmoment, 10, 54
Drehwinkel, 100
Drei-Finger-Regel, 51
Driftgeschwindigkeit, 34
Dublett-Zustand, 158
Durchflutungsgesetz, erweitertes, 83
Durchschlag, dielektrischer, 23, 30
Durchschlagfestigkeit, 23, 30

E

Ebenensymmetrie, 14
Effekt, photoelektrischer, 134, 135, 157
Effektivwert, 76, 77
Ehrenfest-Theorem, 141
Einfallsebene, 96, 100
Einfallsslot, 96, 98, 109
Einfallsseite, 111
Einfallswinkel, 96–98, 100, 107
Einstein'sche
– Gleichung, 134
– photoelektrische Gleichung, 135
Einstein, Albert, 134
Einzelspalt, Beugung, 127
Elektrizitätsmenge, 4
Elektrode, 5
Elektrolyse, 21, 36, 38
Elektromagnetismus, 82
Elektron, 4, 28, 34, 35, 52, 53, 72, 134, 136, 146, 147, 152
– am Doppelspalt, 138
– angeregtes, 159
– Bahndrehimpuls, 62
– delokalisierte, 5
– Energieniveau, 102
– Energiewerte, 146
– Gesamtenergie, 140
– inneres, 159, 162
– kinetische Energie, 140
– magnetisches Gesamtmoment, 63
– magnetisches Moment, 153
– Materiewelle, 149
– wanderndes, 55
– Welleneigenschaften, 149
Elektronegativitätsdifferenz, 165
Elektronengas, freies, 5
Elektronenhülle, 170
Elektronenkonfiguration, 155
Elektronenmikroskop, 10, 138
Elektronenspin, 164
Elektronenspinresonanz-Spektroskopie, 64
Elektronenvolt, 19, 137, 163
Elementarladung, 4, 13, 19, 55, 62
Elementarwelle, 96, 98
Emission, 95, 156
– spontane, 156
– stimulierte, 157, 160
– synchronisierte von Photonen, 146
Emissionsbanden, 103
Emissionsspektrum, 126, 148
Endothermität, 162
Endzustand, 19
Energie
– Dissoziations-, 163
– kinetische, 37, 134
– Materiewelle, 142
– Nullpunkts-, 142
– Photon, 134
– sichtbares Licht, 102
– thermische, 37
Energie, elektrische, 18
– Feldkonstante, 6, 12, 26
– Kondensator, 27
– potenzielle, 21
– Probeladung, 20
Energie, kinetische, 37, 134
– Elektron, 140

Energie, potenzielle, 10, 18, 20, 140
– elektrische, 21
– magnetischer Dipol, 55
Energiedichte, 28
– elektromagnetischer Wellen, 85
– Magnetfeld, 72
Energiedosis, 175
Energieniveau, 102, 126
– Rotation, 167
– Schwingung, 166
– Übergang, 156
– Wasserstoffatom, 148, 150
Energiespektrum, kontinuierliches, 159
Energiezustand, 146, 147, 151, 152
– Übergang, 151
Erdmagnetfeld, 55
Erdung, 5, 19, 41
Ersatzkapazität, 30, 40
Ersatzschaltbild, 39
Ersatzwiderstand, 39, 40
Erwartungswert, 141

F

Farad, 26
Faraday'scher Käfig, 15
Faraday'sches Gesetz, 68, 83
Fata Morgana, 98
Federkonstante, 166
Feinstrukturaufspaltung, 154
Feld
– dynamisches elektrisches, 14
– gekreuzte, 53
– magnetisches, 50, 70
Feld, elektrisches, 6–10, 14, 15, 18, 20–22, 28, 34, 41, 55, 82, 99, 134
– Dämpfung, 30
– dynamisches, 14
– Hohlkugel, 15
– homogenes, 10
– inhomogenes, 11
– Lichtstrahl, 99
– Normalkomponente, 15
– Proton, 170
– statisches, 14
– Überlagerung, 7, 8, 12
– Vollkugel, 15
Feldbeschleunigung, 10
Feldkonstante
– elektrische, 6, 12, 26
– magnetische, 58
Feldlinien, elektrische, 9, 13, 19, 20, 23
Feldlinienmuster, 9
Feldpunkt, 7
Feldstärke, elektrische, 7, 9, 11–13, 18
Feldvektor, elektrischer, 10
Fernrohr, 118
Fernwirkung, 5
Fernzone, 85
Ferrimagnetismus, 65
Ferromagnetismus, 65
Flächenvektor, 54
Flasche, magnetische, 54
Fluoreszenz, 156, 158
Fluss
– elektrischer, 13
– magnetischer, 68, 70

Fotometer, 97
Fraunhofer'sches Beugungsmuster, 127
Fresnel'sche Linse, 115
Fresnel'sches Beugungsmuster, 127
Funkenentladung, 23

G

γ-Zerfall, 173, 175
Gangunterschied, 122, 123
Gauß'scher Satz
– für das elektrische Feld, 83
– für das Magnetfeld, 61, 83
Gauß'sches Gesetz, 13, 14
Gegeninduktion, 70
Gegeninduktivität, 70
Gegenspannung, 77, 134, 135
Gegenstandshöhe, 110
Gegenstandsweite, 107, 109, 114
Gesamtamplitude, 122
Gesamtenergie, 162
– Elektron, 140
Gesamtfeld, 8
– elektrisches, 12
Gesamtladung, 12
Gesamtmoment, magnetisches, 65
– Elektron, 63
Gesamtspinquantenzahl, 158
Gesamtstrom, 35
Gesamtwellenfunktion, 163
Gesamtwiderstand, 39
Gesetz der Ladungserhaltung, 5
Gitterkonstante, 125
Gleichgewicht, elektrostatisches, 15
Gleichstrom, 19, 79
Gravitationsfeld, 18, 20
Gray, 176
Grenzfläche, 96, 98, 100, 111, 117, 123
Grenzfrequenz, 134, 135
Grenzschicht, 97
Grenzwellenlänge, 134, 135
Grenzwinkel, 97
Grotrian-Diagramm, 151
Grundzustand, 142, 151, 152, 160

H

Halbwertszeit, 172, 173
Hall-Effekt, 55
Hall-Spannung, 55
Hauptebene, 114
Hauptquantenzahl, 147, 150, 151, 153
Hauptstrahl, 109, 113
– achsenparalleler, 109, 114, 115
– Brennpunktstrahl, 109, 114, 115
– Mittelpunktsstrahl, 109, 114, 115
Heisenberg'sche Unschärferelation, 140
Heisenberg'sches Unbestimmtheitsprinzip, 140
Henry, 70
Himmel, 101
Hohlkugel, elektrisches Feld, 15
Hohlspiegel, 110
Hund'sche Regel, 156
Huygens'sches Prinzip, 96, 98, 124
Hybridisierung, 164
Hybridorbital, 164
Hyperopie, 116

I

Impuls
– elektromagnetische Welle, 86
– Photon, 136
Induktanz, 78
Induktion, 72, 76
– elektrostatische, 5
Induktionsgesetz, 83
Induktionsspannung, 68, 69, 71
Induktivität, 70, 72
Influenz, 5, 6, 11, 15, 31
Innenwiderstand, 38
Intensität, 125, 134
Interferenz, 122, 125, 137
– an dünnen Schichten, 124
– destruktive, 122, 124
– konstruktive, 122, 124, 127
Interferenzmaximum, 124, 125
Interferenzminimum, 124
Interferenzmuster, 124, 125, 139
Interferenzstreifen, 123
Ionenbindung, 162, 165
Ionendosis, 175
Ionisierung, 10
Ionisierungsenergie, 148, 155, 156, 162
Isolator, 5, 27, 72
Isotope, 170

J

Joule'sche Wärme, 37, 69, 72

K

Kapazität, 26, 29
– Leiter, 26
Kathode, 28, 134
Kation, 4
Kernfusion, 143
Kernkraft, schwache, 174
Kernkraft, starke, 170
Kernladung, effektive, 155
Kernspinresonanzspektroskopie, 63
Kirchhoff'sche Regeln, 40
Klemmenspannung, 28, 38
Knotenregel, 40
Koaxialkabel, 27
Kohärenzlänge, 123
Kohärenzzeit, 123
Kohlenstoff, 164
Kondensanz, 79
Kondensator, 27–30, 42, 77
– elektrische Energie, 27
– Parallelschaltung, 29
– Reihenschaltung, 29
Konkavität, 109, 113
Konkavkonvexität, 113
Konkavspiegel, 107, 160
konstruktive Interferenz, 122, 124, 127
Konvexität, 109, 113
Konvexkonkavität, 113
Konvexspiegel, 110
Kopplung, induktive, 70
Korrespondenzprinzip, Bohr'sches, 141
Krümmungsradius, 108, 109, 112
Kraft, 6, 18

– elektromagnetische, 82
– hadronische, 170
– magnetische, 52
Kurzsichtigkeit, 116

L

Ladung, 7–9, 11, 18, 34
– elektrische, 4, 5, 20, 58
– gleichnamige, 8
– negative, 4, 9, 13
– positive, 4, 9, 13
– ungleichnamige, 8
Ladungsdichte, 11, 12, 14
Ladungselement, 12, 22
Ladungserhaltung, 5
Ladungserhaltungssatz, 40
Ladungsträger, 4, 5, 15, 18, 26, 34, 37–39, 55
Ladungstrennung, 23, 55
Ladungsüberschuss, 5, 55
Ladungsverschiebung, 6
Ladungsverteilung, 9
– homogene, 12
– inhomogene, 12
Ladungsverteilung, kontinuierliche, 11, 21
λ/2-Plättchen, 101
λ/4-Plättchen, 102
Laser, 146, 159
Leerlaufspannung, 28, 29, 38
Leistung, 38
– elektrische, 37
– Wechselstrom, 76
Leiter
– elektrischer, 5, 54
– erster Klasse, 5, 34
– Kapazität, 26
– zweiter Klasse, 5, 28
Leiterschleife, 60
– ebene, 54
– Magnetfeld, 59
Leitfähigkeit
– dielektrische, 6, 30
– elektrische, 36
Leitungselektronen, 5
Lenz'sche Regel, 69
Licht
– kohärentes, 159
– linear polarisiertes, 100, 102
– monochromatisches, 125, 159
– Polarisationsrichtung, 99
– sichtbares, 94, 102
– Teilchencharakter, 125, 134
– Wellencharakter, 122, 125
Lichtgeschwindigkeit, 83, 135
– im Vakuum, 94
Lichtstrahl, 94, 97, 106, 108, 111, 113, 122, 124
Lichtstrahl, elektrisches Feld, 99
Linienladungsdichte, 12
Linienspektrum, 102
– Wasserstoff, 148
Linse, 111
– Abbildungsfehler, 115
– achromatische, 99
– apochromatische, 99
– Bildkonstruktion, 113
– dünne, 112
– dünne, Kombination, 115

– dicke, 114
– Fresnel'sche, 115
– negative, 113
– positive, 113
Linsengleichung, 112
Linsenschleiferformel, 112
Linsentyp, 113
Lloyd'scher Spiegel, 125
Lorentzkraft, 51–53, 55, 60
Lupe, 114, 117
Lyman-Serie, 148

M

Magnetfeld, 50–52, 58, 59, 62, 153
– der Erde, 50
– Energiedichte, 72
– Gauß'scher Satz, 61
– homogenes, 52, 60, 71
– induziertes, 64
– inhomogenes, 54
– Leiterschleife, 59
– Spule, 60
Magnetfeldlinie, 50, 53, 55, 68
Magnetfeldstärke, 50, 55, 59, 68
Magnetisierung, 62, 63, 65
Magnetismus, 50
Magnetsinn, 55
Malus'sches Gesetz, 99
Maschenregel, 40
Masse, reduzierte, 166
Massendefekt, 171, 173
Massenspektrometer, 10, 53
Massenzahl, 170, 174
Materie, Welleneigenschaften, 137
Materiewelle, 137, 139, 141, 143
– Elektron, 149
– Energie, 142
Maxwell'sche Gleichung, 82–84, 159
– dritte, 14, 83
– erste, 83
– vierte, 61, 83
– zweite, 83
Maxwell'scher Verschiebungsstrom, 82
Medium, homogenes, 95
Mehrfachspiegelung, 107
Mikroskop, 118, 129
Mikrowelle, 10
Mittelpunktsstrahl, 109, 114, 115
Mittelzone, 85
Molekül
– chirales, 100, 102, 107
– polares, 31
– unpolares, 11, 31, 165
Molekülorbital, 163
– antibindendes, 164
– bindendes, 164
Molekülschwingung, 166
Molekülspektrum, 167
Moment, magnetisches, 54, 62
– Atom, 63
– Elektron, 153
Monopol, magnetischer, 61
Multiplizität, 158
Mutterkern, 173
Myopie, 116

N

Nahpunkt, 116, 117
Nahzone, 85
Nebenmaximum, 128
Neptunium-Reihe, 173
Nettoladung, 9
Neutralleiter, 19
Neutrino, 174
Neutron, 4, 136, 170, 171, 173
Neutronenbeugung, 139
Newton'sche Ringe, 124
Nichtleiter, 5
NMR-Spektroskopie, 63
Normalenvektor, 54
Normalkomponente, 15
Normierungsbedingung, 140
Nukleon, 170
Nuklid, 170
Nullpunktsenergie, 142

O

Oberflächenladungsdichte, 12
Objektiv, 118
Objektivbrennweite, 118
Objektivdurchmesser, 118
Öffnungsdurchmesser, 129
Ohm, 35, 56
Ohm'sches Gesetz, 36, 38, 39, 41, 76–78
Ohmmeter, 41
Okular, 118
Okularbrennweite, 118
optisch dichter, 95, 97, 98, 111, 123
optisch dünner, 97, 98, 123
Orbital, 152, 156, 157, 163, 165
Orbitalmodell, 146
Ordnungszahl, 170, 174
Oszillation, 10
Oszillator, harmonischer, 166
Oszilloskop, 10

P

p-Orbital, 155
Paarbildungsprozess, 4
Parabolspiegel, 108
Parallelschaltung, 39, 40
Paramagnetismus, 64
Paschen-Serie, 148
Pauli'sches Ausschließungsprinzip, 155, 162
Pauli-Verbot, 155, 162
Permanentmagnet, 54, 69
Permeabilität
– des Vakuums, 58
– relative, 64, 65, 70
Permittivität, relative, 6, 12, 30
Pfund-Serie, 148
Phase, 19, 76
Phasendifferenz, 122–125
Phasensprung, 122, 123, 125
Phosphoreszenz, 157, 158
Photoelektron, 134
Photon, 134, 136, 140, 147, 148, 151, 156, 159
– Impuls, 136
– synchronisierte Emission, 146
Photonenenergie, 135

Planck'sches Wirkungsquantum, 135
– reduziertes, 62, 139, 141
Planck-Konstante, 56
Plankonkavität, 113
Plankonvexität, 113
Planparallelität, 124
Plattenkondensator, 27, 28, 30, 53
Poisson'scher Fleck, 127
Pol, magnetischer, 50
polares Molekül, 31
Polarisation, 31
– durch Absorption, 99
– durch Doppelbrechung, 101
– durch Reflexion, 100
– durch Streuung, 101
Polarisationsebene, 100
Polarisationsfilter, 99, 101
Polarisationsrichtung, 99
Polarisationswinkel, 100
Polarisator, 99
Polarisierung, 5, 6
Polarkoordinaten, 149
Positron, 4, 173
Potenzial, 19
– kontinuierliche Ladungsverteilung, 22
Potenzial, elektrisches, 18–20, 22, 26, 30
– Ableitung, 23
Potenzialbarriere, 143
Potenzialdifferenz, 18, 38
– elektrische, 18, 26
Potenzialtopf, 173
Primärspule, 79
Prisma, 97, 98, 102, 119
Probeladung, 7
– elektrische Energie, 20
Probemagnet, 50
Proportionalitätskonstante, 6
Proton, 4, 52, 136, 170, 173
– elektrisches Feld, 170
Pumpen
– kontinuierliches, 160
– optisches, 160
Punktladung, 7, 9, 12, 18, 20, 21, 58
Punktladungssystem, 20
– elektrische Energie, 20
Punktsymmetrie, 14

Q

Quantelung, 4
Quanten-Hall-Effekt, ganzzahliger, 55
Quantenmechanik, 134
Quantensprung, 142, 148
Quantentunneln, 143
Quantenzahl, 142, 146, 150–155, 162
– magnetische Quantenzahl, 150, 151, 153
Quellenspannung, 38
Quellpunkt, 7

R

Radioaktivität, 173
Radiocarbonmethode, 172
Raman-Streuung, 157
Randbedingung, 142
Rastertunnelmikroskop, 144
Raumladungsdichte, 11

Rayleigh'sches Kriterium der Auflösung, 129
Rayleigh-Streuung, 157
RC-Stromkreis, 42
Rechte-Hand-Regel, 51, 59
Reflektor, 118
Reflexion, 95, 99, 110, 143
– an einer dünnen Schicht, 123
– diffuse, 97
– Polarisation, 100
– reguläre, 97
Reflexionsgesetz, 96
Reflexionsgitter, 126
Reflexionswinkel, 96, 100, 109
Refraktor, 118
Reihenschaltung, 39, 40
Relais, 60
Remanenzfeld, 65
Resonanzabsorption, 156
Ringintegral, 13
Röntgen, 175
Röntgenstrahlung, 159
Rotationsenergieniveau, 167
Rotationskonstante, 167
Rotationsquantenzahl, 167

S

s-Orbital, 155
Sammellinse, 113, 114, 116, 118, 127
Sättigungsmagnetisierung, 63
Sauerstoff, 164
Schaltung
– elektrische, 28
– komplizierte, 40
– Magnetfelder, 70
Schichtdicke, 101
Schrödinger-Gleichung, 139, 141, 146, 149, 166
– zeitabhängige, 139
– zeitunabhängige, 139
Schwingungsebene, 99
Schwingungsenergieniveau, 166
Schwingungsfrequenz, 166
Schwingungsquantenzahl, 166
Sehwinkel, 116
Sekundärspule, 79
Selbstinduktion, 70
Selbstinduktivität, 70
Sievert, 176
Singulett-Zustand, 158
Snellius'sches Brechungsgesetz, 98
sp-Hybridorbital, 165
Spalt, 125, 137
Spannung, 40
– effektive, 77
– elektrische, 18, 19, 26, 28
Spannungsquelle, 35, 38, 70
– ideale, 38
– reale, 38
Spannungswandler, 79
Spektralanalyse, 166
Spektralfarben, 126
Spektrallinie, 126, 148, 151
Spektralliniengruppen, 148
Spektrometer, 94, 126
Spektroskop, 130, 136
Spektrum
– Absorptionsbanden, 102

- elektromagnetisches, 84
- Feinstruktur, 157
- Feinstrukturaufspaltung, 154
- kontinuierliches, 103, 116
- Linien, 102
- Molekül-, 167
- Ordnungen, 126
- sichtbarer Bereich, 157
- Stern-, 119
Spiegel, 96, 106
- Krümmungsradius, 108
- Lloyd'scher, 125
Spiegel, sphärischer, 107, 109
- Abbildungsgleichung, 110
Spiegelbild, Konstruktion, 107, 109
Spiegelreflexion, 97
Spiegelsymmetrie, 106
Spiegelteleskop, 118
Spin, 65
Spin-Bahn-Kopplung, 154, 157
Spindrehimpuls, 154
Spinmoment, magnetisches, 63, 65
Spinquantenzahl, 153, 154
Spinrichtung, 158
Spule, 54, 60, 68, 69, 77, 79
- gespeicherte Energie, 72
- Magnetfeld, 60
Stereolithografie, 112
Stoffanalyse, 102
Stoß, elastischer, 37
Strahl
- achsenparalleler, 109, 114, 115
- außerordentlicher, 101
- ordentliche, 101
Strahlenbelastung, 176
Strahlendosis, 175
Strahlung
- elektromagnetische, 14, 173
- Quellen, 85
- radioaktive, 173
Strahlungsdruck, 86
Streuung, 95, 99, 101
- Anti-Stokes-Raman-, 157
- Compton-, 157
- elastische, 157
- energieabhängige, 137
- inelastische, 157
- Polarisation, 101
- Raman-, 157
- Rayleigh-, 157
Strom, 5
- Definiton, 35
- elektrischer, 34, 68
Strom-Spannungs-Diagramm, 36
Stromdichte, 35
Stromelement, 52
Stromfluss, elektrischer, 35
Stromkreis, elektrischer, 34, 39
Stromrichtung, 34
Stromstärke, 35, 38–40, 42
- effektive, 76
Stromwaage, 61
Superposition, 8
Superpositionsprinzip, 22
Suszeptibilität, 65, 66
- magnetische, 63, 64
System, idealisierte, 142

T

Teilchen, Wellenlänge, 137
Teilchengeschwindigkeit, 53
Teilchenstrahl, 137
Teilladung
- negative, 8
- positive, 8
Teleskop, 118, 129
Temperaturkoeffizient, 37
Termschema, 148, 151, 158
Tesla, 50
Thorium-Reihe, 173
Tochterkern, 173
Totalreflexion, 97, 129
Trägheitsmoment, 167
Transformator, 79
Transmission, 143
Transmissionsachse, 99
Transmissionsgitter, 125
Transmissionsseite, 111
Triplett-Zustand, 158
Tröpfchenmodell, 170
Tubuslänge, 118
Tunneleffekt, 143, 173

U

Übergang
- erlaubter, 158
- unerlaubter Übergang, 158
Überlagerung, elektrischer felder, 7, 8, 12
Überschussladung, 5, 9, 13, 19, 26
Unbestimmtheitsprinzip, Heisenberg'sches, 140
Unschärfekreis, 115
Unschärferelation, Heisenberg'sche, 140
Uran-Actinium-Reihe, 173
Uran-Radium-Reihe, 173
Ursache, 51
UVW-Regel, 51

V

Vakuum, 6, 30
Vakuumlichtgeschwindigkeit, 94
Valenzelektron, 157, 162, 165
Van-der-Waals-Bindung, 165
Van-der-Waals-Kraft, 11
Vergrößerung
- Lupe, 117
- Mikroskop, 118
- Teleskop, 118
Vergrößerungsmaßstab, 111
Vermittlung, 51
Verschiebungsstrom, 82
Vollkugel, elektrisches Feld, 15
Volt, 19
Voltmeter, 41
von-Klitzing-Konstante, 55

W

Wahrscheinlichkeitsdichte, radiale, 152
Wärmebewegung, 37, 165
Wärmeenergie, 10
Wärmestrahlung, 156
Wassermolekül, 6, 10

Wasserstoffatom, Energieniveaus, 150
Wasserstoffbrückenbindung, 9, 165
Weber, 68
Wechselstrom, 19, 79
- Kreisfrequenz, 76
Wechselstromgenerator, 71, 76
Wechselstromkreis, 76
- Kondensator, 78
- Spule, 77
Wechselstromleistung, 77
Wechselwirkung
- elektrische, 6
- fundamentale, 82
Weitsichtigkeit, 116
Weiß'sche Bezirke, 65
Welle
- kohärente, 123
- linear polarisierte, 99
- Materie-, 137
- zylinderförmig, 124
Welle, elektromagnetische, 83, 94, 122, 134
- Ausbreitungsgeschwindigkeit, 84
- Energiedichte, 85
- Impuls, 86
- Intensität, 85
Welle-Teilchen-Dualismus, 138
Wellenberg, 122
Wellencharakter des Lichts, 122, 125
Welleneigenschaften
- Elektron, 149
- Materie, 137
Wellenfunktion, 84, 139, 141–143, 146
- normierte, 152
- räumlich symmetrische, 163
Wellengleichung, 84
- kombinierte, 84
Wellenlänge, 95, 98, 122, 142
- Compton-, 136
- De-Broglie-, 137
- eines Teilchens, 137
Wellental, 122
Widerstand
- elektrischer, 35, 37, 38
- Farbcode, 38
- induktiver, 78
- kapazitiver, 79
- Parallelschaltung, 39
- Reihenschaltung, 39
- spezifischer, 36
- (Blind-)Widerstand, kapazitiver, 79
Wien'sches Geschwindigkeitsfilter, 53
Winkel, kritischer, 97, 129
Winkelvergrößerung, 117
Wirbelstrom, 72
Wirkung, 51

Z

Zeeman-Effekt, 64
Zerfall, radioaktiver, 170, 171
Zerfallsenergie, 173, 174
Zerfallskonstante, 172
Zerfallsrate, 171
Zerfallsreihe, 173
Zerstreuungslinse, 113, 114, 116
zirkular polarisiertes Licht, 102
Zirkulardichroismus, 102

Zufallsbewegungen, 34
Zustand
– angeregter, 142, 153, 175
– entarteter, 151
– erster angeregter, 153

– gebundener, 151
– metastabiler, 157, 159, 175
– stabiler, 173
– stationärer, 147, 155
Zyklotronfrequenz, 52

Zyklotronperiode, 52
Zylinderkondensator, 27
Zylinderspule, 60, 70
Zylindersymmetrie, 14

Printed in the United States
By Bookmasters